高等职业教育系列教材

Python 程序设计

刘瑞新 杨景花 吴广裕 主编
王 蓓 贾新志 徐维维 参编

机械工业出版社

本书以 Python 程序设计为主线，从搭建 Python 运行环境出发，由浅入深、循序渐进地讲述 Python 程序设计的基本概念和基本方法，通过大量精选的例题，讲解程序设计思想和方法，从而培养学生程序设计能力。本书内容包括搭建 Python 运行环境、Python 基础语法、Python 流程控制、函数与模块、面向对象编程、组合数据类型、文件操作、数据库操作、GUI 编程、网络爬虫基础、数据处理、数据可视化等。

本书具有概念清楚、章节安排合理、例题丰富等特点，可以作为高职高专院校的 Python 课程教材或 Python 培训班教材，也可作为自学人员的参考书。

为配合本书的教学，方便教师讲课，笔者特意制作了微课视频，扫描书中二维码即可观看。另外，本书还配有课程标准、授课计划、电子教案、例题和习题的源代码（可在机械工业出版社教育服务网 www.cmpedu.com 下载），课件浓缩了本书的教学要点，可作为教师的板书来演示。

图书在版编目（CIP）数据

Python 程序设计 / 刘瑞新，杨景花，吴广裕主编. —北京：机械工业出版社，2020.9（2024.9 重印）
高等职业教育系列教材
ISBN 978-7-111-66041-5

Ⅰ. ①P… Ⅱ. ①刘… ②杨… ③吴… Ⅲ. ①软件工具-程序设计-高等职业教育-教材 Ⅳ. ①TP311.561

中国版本图书馆 CIP 数据核字（2020）第 119696 号

机械工业出版社（北京市百万庄大街 22 号　邮政编码 100037）
策划编辑：王海霞　　责任编辑：王海霞
责任校对：张艳霞　　责任印制：刘　媛

涿州市般润文化传播有限公司印刷

2024 年 9 月·第 1 版·第 5 次印刷
184mm×260mm·19.25 印张·474 千字
标准书号：ISBN 978-7-111-66041-5
定价：65.00 元

电话服务　　　　　　　　　　　网络服务
客服电话：010-88361066　　　　机 工 官 网：www.cmpbook.com
　　　　　010-88379833　　　　机 工 官 博：weibo.com/cmp1952
　　　　　010-68326294　　　　金 书 网：www.golden-book.com
封底无防伪标均为盗版　　　　　机工教育服务网：www.cmpedu.com

前 言

Python 语言是一种易学易用、功能强大的计算机程序设计语言，越来越多的高职院校已经采用 Python 来教授程序设计课程。本书以程序设计初学者为主要对象，以培养程序设计能力为目标，精心设计和编排教学内容。本书通过大量例题，重点讲解程序设计的思想和方法，力图把 Python 语言基础知识和程序设计方法有效结合，培养学生在程序设计方面的思维能力。本书主要有以下特点：

1）以 Python 程序设计为主线，从搭建 Python 运行环境出发，由浅入深、循序渐进地讲述 Python 程序设计的基本概念和基本方法，通过大量精选的例题，讲解程序设计思想和方法，并穿插介绍相关的语言知识，从而培养学生程序设计能力。

2）本书在知识内容的细节介绍上，采用先引出概念，再介绍语法格式，然后介绍程序设计的方法和步骤，最后通过经典的应用实例来示范程序设计方法。之所以采用这种方式，是因为计算机语言都是人工语言，必须按照业界采用的形式、方法和步骤来设计教材，也因为在 Python 相关手册中都采用这种编写形式，只有掌握了这种形式，才能很好地利用 Python 帮助文档。另外，这种业界规则也符合认知规律。

3）本书中的命名采用业界提倡的 Python PEP8 编码规范。书中的许多源代码来自富有实战经验的程序员，或经过简化而成，阅读这样的代码，有利于养成良好的代码编程风格。本书在编写风格上，尽量将知识融于浅显的案例之中，争取减少学生学习过程中的阻碍。

4）因为课时有限，课堂没有足够的时间讲授 Python 的全部内容，本书选取 Python 中应用最多的知识来介绍，舍去很少使用的内容。在学习本书后，对于本书以外的内容，按照本书的思路和方法，通过查询帮助文档，也可以很容易地掌握。

5）案例资源丰富。全书设计了 386 个例题，覆盖 Python 的重要知识点。为了方便教师授课及学生学习，本书提供微课视频、课程标准、授课计划、电子教案、源代码等。课件浓缩了本书的教学要点，可以作为教师的板书来演示；微课视频可以搭建网络课程。

本书的上机环境采用 Windows 7+Python 3.7 IDLE 64 位版。源代码中用到的一些人名、电话、E-Mail 等均为虚构，如有雷同，实属巧合。

在编写本书时，笔者参考了许多书籍、资料和网上资源，有些参考资料，尤其是网上资源，由于参考内容来源广泛，篇幅有限，恕不一一列出，在此表示感谢。

本书由刘瑞新、杨景花、吴广裕担任主编，参加编写的编者有刘瑞新（第 1~3 章和第 12 章）、杨景花（第 4、5 章）、贾新志（第 6 章）、吴广裕（第 7、10 章和 11.2、11.3 节）、王蓓（第 8、9 章）、徐维维（第 11.1 节）。由于笔者水平有限，书中疏漏与不足之处在所难免，敬请师生批评指正，提出宝贵意见。

编　者

目 录

前言
第1章 搭建 Python 运行环境 ·········1
  1.1 Python 基础知识 ·················1
    1.1.1 Python 语言简介 ··············1
    1.1.2 Python 的开发工具 ············2
  1.2 安装与配置 Python 程序开发环境 ······3
    1.2.1 IDLE 的安装与启动 ············4
    1.2.2 IDLE 的运行 ················7
    1.2.3 配置基本 IDLE ···············10
  1.3 习题 ························11
第2章 Python 基础语法 ············12
  2.1 Python 对象模型 ················12
    2.1.1 对象的特性 ·················12
    2.1.2 常见的内置对象 ··············15
  2.2 基本数据类型 ··················16
    2.2.1 数值类型 ··················16
    2.2.2 字符串类型 ················18
  2.3 字符集、标识符、变量和常量 ········20
    2.3.1 字符集 ····················20
    2.3.2 标识符 ····················21
    2.3.3 变量 ·····················22
    2.3.4 常量 ·····················25
  2.4 运算符和表达式 ·················25
    2.4.1 算术运算符和算术表达式 ········25
    2.4.2 关系运算符和关系表达式 ········28
    2.4.3 逻辑运算符和逻辑表达式 ········29
    2.4.4 赋值运算符 ················29
    2.4.5 运算符的优先级 ··············30
  2.5 语句 ························31
  2.6 习题 ························33
第3章 Python 流程控制 ············34
  3.1 顺序结构 ·····················34
    3.1.1 输出函数 print() ··············34
    3.1.2 输入函数 input() ··············38
    3.1.3 注释语句 ··················39
    3.1.4 顺序结构程序实例 ············40
  3.2 选择结构 ·····················41
    3.2.1 if-else 条件语句 ··············41
    3.2.2 if-elif-else 语句 ··············43
    3.2.3 if 语句的嵌套 ···············45
  3.3 循环结构 ·····················45
    3.3.1 while 循环语句 ··············46
    3.3.2 for 循环语句 ···············48
    3.3.3 嵌套循环 ··················51
    3.3.4 break 语句和 continue 语句 ······52
    3.3.5 循环中的 else 语句 ············54
  3.4 习题 ························56
第4章 函数与模块 ···············57
  4.1 函数 ························57
    4.1.1 自定义函数的定义与调用 ········57
    4.1.2 函数的值传递和引用传递 ········61
    4.1.3 参数的传递 ················62
    4.1.4 函数的返回值 ···············65
    4.1.5 递归函数 ··················67
    4.1.6 变量作用域 ················69
    4.1.7 匿名函数 ··················74
  4.2 模块 ························76
    4.2.1 模块的概念 ················76
    4.2.2 导入模块 ··················77
    4.2.3 自定义模块的创建 ············78
    4.2.4 包 ·······················80
    4.2.5 常用的内置模块 ··············82
    4.2.6 第三方模块 ················82
  4.3 习题 ························82
第5章 面向对象编程 ··············84
  5.1 类和对象 ·····················84

5.1.1	类和对象的概念	84	6.3.3	集合的常用方法 138
5.1.2	类的定义	84	6.3.4	集合的运算 141
5.1.3	类的成员	85	6.3.5	集合与列表的比较 143
5.1.4	创建对象	87	6.4	字典 144
5.1.5	在类的内部调用实例方法	90	6.4.1	创建字典对象和字典变量 144
5.1.6	构造方法	90	6.4.2	字典的基本操作 145
5.1.7	类变量、实例变量及其作用域	94	6.4.3	字典的常用方法 147
5.1.8	实例方法、类方法和静态方法	98	6.5	习题 151

5.2 类的封装 100

第 7 章 文件操作 152

- 5.2.1 封装的概念 100
- 7.1 文件的打开和关闭 152
- 5.2.2 用私有变量、私有方法实现封装 100
  - 7.1.1 文件的打开函数 open() 152
- 5.2.3 用@property 装饰器定义属性
  - 7.1.2 文件的关闭方法 close() 154
    实现封装 101
- 7.2 文件的操作 154
- 5.3 类的继承 106
  - 7.2.1 读文件 154
  - 5.3.1 继承的概念 106
  - 7.2.2 写文件 157
  - 5.3.2 使用继承 107
  - 7.2.3 在文件中定位 159
  - 5.3.3 重写方法 108
- 7.3 CSV 文件 163
  - 5.3.4 派生属性或方法 110
  - 7.3.1 CSV 文件简介 164
  - 5.3.5 多重继承 113
  - 7.3.2 CSV 文件访问 164
- 5.4 类的多态 113
- 7.4 习题 166
  - 5.4.1 多态的实现 113

第 8 章 数据库操作 167

- 5.4.2 多态性 114
- 8.1 Python 操作数据库的一般步骤 167
- 5.5 习题 115
- 8.2 访问 SQLite 数据库 167

第 6 章 组合数据类型 117

- 8.2.1 连接数据库 168
- 6.1 列表 117
  - 8.2.2 创建游标对象 168
  - 6.1.1 创建列表对象和列表变量 117
  - 8.2.3 执行 SQL 数据操作 170
  - 6.1.2 列表的通用操作 119
  - 8.2.4 应用实例 171
  - 6.1.3 列表的专用操作 123
- 8.3 访问 SQL Server 数据库 179
  - 6.1.4 列表相关的函数 126
  - 8.3.1 安装 pymssql 模块 179
  - 6.1.5 嵌套列表 129
  - 8.3.2 访问数据库 179
- 6.2 元组 131
  - 8.3.3 应用实例 181
  - 6.2.1 创建元组对象和元组变量 131
- 8.4 习题 184
  - 6.2.2 元组的基本操作 132

第 9 章 tkinter GUI 编程 187

- 6.2.3 元组封装与序列拆封 133
- 9.1 GUI 编程步骤 187
  - 6.2.4 元组与列表的比较 134
  - 9.1.1 导入 tkinter 库模块 187
- 6.3 集合 135
  - 9.1.2 创建根窗体 188
  - 6.3.1 创建集合对象和集合变量 136
  - 9.1.3 添加控件 191
  - 6.3.2 集合的基本操作 137
  - 9.1.4 设置控件的属性 193

9.1.5 tkinter 窗体布局管理……195
9.2 tkinter 控件应用……203
　9.2.1 Label 控件……203
　9.2.2 Message 控件……204
　9.2.3 Button 控件……205
　9.2.4 Entry 控件……206
　9.2.5 Text 控件……208
　9.2.6 Frame 控件……209
　9.2.7 LabelFrame 控件……209
　9.2.8 Radiobutton 控件……210
　9.2.9 Checkbutton 控件……212
9.3 对话框……213
　9.3.1 消息对话框……213
　9.3.2 输入对话框……215
　9.3.3 文件对话框……217
　9.3.4 颜色对话框……218
9.4 绘制图形……220
9.5 事件处理……224
　9.5.1 事件的概念……224
　9.5.2 事件序列……225
　9.5.3 事件对象的属性……228
　9.5.4 事件处理程序……229
　9.5.5 事件绑定……229
9.6 习题……232

第 10 章 网络爬虫基础……234

10.1 爬取网页的 urllib 模块……234
　10.1.1 urllib 模块简介……234
　10.1.2 urllib.request 模块……234
　10.1.3 使用 urllib.request.Request() 方法包装请求……240
10.2 解析网页的 BeautifulSoup 模块……241
　10.2.1 安装与导入 BeautifulSoup……241
　10.2.2 BeautifulSoup 对象……242

10.3 爬取网络资源示例……253
10.4 习题……256

第 11 章 数据处理……257

11.1 NumPy 计算模块的使用……257
　11.1.1 安装和导入 NumPy 模块……257
　11.1.2 创建 ndarray 数组……257
　11.1.3 ndarray 数组的数据类型……259
　11.1.4 ndarray 数组的索引与切片……260
　11.1.5 ndarray 数组的运算……264
　11.1.6 ndarray 数组的常用数学函数……266
11.2 Pandas 数据分析模块的使用……267
　11.2.1 安装和导入 Pandas 模块……267
　11.2.2 Pandas 的 Series 对象……267
　11.2.3 Pandas 的 DataFrame 对象……271
　11.2.4 Pandas 的文件操作……281
　11.2.5 计算统计……283
11.3 习题……284

第 12 章 数据可视化……286

12.1 Matplotlib 绘图……286
　12.1.1 安装和导入 Matplotlib 模块……286
　12.1.2 Matplotlib 基础……286
　12.1.3 绘制线型图的 plt.plot() 方法……289
　12.1.4 绘制散点图的 plt.scatter() 方法……291
　12.1.5 绘制柱状图的 plt.bar() 方法……292
　12.1.6 绘制饼图的 plt.pie() 方法……292
　12.1.7 绘制直方图的 plt.hist() 方法……293
12.2 Pandas 绘图……294
　12.2.1 用 Pandas 绘图的步骤……294
　12.2.2 绘制折线图……295
　12.2.3 绘制柱状图……298
　12.2.4 绘制直方图……298
12.3 习题……299

参考文献……300

第1章　搭建 Python 运行环境

Python 是一种简洁、易上手、跨平台的面向对象的程序设计语言，具有开源性、易学性、可移植性、可扩展性和丰富类库支持等特点，如今 Python 已是一种知名度高、影响力大、应用广泛的主流编程语言了。

1.1　Python 基础知识

Python 语言是荷兰阿萨姆特丹的 Guido van Rossum 于 1989 年圣诞节期间开发的。

1.1.1　Python 语言简介

1.1.1　Python 语言简介

1. Python 的优缺点

（1）Python 的优点

1）Python 的定位是"优雅""明确""简单"，所以 Python 程序看上去简单易懂，初学者学 Python，不但入门容易，而且深入学习后，可以编写非常复杂的程序。

2）开发效率非常高。Python 有非常强大的第三方库，基本上想通过计算机实现的任何功能，Python 官方库里都有，相应的模块都支持，直接下载调用后，在基础库的基础上再进行开发，大大缩短了开发周期，避免重复编程。

3）Python 是面向对象的高级语言，支持将代码封装在对象中的编程技术。

4）Python 是解释型语言，开发过程中没有编译环节。

5）Python 是交互式语言，可以在 Python 提示符后直接互动执行代码。

6）免费、开源是 Python 被广泛使用的原因之一，程序员可以免费使用许多程序，而不存在版权问题。

7）基于其开放源代码的特性，Python 已经被移植（也就是使其工作）到许多平台。

8）可扩展性。如果需要一段运行很快的关键代码，或者是想要编写一些不愿开放的算法，可以使用 C 或 C++完成那部分程序，然后在 Python 程序中调用。

9）Python 提供所有主要商业数据库的接口。

10）Python 支持 GUI（Graphics User Interface，图形用户界面），可以创建和移植到许多系统调用。

（2）Python 的缺点

1）代码不能加密。因为 Python 是解释型语言，它的源代码都是以明文形式存放的（不过，这不能算是一个缺点）。

2）多线程支持度不高。

3）速度慢。Python 相对 C 语言慢很多，但其实大多数时候用户是无法感知的。

4）Python 作为解释型动态语言，通常需要程序员自查代码安全。而 Java 和 C 等静态类型

1

语言，这些问题会在编译时检查出来。

5）由于 Python 是由业余人士逐渐增强的语言，相对 Java、C#等语言，缺乏整体设计，造成规范繁杂、混乱。

2．Python 的应用领域

1）系统编程。Python 提供 API（Application Program Interface，应用程序接口），能方便地进行系统维护和管理，很多系统管理员认为它是理想的编程工具。

2）图形界面开发。Python 在图形界面开发方面很强大，可以用 Tkinter/PyQT 框架开发各种桌面软件。

3）科学计算。Python 是一门很适合做科学计算的编程语言。NumPy、SciPy、Matplotlib、Enthought librarys 等众多程序库的开发，使得 Python 越来越适合做科学计算并绘制高质量的二维和三维图像。

4）文本处理。Python 提供的 re 模块支持正则表达式，还提供 SGML、XML 分析模块，许多程序员利用 Python 进行 XML 程序的开发。

5）数据库编程。可通过 Python DB-API（数据库应用程序接口）规范的模块与 Microsoft SQL Server、Oracle、Sybase、DB2、MySQL、SQLite 等数据库通信。另外，Python 自带一个 Gadfly 模块，提供了一个完整的 SQL 环境。

6）网络编程。Python 提供丰富的模块支持 Socket 编程，能方便快速地开发分布式应用程序。

7）Web 开发。Python 拥有很多免费函数库、免费 Web 网页模板系统，以及与 Web 服务器进行交互的库，可以实现 Web 开发，搭建 Web 框架。

8）自动化运维。Python 是运维人员广泛使用的语言，能满足绝大部分自动化运维需求，包括前端和后端。

9）金融分析。利用 Numpy、Pandas、Scipy 等数据分析模块，可快速完成金融分析工作。目前，Python 是金融分析、量化交易领域使用最多的语言。

10）多媒体应用。Python 的 PyOpenGL 模块封装了"OpenGL 应用程序编程接口"，能进行二维和三维图像处理。

11）网络爬虫。在爬虫领域，Python 几乎是霸主地位，提供了 Scrapy、Request、BeautifulSoap、urllib 等工具库，将网络中的一切数据作为资源，通过自动化程序进行有针对性的数据采集以及处理。

12）游戏开发。Python 在网络游戏开发中也有很多应用。Python 非常适合编写 1 万行代码以上的项目，而且能够很好地把网游项目的规模控制在 10 万行代码以内。

13）人工智能。NASA 和 Google 早期大量使用 Python，为 Python 积累了丰富的科学运算库。当 AI（Artificial Intelligence，人工智能）时代来临后，Python 从众多编程语言中脱颖而出，各种 AI 算法都基于 Python 编写。在神经网络、深度学习方面，Python 都能够找到比较成熟的程序包来加以调用。另外，Python 是面向对象的动态语言，适用于科学计算，这就使得 Python 在人工智能方面备受青睐。

1.1.2 Python 的开发工具

集成开发环境（Integrated Development Environment，IDE）是一种集成了代码编辑器、编译器、调试器等与程序开发有关的实用工具的软件。由于大部分常用工具都被集成在一起，因此使用 IDE 进行程序设计会极大地提升工作效率。下面介绍常用的 IDE 工具。

1. IDLE

IDLE 是 Python 软件包自带的一个集成开发环境，是和 Python 一起安装的。IDLE 用于编辑程序代码，具备语法高亮且可以直接运行文本编辑器，包括交互式命令行、编辑器、调试器等基本组件，可以方便地创建、运行、测试和调试 Python 程序，并且可以直接输入交互式命令行，足以应付大多数简单应用。IDLE 是用纯 Python 基于 Tkinter 编写的，最初的作者正是 Python 之父 Guido van Rossum 本人。

但是，IDLE 还不够完善，如果希望使用功能更强大的 Python 集成开发环境，可以选用下面介绍的 Python 集成开发环境。

2. PyCharm

PyCharm 是由 JetBrains 公司开发的一款 Python IDE，它带有一整套帮助程序员在使用 Python 语言开发时提高效率的工具，比如调试、语法高亮、Project 管理、代码跳转、智能提示、自动完成、单元测试、版本控制。此外，该 IDE 提供了一些高级功能，用于支持 Django 框架下的专业 Web 开发。对于大型 Python 项目开发，PyCharm 是最好的专门面向 Python 的全功能集成开发环境之一。PyCharm 有付费版（专业版）和免费开源版（社区版）。Windows、Mac OS X 和 Linux 系统都支持快速安装和使用 PyCharm。

3. Visual Studio

Visual Studio（简称 VS）是 Microsoft 公司推出的一款全功能集成开发平台，被誉为世界上最好的 IDE。VS 仅支持 Windows 和 Mac OS 系统，它既提供了免费版（社区版），也提供了付费版（专业版和企业版）。VS 支持各种平台的开发，并且附带了自己的扩展插件市场。Python Tools for Visual Studio（PTVS）实现了在 VS 中进行 Python 编程并且支持 Python 智能感知、调试和其他工具。对于习惯 C#等 Microsoft 开发的人员，VS 是不二选择。

4. Visual Studio Code

Visual Studio Code（简称 VS Code）由 Microsoft 公司开发，免费且开源，支持 Windows、Mac OS、Linux 系统，是一款全功能的代码编辑器。VS Code 像是精简版的 VS。VS Code 由于非常轻量，因此使用非常流畅，对于用户不同的需要，可以自行下载需要的扩展来安装。在 VS Code 中安装 Python 支持插件非常简单，只需搜索 "Python"，单击 "安装"，VS Code 就会自动安装 Python 和用到的扩展库。

5. Eclipse

Eclipse 实际上是一款面向 Java 开发的，兼容 Linux、Windows 和 Mac OS 的集成开发环境。它拥有丰富的插件和扩展功能市场，这使得 Eclipse 适用于各种各样的开发项目。Eclipse 中的 Python 工具插件是 PyDev，它支持 Python 调试、代码补全和交互式 Python 控制台。安装 PyDev 插件后的 Eclipse，也是一个相当不错的 Python 集成开发环境。对于使用 Eclipse 开发 Java 语言的程序员来说，因为 PyDev 几乎不需要专门学习，所以 Eclipse 是不错的选择。但 Python 适合初学者，因为掌握 Eclipse 需要较长时间。

1.2 安装与配置 Python 程序开发环境

IDLE 是 Python 软件包自带的集成开发环境，是开发 Python 程序的基本 IDE，具备基本 IDE 的功能。IDLE 可以被看成一个简易版的集成开发环境，是最初学习 Python 的不错选择。IDLE 随 Python 自动安装，不需要另外去找。IDLE 的基本功能有语法加亮、段落缩进、基本文本编辑、〈Tab〉键控制、调试程序等，可以方便地创建、运行和调试 Python 程序。

下面介绍 Python IDLE 的下载、安装、运行和配置调试。

1.2.1　IDLE 的安装与启动

1．IDLE 的安装

（1）下载 Python 程序安装包

1）在 Windows 系统下，在浏览器地址栏中输入 Python 官网的下载地址 https://www.python.org/downloads/windows/，显示下载网页，如图 1-1 所示。由于网页经常改变，看到的网页可能不同。

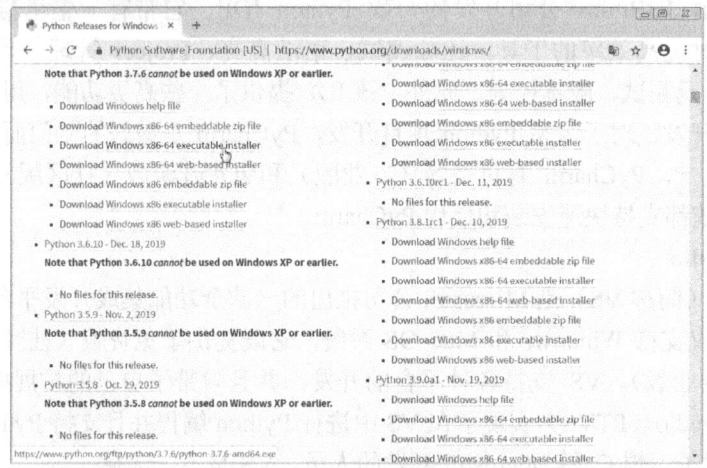

图 1-1　选择要下载的版本

2）如果系统是 Windows 7/10 64 位，选择 "Download Windows x86-64 executable installer" 版本下载；如果是 32 位，选择 "Download Windows x86 executable installer" 版本下载。

（2）安装 Python 程序安装包

1）找到下载的 Python 程序安装包，双击打开。运行安装程序，显示安装向导，如图 1-2 所示。勾选 "Add Python 3.7 to PATH" 复选框，自动配置环境变量。Install Now 是默认文件的安装，Customize installation 是自定义安装文件的安装。选择 Install Now 的安装路径 C:\Users\Administrator\AppData\Local\Programs\Python\Python37，这个安装路径在安装其他模块时不容易出错，选择 "Install Now"。

2）显示 "Setup Progress" 界面，如图 1-3 所示，安装过程需要几分钟。

图 1-2　安装向导

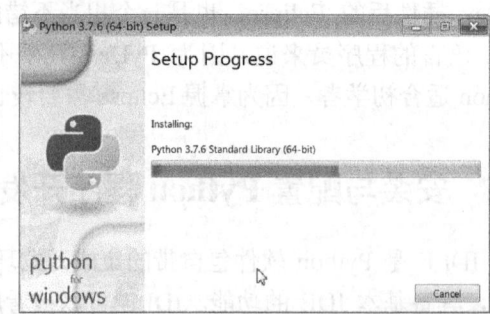

图 1-3　"Setup Progress" 界面

3）显示"Setup was successful"界面，如图 1-4 所示，安装完成，单击"Close"按钮关闭安装向导对话框。

图 1-4 "Setup was successful"界面

2．IDLE 的启动

安装完成之后，在 Windows 的"开始"菜单中展开"Python 3.7"文件夹，显示菜单选项，如图 1-5 所示。

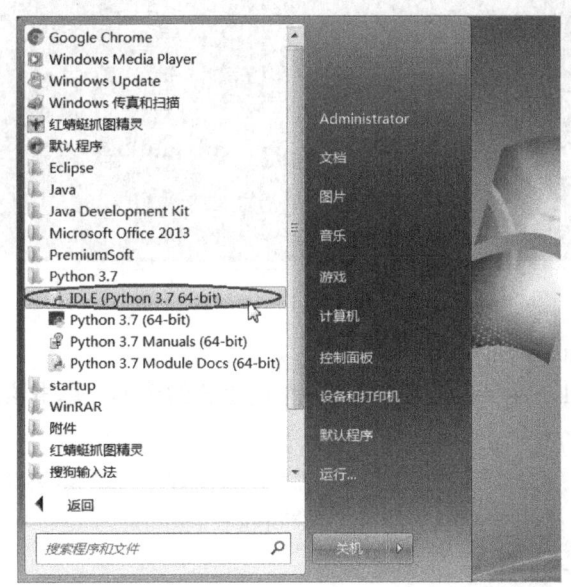

图 1-5 "开始"菜单中的"Python 3.7"文件夹

（1）IDLE（Python 3.7 64-bit）

"IDLE（Python 3.7 64-bit）"是 Python GUI 的选项，它是一个 Python Shell 程序。Shell 是"外壳"的意思，是一个通过输入文本与程序交互的程序。单击这个选项，执行该程序，显示如图 1-6 所示的窗口。可以在 IDLE 的">>>"提示符后输入 Python 指令，也可以创建 Python 程序文件。

（2）Python 3.7（64-bit）

"Python 3.7（64-bit）"是 Python 命令行（Command Line）的选项，单击这个选项，执行该程序，显示如图 1-7 所示的窗口。可以在">>>"提示符后输入 Python 命令。

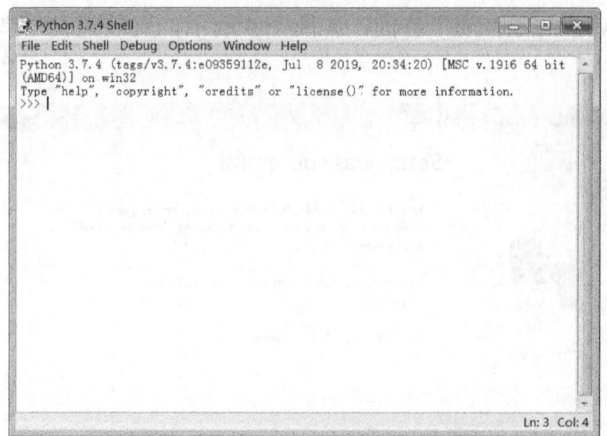

图1-6 "Python 3.7.4 Shell"窗口

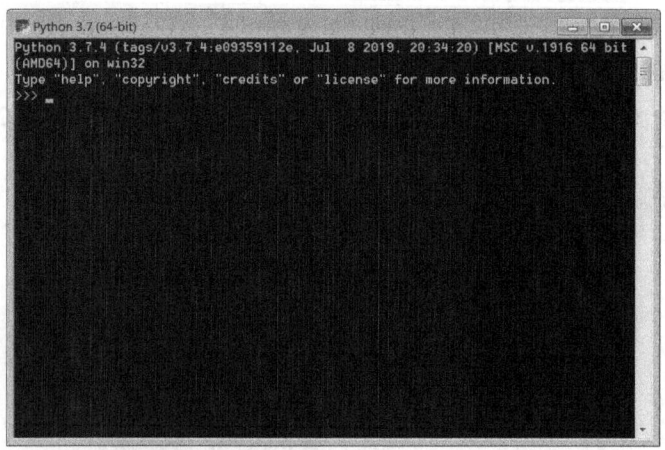

图1-7 "Python 3.7（64-bit）"窗口

（3）Python 3.7 Manuals（64-bit）

"Python 3.7 Manuals（64-bit）"是Python帮助手册的选项，单击该选项，显示如图1-8所示的窗口。

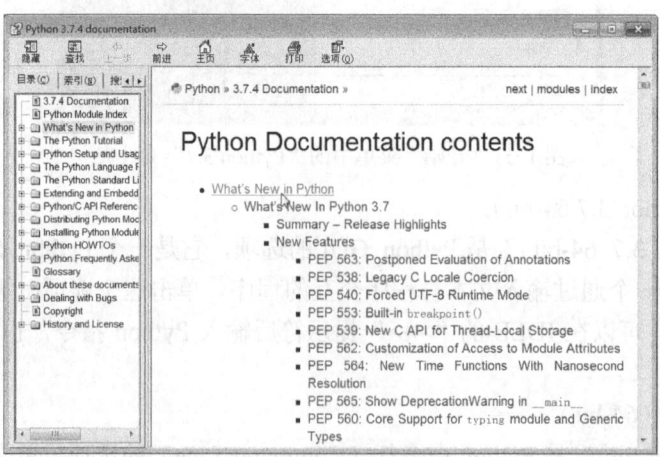

图1-8 Python帮助手册

（4）Python 3.7 Module Docs（64-bit）

"Python 3.7 Module Docs（64-bit）"是 Python 模块文档的选项，单击该选项，显示如图 1-9 所示的窗口。

图 1-9　Python 模块文档

1.2.2　IDLE 的运行

选择"开始"→"所有程序"→"Python 3.7"→"IDLE（Python 3.7 64-bit）"菜单命令来启动 IDLE。IDLE 启动后的初始窗口如图 1-6 所示，窗口标题栏显示"Python 3.7.4 Shell"，通过它可以在 IDLE 内部执行 Python 命令。除此之外，IDLE 带有一个交互式解释器用来解释执行 Python 语句；还带有一个编辑器，用来编辑 Python 程序（或者脚本）；有一个调试器来调试 Python 脚本。

"IDLE（Python 3.7 64-bit）"是以 GUI 及菜单方式来执行 Python 命令的。对于喜欢以命令行方式来执行命令的程序员，可以启动"Python 3.7（64-bit）"。

IDLE（Python GUI）和 Python（Command Line）两种窗口中，都以">>>"作为提示符，可以在该提示符后输入命令或语句。在交互方式下，在这两种窗口中执行命令的方式是一样的。

本书约定：在所有章节给出的示例代码中，">>>"符号都不需要输入，仅表示该代码是在交互方式下运行；而不带该提示符的代码则表示以程序的方式运行。

本书使用 IDLE（Python GUI）环境来介绍 Python 程序的编程。

1．交互方式运行命令

如果使用交互式编程模式，直接在提示符">>>"后输入相应的命令或语句并按〈Enter〉键。如果执行命令正确，在下一行将显示运行结果；否则将抛出异常，给出错误提示。

下面采用交互方式输出一条字符串语句，计算两个变量相加的值，输出到屏幕上。

在">>>"提示符后输入"print("Hello!")"后按〈Enter〉键，则在下一行显示"Hello！"。

在">>>"后输入"a=10"按〈Enter〉键；在下一行的">>>"后输入"b=25.8"按〈Enter〉键；在新的下一行的">>>"后输入"a+b"后按〈Enter〉键，则下一行显示 a+b 的计算结果 35.8。

在">>>"后输入"3/0",则给出错误提示,如图 1-10 所示。

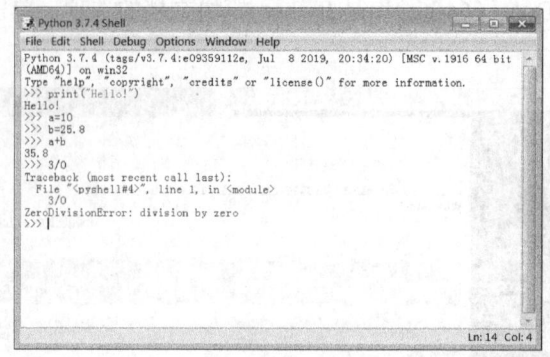

图 1-10　交互方式的运行

在交互方式下,在提示符">>>"后输入相应的命令或语句并按〈Enter〉键就能出现结果,非常简单。但是输入的命令和语句不能重复利用(可以选中后按〈Ctrl+C〉键复制,然后在最下面一行的">>>"后按〈Ctrl+V〉键粘贴),也不能保存到存储器上。因此,交互方式仅仅用于最简单的计算,很少用于程序的输入和运行。

2. 程序方式运行

把 Python 语句、命令等程序对象,按照一定的业务逻辑编写成程序,并以文件的形式保存到存储器,这样的程序文件可以重复调用和编辑。

在下面的【例 1-1】中,介绍在 IDLE 中实现程序的新建、输入、编辑、保存和运行。

【例 1-1】　编写第一个程序,输出"Hello, World!"。

"Hello, World!"的中文意思是"你好,世界!"。因为在 *The C Programming Language* 一书中作为第一个演示程序而出名,所以后来的程序员在学习编程时延续了这一习惯。

实现输出"Hello, World!"功能的 Python 程序如下:

```
# Filename : helloworld.py
print("Hello, World!")
```

1)新建 Python 程序文件。在 IDLE 窗口中,选择"File"→"New File"菜单命令(或者按〈Ctrl+N〉键,如图 1-11 所示。打开一个新的编辑窗口(称为程序或脚本编辑器),如图 1-12 所示。

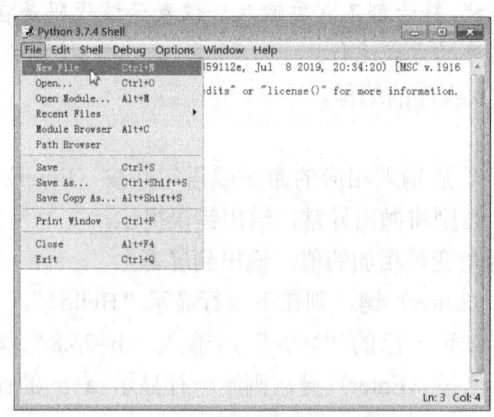

图 1-11　IDLE 窗口的"File"菜单

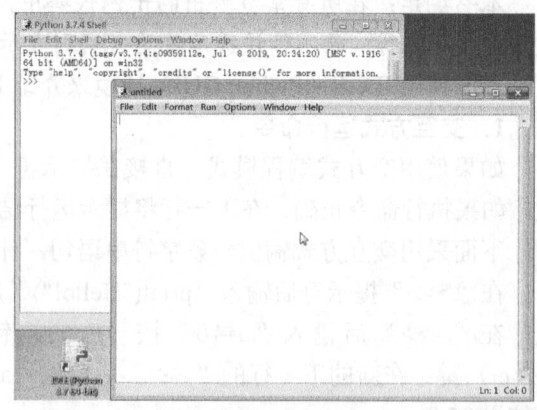

图 1-12　文件窗口

2）保存和命名 Python 文件。在新的编辑窗口中，选择"File"→"Save"菜单命令（或者按〈Ctrl+S〉键）。弹出"另存为"对话框，如图 1-13 所示，默认保存文件的文件夹是安装 Python 的文件夹。建议把 Python 程序保存到一个专门的文件夹中，例如"C:\Python 练习"，在"另存为"对话框中找到该练习文件夹，在"文件名"文本框中输入"helloworld.py"，程序文件名一定要加后缀.py，如图 1-14 所示，然后单击"保存"按钮。为什么要先保存.py 程序文件？因为保存为.py 文件后，输入的程序才会有语法高亮显示。

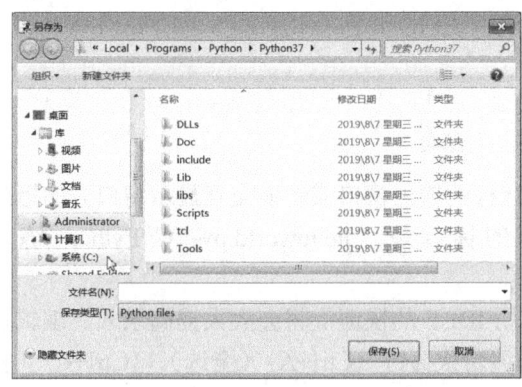

图 1-13 "另存为"对话框

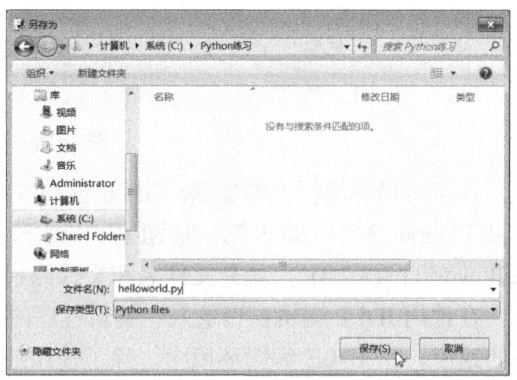

图 1-14 输入程序文件名

3）输入和编辑源程序。在编辑窗口中输入并编辑源程序（也称 Python 脚本文件），Python 编辑窗口具有函数功能提示、自动缩进、语法高亮显示等功能。输入和编辑后的源程序如图 1-15 所示。

4）保存文件。输入源程序后要保存文件，选择"File"→"Save"菜单命令（或者按〈Ctrl+S〉键）。

5）运行源程序（或者说 Module）。在编辑窗口中，选择"Run"→"Run Module"菜单命令（或者按〈F5〉键），即可运行源程序，如图 1-16 所示。

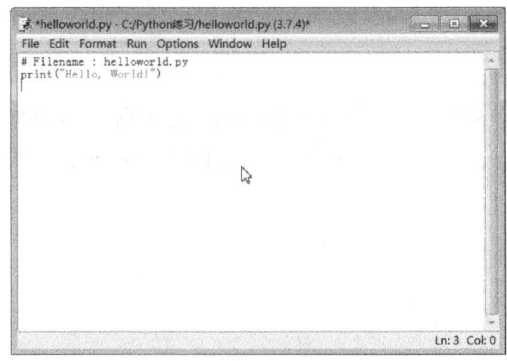

图 1-15 输入和编辑后的源程序

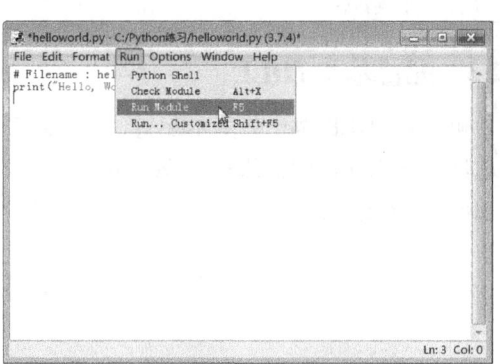

图 1-16 运行源程序

如果忘记保存文件，会显示"Save Before Run or Check"（在运行或检查之前保存）对话框，如图 1-17 所示，单击"确定"按钮保存程序文件。

程序的运行结果会在 IDLE 窗口中显示，如图 1-18 所示。

图 1-17 "Save Before Run or Check"对话框

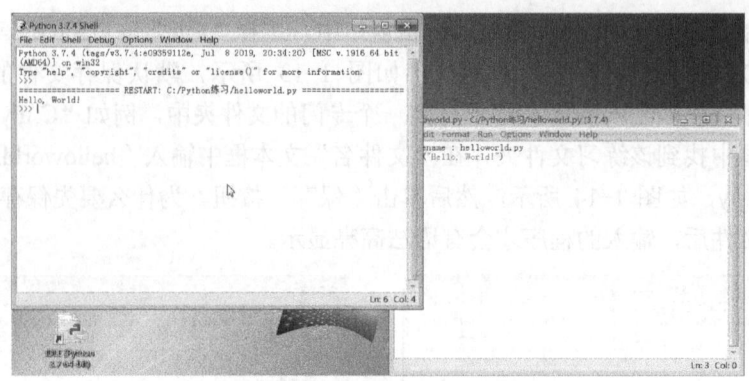

图 1-18　程序的运行结果

注意窗口标题栏上的显示，IDLE 窗口（程序运行的输出窗口或者说交互显示窗口）的标题是"Python 3.7.4 Shell"，而源程序编辑窗口的标题是"helloworld.py- C:/Python 练习/helloworld.py(3.7.4)"，就是文件名和文件路径。

在使用 IDLE 编辑窗口录入、编辑程序时，使用 IDLE 的快捷键将会大大提高录入、编辑程序的速度。在 IDLE 编辑环境中，除了使用通用的编辑快捷键〈Ctrl+A〉（全选）、〈Ctrl+C〉（复制）、〈Ctrl+V〉（粘贴）、〈Ctrl+X〉（剪切）、〈Ctrl+Z〉（撤销）外，还提供了其特有的快捷键，IDLE 编辑常用快捷键见表 1-1。

表 1-1　IDLE 编辑常用快捷键

快捷键	功　　能	快捷键	功　　能
Alt+P	浏览上一条历史命令	Ctrl+]	缩进代码块
Alt+N	浏览下一条历史命令	Ctrl+[	减少代码块缩进
F1	打开 Python 帮助文档	Alt+3	代码块加注释
Alt+/	自动补全代码（查找编辑器内已经写过的代码来补全）	Alt+4	代码块去注释

1.2.3　配置基本 IDLE

可以对 IDLE 做一些基本配置，使 IDLE 更加容易使用，可以设置字体、语法高亮和快捷键等选项。在 IDLE 中，选择"Options"→"Configure IDLE"菜单命令，如图 1-19 所示，弹出"Settings"对话框。

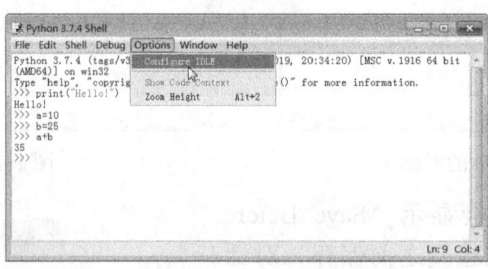

图 1-19　IDLE 的"Options"菜单

1. "Fonts/Tabs"（字体/Tab 键）选项卡

"Settings"对话框的"Fonts/Tabs"选项卡如图 1-20 所示。

1）Font Face（字体）：建议选择 Consolas 等宽字体，因为等宽字体很容易辨识数字 0 和大写字母O，数字1和字母1（L的小写字母）、I（i的大写字母），视觉效果好。

2) Size（字号）：默认为10，可自行调节字号。

3) Indentation Width（缩进）：默认为4个空格。单击"Ok"或"Apply"按钮会立即生效。

2. "Highlights"（高亮）选项卡

"Settings"对话框的"Highlights"选项卡如图 1-21 所示。在本选项卡中设置文字高亮外观，一般采用系统默认设置。

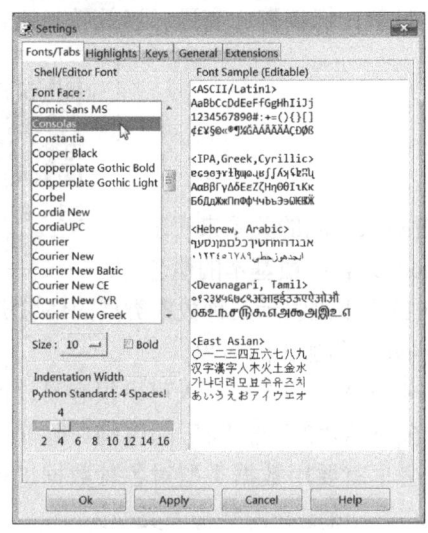 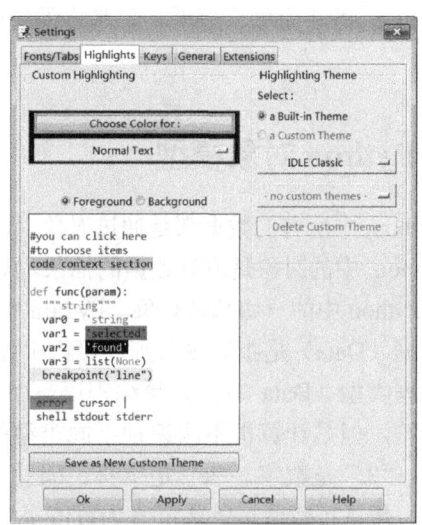

图 1-20 "Fonts/Tabs"选项卡　　　　图 1-21 "Highlights"选项卡

其他选项卡初学者用得很少，因此不用更改。

1.3 习题

1. 在 IDLE 中，按交互方式计算下列表达式，观察运算结果。

```
>>> 100
>>> 100.0001
>>> 100+200
>>> 2*3
>>> "abc"
>>> "aaa"+100
```

2. 在 IDLE 中，按程序方式，输入、编辑和运行下面的程序。更改不同的 a、b、c 的值，观察输出的数值类型的形式（整数、浮点数或复数形式）。

```
# 计算一元二次方程的根
a = 3
b = 10    # b=1
c = 5
x1 = (-b+(b*b-4*a*c)**0.5)/(2*a)
x2 = (-b-(b*b-4*a*c)**0.5)/(2*a)
print("x1=", x1)
print("x2=", x2)
```

第 2 章　Python 基础语法

Python 语法简单、易学，最基本的语法包括数据类型、标识符、变量、运算符、语句、函数等。

2.1　Python 对象模型

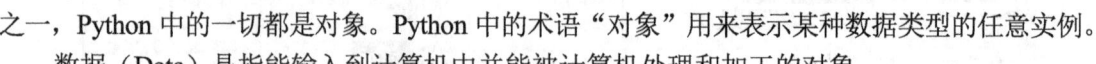
2.1 Python 对象模型

Python 中所有的数据都是通过对象（Object）或者对象之间的关系来表示的，Python 中的对象是所有数据的抽象。对象是 Python 语言中最基本的概念之一，Python 中的一切都是对象。Python 中的术语"对象"用来表示某种数据类型的任意实例。

数据（Data）是指能输入到计算机中并能被计算机处理和加工的对象。

数据类型（Data Type）是编程语言中为了对数据进行描述的定义。人可以很容易地区分数字与字符，但是计算机不能识别不同类型的数据，它分不清"3"与"k"的区别。除非明确地告诉它，"3"是数字，"k"是字符。因此，在编程语言里就要用数据类型对各种数据进行明确的划分，想进行数值运算就定义为数值类型；想处理文字，就定义为字符串类型。

不同的数据类型有不同的运算规则和处理方式，通常使用 Python 内置的基本数据类型。Python 中的基本数据类型只有两种，即数值（Number）数据类型和字符串（String）数据类型。根据这两种基本的数据类型，Python 内置了 5 种数据结构：列表（List）、元组（Tuple）、字典（Dictionary）、集合（Set）和文件（File）。

Python 与其他高级语言（如 C、Java、C#）不同，Python 的数据类型一般不用于定义变量，而是根据赋值给变量的数据类型来自动确定变量的类型。

2.1.1　对象的特性

Python 使用对象模型存储数据，每一个数据类型都有一个对应的内置类。新建一个数据，就是初始化并生成一个对象，即所有数据都是对象。Python 与 C/C++不一样，它的数据有自己的特点，一定要记住"一切皆为对象，一切皆为对象的引用"这句话。

Python 中的对象有下面 3 个特性：标识、类型和值。

1．标识（Identity）

Python 中的每个对象都有一个唯一标识，对象的标识在对象被创建后不再改变。可以认为对象的标识是对象在内存中的地址，其标识可以由内置函数 id()求得。

【例 2-1】 下面创建对象 2，显示该对象在内存中的地址（标识）。将对象 2 赋值给变量 a 后，显示其地址；再将对象 2 赋值给变量 b 后，显示其地址；再将变量 b 赋值给变量 c 后，显示其地址。

```
>>>2
2
>>>id(2)
```

```
8791404015904
>>>a=2
>>>id(a)
8791404015904
>>>b=2
>>>id(b)
8791404015904
>>>c=b
>>>id(c)
8791404015904
```

is 操作符可以比较两个对象的标识是否相同，即两个对象是否是同一个。

```
if a is b:
    print("a和b是相同对象")
```

在 IDLE 中运行上面的代码，以交互方式输入，显示如图 2-1 所示（在不同的计算机中显示的 id()是不同的）。从运行结果看，对象 2 的地址与对象 2 的 a、b、c 标识符的地址相同（8791404015904），也就是说，a、b、c 引用了同一个对象，即内存中对象 2 只占用了一个地址，而不管有多少个引用指向了它，都只有一个地址值，只是会有一个引用计数器记录指向这个地址的引用有几个。

2．类型（Type）

对象的类型决定了对象保存值的类型、可以执行的操作，以及所遵循的规则。可以使用内置函数 type()查看一个对象的类型。因为 Python 中一切皆是对象，type()函数返回的也是对象，而不是简单字符串。

【例 2-2】查看 20 对象、"hello" 对象、True 对象的数据类型。

```
>>>type(20)
<class 'int'>
>>>type("hello")
<class 'str'>
>>>type(True)
<class 'bool'>
```

在 IDLE 中运行上面的代码，以交互方式输入，显示如图 2-2 所示。

图 2-1　创建对象 2

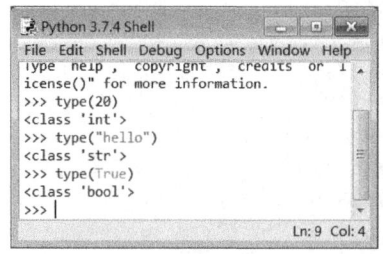
图 2-2　显示对象的数据类型

3．值（Value）

值是对象表示的数据。Python 中的数据分为两种：可变数据类型和不可变数据类型。

13

1）可变数据类型：值是可变的对象的数据类型称为可变（Mutable）数据类型。

2）不可变数据类型：值一经创建就不可再变的对象的数据类型称为不可变（Immutable）数据类型。

一个对象的可变性由其数据类型决定。数值（Number）、字符串（String）和元组（Tuple）是不可变数据类型。字典（Dictionary）、列表（List）和集合（Set）是可变数据类型。

【例2-3】 不可变数据类型对象的创建。

```
>>> a=3
>>>id(a)
8791404015936
>>>b=a
>>>id(b)
8791404015936
>>>a=a+2
>>>id(a)
8791404016000
>>>id(b)
8791404015936
```

如图2-3所示，当a=3赋值后，看到a的地址值变了，虽然a的引用不变。a=3、b=a，使得a和b都引用了同一个对象，即3，所以地址值都一样。最后对a进行了加2的操作，所以创建了新的对象5，a引用了这个新的对象，而不再引用对象3。

不可变数据类型可以这样理解，a 引用的地址处的值是不能被改变的，也就是8791404015936 地址处的值在没被垃圾回收器回收之前一直都是3，不能改变。如果要把a赋值为5，那么只能将a引用的地址从8791404015936变为8791404016000，相当于a=5这个赋值又创建了一个对象，即对象5。而b、c没有被重新赋值，其引用仍然是原来的对象，所以int数据类型是不可变的。如果对int类型的变量再次赋值，在内存中又创建了一个新的对象，则不再是之前的对象。

从上面的过程看出，不可变数据类型的优点就是内存中不管有多少个引用，相同的对象只占用一块内存。它的缺点就是当对变量进行运算从而改变变量引用的对象的值时，由于是不可变数据类型，因此每次改变都将创建新的对象，不再使用的对象被垃圾回收器回收。

【例2-4】 可变数据类型对象的创建。

```
>>>a=[1,2,3]
>>>id(a)
48841032
>>>a=[1,2,3]
>>>id(a)
48842376
>>>a.append(4)
>>>id(a)
48842376
>>>a+=[5]
>>>id(a)
48842376
>>>a
[1, 2, 3, 4, 5]
```

从运行过程看出，两次 a=[1, 2, 3]操作，a 两次引用的地址值是不同的，其实是创建了两个不同的对象，这一点明显不同于不可变数据类型。所以对于可变数据类型来说，具有同样值的对象是不同的对象，即在内存中保存了多个同样值的对象，地址值不同，如图 2-4 所示。

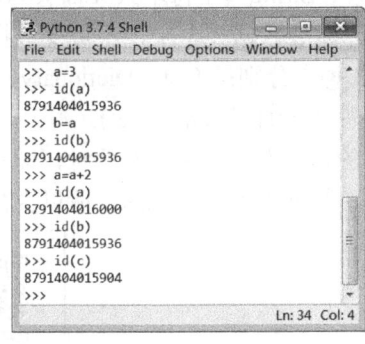

图 2-3　不可变对象

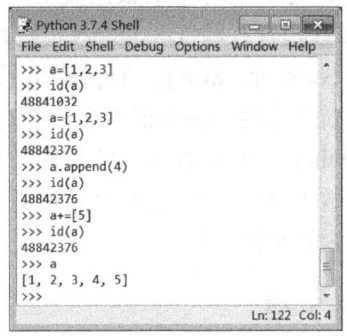

图 2-4　可变对象

对列表执行添加元素 a.append(4)、a+=[5]操作，发现这两个操作使得 a 引用的对象值改变了，但是 a 引用的地址依旧是 48842376。也就是说，对 a 进行添加元素的操作不会改变 a 引用的地址值，只是改变了地址处存放的值。所以可变数据类型对一个变量进行操作时，其值是可变的，值的变化并不会引起新建对象，即地址是不会变的，只是地址中的值变化了。

需要注意，对可变数据类型的操作不能是赋值操作，比如 a = [1, 2, 3, 4, 5, 6, 7]、a=a+[6]，这样的操作就不是改变值了，而是新建了一个新的对象，这里的可变只是对于 append、+=等添加元素的操作。

概括上述过程就是，Python 中的不可变数据类型不允许变量的值发生变化，如果改变了变量的值，就相当于新建了一个对象。相同值的对象在内存中实际只有一个对象，内部会有一个引用计数来记录有多少个变量引用这个对象。

可变数据类型允许变量的值发生变化，即如果对变量进行 append、+=等添加元素操作，则只改变变量的值，而不会新建一个对象，变量引用对象的地址也不会变化。相同值的不同对象在内存中存在不同的对象，即每个对象都有自己的地址，相当于在内存中对于同值的对象保存了多份，这里不存在引用计数，是实实在在的对象。

2.1.2　常见的内置对象

Python 中有许多内置对象，例如，数值、字符串、列表、字典、元组、集合、文件、函数、类、运算符等，供程序员使用。表 2-1 中列出了 Python 中部分常见的内置对象。

表 2-1　Python 中部分常见的内置对象

对象类型	示　　例	对象类型	示　　例
数值	100，-12.5	列表	[3, 2, 1]，["a", "s", 6]
字符串	"abc#123"，'Hello!'	元组	(5, 8, -3)
布尔值	True，False	集合	set('hello')，{'e', 'h', 's'}
空类型	None	字典	{1 : 'red', 2 : 'yellow', 3 : 'green'}
函数	int()	文件	f=open('student.txt','r')
类	class aa:	编程单元类型	函数（用 def 定义），类（用 class 定义）

2.2 基本数据类型

Python 3 有 6 种标准的数据类型：Number（数值）、String（字符串）、List（列表）、Tuple（元组）、Set（集合）和 Dictionary（字典）。在这 6 种标准数据类型中，不可变数据类型有 3 种，分别是 Number、String、Tuple；可变数据类型有 3 种，分别是 List、Dictionary、Set。

Python 提供了两个内置函数来检查对象的数据类型：type()和 isinstance()。

虽然 Python 3 有 6 种标准的数据类型，Python 中的基本数据类型只有两种，即数值数据类型和字符串数据类型。其他 4 种数据类型是由多个基本数据类型组合成的，所以也被称为组合数据类型或内置数据结构。

2.2.1 数值类型

数值（Number）类型，在 Python 中也被称为数字类型。

1．数值类型

Python 中的数值类型有 4 种：int（整型）、float（浮点型）、complex（复数型）和 bool（布尔型）。Number 类型属于不可变数据类型。

（1）int（整型）

整型数据可以是正整数或负整数，无小数点。Python 3 中的整型数据只有一种，即 int。在 32 位操作系统中，整数的位数为 32 位，取值范围为$-2^{31} \sim 2^{31}-1$；在 64 位操作系统中，整数的位数为 64 位，取值范围为$-2^{63} \sim 2^{63}-1$。

整型数据有以下 4 种表现形式。

1）十进制整数：平时整数的写法，使用 10 个数字 0、1、2、3、4、5、6、7、8、9 表示整数。例如，-3，0，99，10000。

2）二进制整数：以 0b 开头，使用 2 个数字 0、1 表示整数。例如，0b1101，0b01101011。

3）八进制整数：以 0o 开头，使用 8 个数字 0、1、2、3、4、5、6、7 表示整数。例如，0o67，0o235。

4）十六进制整数：以 0x 开头，使用 16 个数字 0、1、2、3、4、5、6、7、8、9、a、b、c、d、e、f 表示整数。例如，0x10f9，0xa5e7b。

这 4 种进制的数据通过函数 int()、bin()、oct()、hex()转换显示。

【例 2-5】 在 IDLE 中，以交互方式把 100、99999999999999999999999999999999 整数，分别用十进制、二进制、八进制和十六进制显示。在 IDLE 中的运行结果如图 2-5 所示。

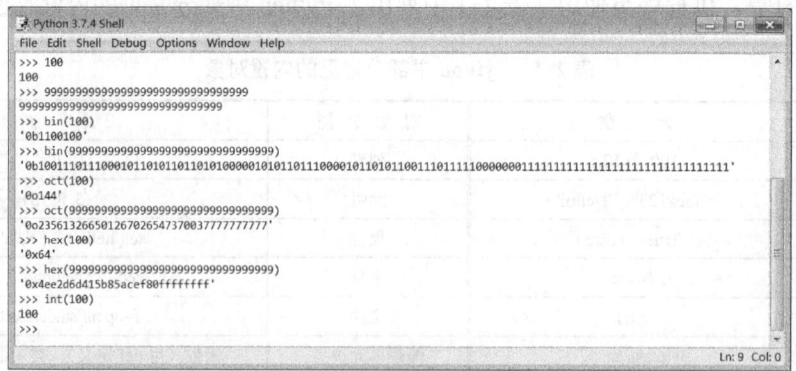

图 2-5 整数的显示

（2）float（浮点型）

浮点型数据由整数部分和小数部分组成，就是带有小数点的数。在计算机中用于近似表示某个实数。之所以称为浮点数，是因为按照科学记数法表示时，一个浮点数的小数点位置是可变的。在表示很大或很小的浮点数时必须使用科学记数法表示，把 10 用 e 替代。

【例 2-6】 在 IDLE 中，以交互方式显示不同大小的浮点数，如图 2-6 所示。

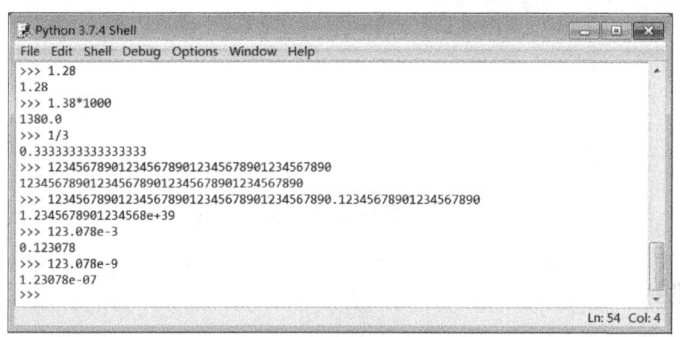

图 2-6 浮点数的显示

只要涉及浮点数的运算，其结果必为浮点型。float 类型存放双精度的浮点数，计算后一般精确到小数点后 16 位，由于精度受限，进行相等性比较不可靠。

如果需要高精度，可使用 decimal 模块的 decimal.Decimal()函数，这种类型可以准确地表示循环小数，但是处理速度较慢，适合用于财务计算。

（3）complex（复数型）

Python 中的复数与数学中复数的表示形式一致，都是由实部和虚部两部分构成，并且用 j 或 J 表示虚数部分，用 a+bj 或者 complex(a,b)表示，复数的实部 a 和虚部 b 都是浮点型数据。例如，2+6.5j、5.81+7.69j。

（4）bool（布尔型）

布尔型数据的运算结果是常量 True 或 False（注意 True 和 False 的首字母大写），它的值分别是 1 和 0，可以与数值型数据运算。对于 bool 型的值，非 0 值表示布尔真，0 或空值表示布尔假。例如，bool(1)、bool('abc')、bool(True)、bool(" ")、bool(12) 表示 True；bool(0)、bool("")、bool(None)、bool(False)表示 False。

2．数值对象的创建

创建数值对象非常简单，只须按需要的数值类型写出该数字。例如，20、12.5、3+5j、False。

3．转换数值类型

如果要转换不同的数值类型，可以采用下面的方法。

1）通过 float()函数可以将 int 型数据强制转换成 float()型数据。

2）通过 int()函数可以将 float 型数据强制转换成 int 型数据。

如果要查看数据的数据类型，使用下面的函数。

1）type()函数可以返回指定值或变量的数据类型。

2）isinstance()函数可以判断指定值或变量是否为给定的数据类型。

【例 2-7】 在 IDLE 中，以交互方式显示数值类型及转换测试，如图 2-7 所示。

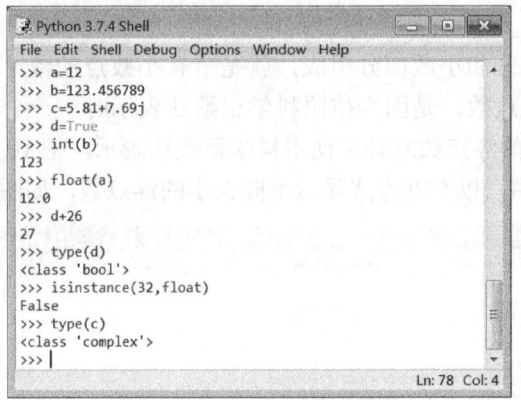

图 2-7 数值类型及转换测试

2.2.2 字符串类型

2.2.2 字符串类型

字符串（String）类型是 Python 中最常用的数据类型之一。

1. 字符串对象的创建

创建字符串时，使用单引号（'）、双引号（"）或三个引号（三个单引号或三个双引号）将一段字符括起来。Python 不支持单字符类型，单字符在 Python 中也是作为一个字符串使用。例如，'a'、"Hello, World!"、'123'、'''世界'''、"""我叫王守一"""。

当一个字符串中包含单引号或者双引号字符的时候，使用和字符串中不同的引号把字符串括起来。例如，'''She said: "Let's go."'''。

使用三引号（'''或"""）可以指定一个多行字符串，也可以在程序中表示较长的注释。例如：

```
"""第一行 Line1
第二行 Line2
第三行 Line3"""
```

上面例子中的字符串，在 IDLE 中的交互显示如图 2-8 所示。

图 2-8 字符串的显示

若字符串中包含特殊含义的符号，需要使用转义字符。转义字符是以反斜杠"\"开头，后面跟一个或几个字符，其意思是将"\"后面的字符转变成另外的意义。例如，\n 不代表字母 n，而是换行符。常用的转义字符见表 2-2。

表 2-2 常用的转义字符

转 义 字 符	含 义	转 义 字 符	含 义
\n	换行符（new line），转到下一行的开头	\'	单引号
\t	制表符（tab）	\"	双引号
\r	回车符（return），回到当前行的开头	\\	一个\

观察图 2-8，发现在多行字符串中，换行符用"\n"表示。

在定义字符串时，为了提高可读性，应该使用不同的引号把要定义的字符串括起来，避免使用转义字符。

【例 2-8】 分别在 IDLE 窗口和 Python 命令行窗口中，按交互方式执行下面的代码，查看运行结果。

```
str1 = "Line1\nLine2\tLine3\rLine4\'Line5\"Line6\\Line7"
print(str1)
str2 = '''She said: \"Let\'s go.\"'''
print(str2)
```

从执行结果看，在 IDLE 中，"\r"没有使光标回到当前行的开头，如图 2-9 所示。

图 2-9 在 IDLE 窗口中的执行结果

而在 Python 命令行下执行时，"\r"使光标回到当前行的开头，如图 2-10 所示。

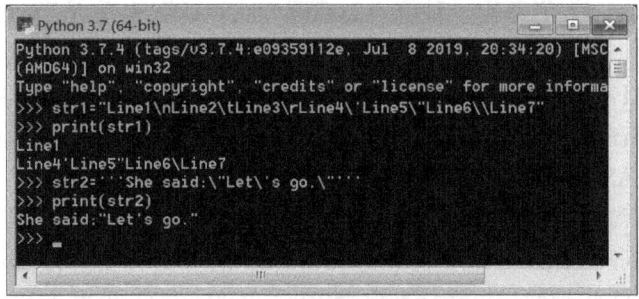

图 2-10 在 Python 命令行窗口中的执行结果

2．字符串的连接

由于字符串的应用非常广泛，Python 提供的字符串操作也比较多，这里只介绍字符串连接运算符"+"，字符串的其他操作后面章节将详细讲解。

使用"+"运算符连接两个或更多的字符串，其运算结果是合并成为新的字符串。字符串表达式的格式如下：

〈字符串 1〉+〈字符串 2〉+〈字符串 3〉…

当两个字符串用"+"连接起来后，第二个字符串直接添加到第一个字符串的尾部，结果是一个更长的、包含两个源字符串的全部内容的字符串。如果要把多个字符串连接起来，每两个字符串之间都要用"+"号分隔。例如：

```
"ABC123" + "666xyz"                 # 连接后结果为：'ABC123666xyz'
'计算机' + '世界'                    # 连接后结果为：'计算机世界'
"123 45" + "abcd " + "  xyz  "      # 连接后结果为：'123 45abcd   xyz  '
```

如果"+"连接的对象有非字符串类型的数据，将显示"TypeError"（类型错误）的提示。这时要先转换成字符串再进行连接，将数值转换为字符串的函数为 str(数字)，例如：

```
str(123) + "abc"+ str(12.5)         #' 连接后结果为：'123abc12.5'
```

2.3 字符集、标识符、变量和常量

本节介绍程序设计涉及的一些基本概念，包括字符集、标识符、变量和常量。

2.3 字符集、标识符、变量和常量

2.3.1 字符集

字符（Character）是各种文字和符号的总称，包括各国家文字、标点符号、图形符号、数字等。字符集（Character Set）是多个字符的集合。字符集种类较多，每个字符集包含的字符个数不同。常见字符集有 ASCII 字符集、GB2312 字符集、BIG5 字符集、GB18030 字符集、Unicode 字符集等。计算机要能准确地处理各种字符集文字，就需要进行字符编码，以便识别和存储各种文字。

Unicode 是一种在计算机上使用的字符编码。它为每种语言中的每个字符设定了统一并且唯一的二进制编码，以满足跨语言、跨平台文本转换、处理的要求。需要注意的是，Unicode 只是一个符号集，它只规定了符号的二进制代码，却没有规定这个二进制代码应该如何存储。

随着互联网的普及，人们急需一种统一的编码方式。UTF-8 就是当前在互联网上使用最广的一种 Unicode 的实现方式。UTF 是 Unicode Tranformation Format 的缩写，即把 Unicode 转成某种格式的意思。UTF-8 便于不同的计算机之间使用网络传输不同语言和编码的文字，使得双字节的 Unicode 能够在现存的处理单字节的系统上正确传输。UTF-8 使用可变长度字节来存储 Unicode 字符，例如 ASCII 字符继续使用 1 字节存储，重音文字、希腊字母或西里尔字母等使用 2 字节来存储，而常用的汉字则要使用 3 字节，辅助平面字符则使用 4 字节。UTF-8（8-bit Unicode Transformation Format）是一种针对 Unicode 的可变长度字符编码，又称万国码，由 Ken Thompson 于 1992 年创建，已经标准化为 RFC 3629。UTF-8 用 1～6 个字节编码 Unicode 字符。用在网页上可以同一页面显示中文简体繁体及其他语言（如英文、日文、韩文）。

在 Windows 中，字符编码是由计算机的区域设置决定的，也可以为文件指定不同的编码。例如，在记事本的"文件"菜单中选择"另存为"，在"另存为"对话框中从"编码"下拉列表中选择"ASNI""Unicode""Unicode big endian"或"UTF-8"编码方式。默认情况下，Python

3 源码文件以 UTF-8 编码,所有字符串都是 Unicode 字符串。

2.3.2 标识符

标识符（Identifier）就是程序中使用的各种名称,例如变量名、类名、方法名、文件名以及一些具有专门含义的有效字符序列等。Python 程序是由规定的标识符按照业务逻辑组成的字符序列。标识符可分为两类,即关键字标识符和用户标识符。

1．关键字标识符

关键字是 Python 语言内部使用的单词,是具有特殊功能的标识符,代表一定语义,类似于标识符的保留字符序列。因为这些关键字已经被 Python 使用了,所以不允许程序员定义和关键字相同名字的标识符。例如 and、class、if、else 等都是关键字标识符。这些关键字在程序员为变量、类等起名字的时候不能使用。如果使用这些关键字,将会覆盖 Python 内置的功能,可能会导致无法预知的错误。

Python 语言中有 35 关键字。只有 False、None 和 True 三个首字母大写,其他的全部小写。在 IDLE 中输入 help('keywords')可以显示 Python 关键字,如图 2-11 所示。

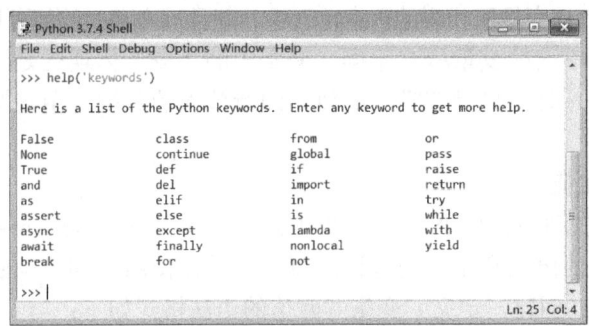

图 2-11　Python 关键字

2．用户标识符

用户标识符是程序员在编程时给变量、函数、类、模块、包、文件等对象指定的名字。构成标识符的字符均有一定的规范。

（1）标识符的命名规则

Python 语言中标识符的命名规则如下。

1）标识符由字母、数字、下画线组成。

2）标识符不能以数字开头。

3）以下画线开头的标识符具有特殊意义。

4）标识符严格区分大小写。例如 MyName 与 myName 是两个不同的标识符。

5）关键字不能作为标识符。

6）不要使用 Python 内置函数名作为用户标识符。

例如,userName、user_name、_sys_val、学生名等都是合法的标识符,其中中文"学生名"命名的变量是合法的；而 2mail、room#、\$Name 和 class 为非法的标识符,注意#和\$不能构成标识符。

（2）标识符的命名规范

规则是制定的基本标准,规范是为了得到更好的效果而制定的行业标准。

1）标识符要有见名知意的效果。最好根据其含义选用英文缩写及汉语拼音作为标识符，这样便于阅读程序。

2）建议使用下面的标识符命名法。

Pascal 命名法（pascal case），也称大驼峰命名法（upper camel case）：每一个单字的首字母都采用大写字母。例如：UserName。

camel 命名法（camel case），也称小驼峰命名法（lower camel case）：第一个单词以小写字母开始，其后每个单词的首字母大写。例如，userName。

下画线命名法（under score case），用下画线"_"连接所有的单词。例如，user_name。

2.3.3 变量

程序运行过程中，其值可以改变的量叫变量；程序中使用的变量，属于用户自定义标识符。任何一个变量必须先命名，再赋值和引用。

一个变量实质上是指计算机内存中某个存储数据对象的单元，变量名实质上是这个数据对象存储单元在内存中的地址，该内存用来存储值。对变量进行操作就是对该存储单元进行操作，对变量赋值就是将数据对象存入该变量所代表的内存单元中，并且该内存中的值可以随意改变。

程序中的变量与数学上的变量概念不同，变量中的"变"体现的是这个存储单元可以存放不同的数据对象，但每一时刻只具有唯一的值，即新放入的数据将覆盖原有的数据。变量由变量名和变量值组成。

1．变量的声明与赋值

由于 Python 是一种动态类型语言，在 Python 中变量不需要提前声明变量名及其类型，变量的赋值操作就是变量的声明和定义的过程。每个变量在使用前都必须赋值，变量赋值以后该变量才会被创建。声明（创建、定义）变量并赋值的语法格式如下：

```
变量名 = 值
```

变量名就是变量的标识符，使用等号（=）给变量赋值，运算符左边是一个变量名，运算符右边是该变量名指向的数据对象的值。当使用赋值语句创建一个变量后，赋值号之后的值就成为内存中的一个对象，变量名（引用）指向该对象。

在 Python PEP 8 编码规范中，变量名推荐使用下画线命名法，例如 student_age、user_name、flag。

变量类型取决于值的类型。注意，如果只写一个变量名而没有赋值，那么 Python 认为这个变量没有声明。只有变量被赋值以后，该变量才会被创建并分配内存空间。

当一个变量要修改的值是数值、字符串或元组时，Python 会分配一个新的内存空间存储新值，并把此对象赋值给该变量。能够原地修改的对象称为可变的，不能原地修改的对象是不可变的。

在 Python 中创建（声明）变量时不需要指定它的数据类型，只要给一个变量名标识符赋值就创建了该变量，所赋值的数据类型就是变量的数据类型。例如：

```
student_age = 18
user_name = '张三'
flag = True
flag = 10
flag = "abc"
```

重新给该变量名赋值，则新的值取代原来的值，新值的数据类型就是该变量的类型，该变量的值和数据能随时改变。例如 flag 第 1 次赋值是布尔类型 True，则该变量的类型是 bool 型（可以用 type(flag)函数测试）；第 2 次给 flag 赋值整数类型 10，则该变量的类型是 int 型；第 3 次给 flag 赋值字符串类型 "abc"，则该变量的类型是 String 型。

Python 在变量声明时不需要指定数据类型，而直接对变量进行赋值，Python 解释器会根据赋值或运算对象的类型在运行时自动推断变量的类型。这也是把 Python 语言称为动态类型的原因（动态类型可以简单地归结为对变量内存地址的分配是在运行时自动判断变量类型并对变量进行赋值）。

Python 变量名本身是没有类型的，类型取决于存储的数据对象，而不是变量名，变量名只是一个指向存储对象的引用。存储数据对象时除了存储数据外还有两个头部信息，一个是类型标志符，用来说明存储对象的数据类型；另一个是引用计算器，用来标明当前存储对象有多少个引用指向它，当没有引用指向这个存储对象的时候，存储对象占用的内存空间将会被 Python 垃圾收集器回收。

2．给变量赋值的其他用法

（1）同时给多个变量赋值

同时定义多个变量，变量名与值用逗号隔开，一一对应。语法格式如下：

    变量名1，变量名2，… = 值1，值2，…

例如，执行下面的赋值语句后，a=1，b=2，c=3。

    a, b, c = 1, 2, 3

（2）交换两个变量的值

交换两个变量的值的语法格式如下：

    变量1，变量2 = 变量2，变量1

例如，下面的语句实现交换变量 a 和 b 的值。

    a, b = b, a

（3）多个变量赋相同的值

多个变量赋相同值的语法格式如下：

    变量1 = 变量2 = … = 值

例如，下面的语句实现变量 a、b、c 都赋值 10。

    a = b = c = 10

3．删除变量

Python 的内存管理机制会跟踪所有对象，并自动删除不再使用的对象，所以一般情况下程序员不需要考虑内存管理的问题。尽管这样，删除不再使用的变量仍然是一个程序员应该保持的好习惯。删除变量的语法格式如下。

    del 变量1，变量2，…

del 语句删除的是变量的定义而不是数据对象。例如：

```
a=b=c=10
del a, c
```

a、c 变量被删除后如果再引用，它就提示该变量没有定义，b 变量仍然可以访问，在 IDLE 中的显示结果如图 2-12 所示。

4．Python 的内存管理机制

Python 的内存管理机制包括以下三个方面。

（1）引用计数

Python 中的每一个对象，都有一个指向该对象的引用计数器。如图 2-13 所示，首先创建一个对象 12.5，然后将这个浮点数对象的引用赋值给 a，因为 a 是第一个引用，因此，对象 12.5 的引用计数为 1。语句 b=a 创建了一个指向同一个对象的引用别名 b，这时并没有为 b 创建一个新的对象，而是将 b 也指向了 a 指向的对象，使其引用计数为 2。

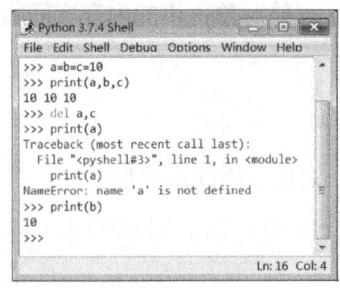
图 2-12　删除变量的显示结果

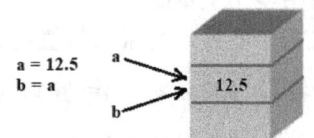
图 2-13　变量引用数据对象

下面语句的执行结果可以证明上述的说法，如图 2-14 所示，变量 a 和变量 b 的内存地址一致。函数 id()返回指定变量所指定值的内存地址。给 b 赋值 3 后，b 的内存地址改变了，而 a 的内存地址仍然是原来的，如图 2-15 所示。

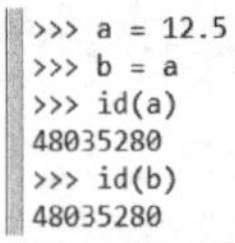

```
>>> a = 12.5
>>> b = a
>>> id(a)
48035280
>>> id(b)
48035280
```

```
>>> b = 3
>>> id(a)
48035280
>>> id(b)
8791535087936
```

图 2-14　a、b 两个变量引用相同的数据对象 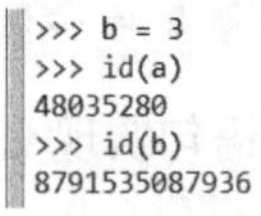　　　　图 2-15　a、b 两个变量引用不同的数据对象

从返回的内存地址可以看出，在 Python 中修改变量值的操作，只是修改了变量指向的数据对象的内存地址。这是因为 Python 采用的是基于值的内存管理方式。如果为不同变量赋值的是内存中的同一个数据对象，则这多个变量指向同一块内存地址，前面的几段代码也说明了这个原因。在 Python 的处理方式上，变量更像是附在数据对象上的标签（与引用的定义类似），如图 2-16 所示。

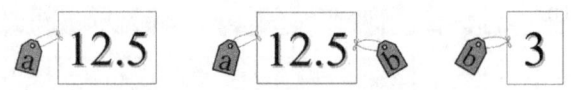
图 2-16　数据对象上的变量标签

当变量被绑定在一个数据对象上的时候，该变量的引用计数就是 1（还有另外一些情况也会导致变量引用计数的增加）。系统会自动维护这些标签，并定时扫描，当某标签的引用计数变为 0 的时候，该数据对象就会被回收。

（2）垃圾回收

当内存中有不再使用的对象时，垃圾收集器就会把它们清理掉。Python 解释器会去检查那些引用计数为 0 的对象,然后清除其在内存的空间。

垃圾回收机制还有一个循环垃圾回收器,确保释放循环引用对象(a 引用 b,b 引用 a,导致其引用计数永远不为 0)。

(3)内存池机制

Python 还有一个内存池机制,这里不再介绍,感兴趣的读者可以查阅相关资料。

2.3.4 常量

在其他高级语言中,常量是指一旦初始化后就不能修改的固定值。但是,在 Python 中,没有专门定义常量的语法和关键字。换言之,Python 中没有常量,所以在 Python 中只能将变量当成常量使用。Python 程序一般通过约定俗成的方式,即将变量名全大写的形式表示这是一个常量,例如 MAX_SIZE=190。然而,这种方式并没有真正实现常量,其对应的值仍然可以被改变。那么这就带来了一个安全隐患,"常量"可能会在无意中被修改,从而引发程序错误。解决此问题要求程序员自律和自查,即通过一些技术手段使变量不能修改,还要求符合"命名全部为大写"。

2.4 运算符和表达式

运算是对数据进行加工的过程,描述各种不同运算的符号称为运算符,而参与运算的数据称为操作数。表达式用来表示某个求值规则,它由运算符和配对的圆括号将变量、函数等对象,用操作数以合理的形式组合而成。

表达式可用来执行运算、操作字符串或测试数据,每个表达式都产生唯一的值。表达式的类型由运算符的类型决定。Python 中的运算符和表达式有:算术运算符和算术表达式、字符串运算符和字符串表达式、关系运算符和关系表达式、逻辑运算符和逻辑表达式、位运算符和位表达式。Python 还有一些特有的运算符,例如测试运算符、集合运算符等。Python 中的很多运算符具有多种不同的含义,作用于不同类型的操作数,非常灵活。

本节主要介绍数值类运算符及其表达式。

2.4.1 算术运算符和算术表达式

1. 算术运算符

Python 中的算术运算符见表 2-3。假设表中变量 a 为 10,变量 b 为 20。

表 2-3 算术运算符

运算符	操作	实例
+	加法,两个对象相加	a+b 的输出结果:30
-	减法,得到负数或是一个数减去另一个数	a-b 的输出结果:-10
*	乘法,两个数相乘	a*b 的输出结果:200
/	除法,x 除以 y,除法总是返回一个浮点数	b/a 的输出结果:2.0
%	取余数,返回除法的余数	b%a 的输出结果:0
**	幂(指数),返回 x 的 y 次幂	a**b 为 10 的 20 次方,输出结果:100000000000000000000
//	取整除,返回商的整数部分,得到的并不一定是整数类型的数,它与分母、分子的数据类型有关	b//a 输出结果:2 9.0//2.0 输出结果:4.0

在算术表达式中包含各种算术运算符，必须规定各个运算的先后顺序，这就是算术运算符的优先级。表 2-4 按优先顺序由高到低列出了算术运算符。

表 2-4 算术运算符的优先级

优 先 级	算术运算符	操 作
1	( )	圆括号
2	**	幂（指数）
3	+x、-x	正号、负号
4	*、/、//、%	乘法、除法、整除、取余数
5	+、-	加法、减法

当一个表达式中含有多种算术运算符时，将按上述顺序求值。对于同等优先级的多种算术运算符，从左到右依次计算。使用括号"( )"可以改变优先级的顺序，如果表达式中含有括号，则先计算括号内表达式的值；如果有多层括号，则先计算最内层括号中的表达式。

2. 算术表达式

算术表达式也称数值型表达式，算术表达式由变量、函数和算术表达式以及圆括号组成，并且表达式的运算结果是一个数值。算术表达式的格式为：

〈数值1〉〈算术运算符1〉〈数值2〉〈算术运算符2〉〈数值3〉…

 注意：

1）一个单独的数据对象或变量是表达式的特殊形式。

2）在做不同类型数值的混合运算时，会发生类型转换，例如一个整数和一个浮点数运算时，首先把整数转换成浮点数，运算结果是浮点数。

3）除法运算总是把整数转换成浮点数，运算结果是浮点数。例如：50*2+(70-6)/8 的运算结果为：108.0。

4）如果要获取整数，使用//运算符，或者用 int()函数。

3. 数值类型转换

对内置的数值类型进行转换，只需要将数据类型作为函数名即可。

1）int(x)：将 x 转换为一个整数。x 是一个数值类型数据或数字字符串。

2）float(x)：将 x 转换为一个浮点数或数字字符串。

3）complex(x)：将 x 转换为一个复数，实部为 x，虚部为 0。

4）complex(x,y)：将 x 和 y 转换为一个复数，实部为 x，虚部为 y。x 和 y 是数值表达式。

另外，如果要把字符串转换成数值类型，使用 int()或 float()函数，例如：int("99")，float("12.5")。

4. 表达式的书写规则

算术表达式与数学中的表达式写法有所区别，Python 表达式都是按照一定的规则来书写的，否则系统无法识别，也无法执行。

在书写表达式时应当特别注意：

1）每个符号占 1 格，所有符号都必须一个一个并排写在同一基准上，所有字符按行书写，不能在右上角或右下角写成上标或下标。例如，a^3 要写成 a**3。a_1+a_2 要写成 a1+a2。

2）原来在数学表达式中省略的内容必须重新写上。例如，2x 表示 2 乘 x，要写成 2*x。

3）表达式中只可以使用圆括号来表示优先级，且要成对出现。不可以使用方括号、大括号等。例如，3[x+2(y+z)]必须写成 3*(x+2*(y+z))。

4）要把数学表达式中的有些符号改成 Python 中可以表示的符号。例如，2πr 改为 2*PI*r。

【例2-9】 把下列数学表达式改写为 Python 表达式。

1）$a_1a_2x^2 + (a_1b_2 + a_2b_1)x + b_1b_2$

2）$\dfrac{ad+bc}{bd}$

3）$V = \dfrac{4}{3}\pi r^3$

4）$T = a^{n+m}$

5）$F = G\dfrac{m_1m_2}{r^2}$

6）$x = \dfrac{-b \pm \sqrt{b^2-4ac}}{2a}$

解答：按照表达式的书写规则，把数学表达式改写为 Python 表达式。

1）a1*a2*x**2+(a1*b2+a2*b1)*x+b1*b2
2）(a*d+b*c)/(b*d)
3）V = 4/3*PI*r**3
4）T = a**(n+m)
5）F = G*m1*m2/(r*r)
6）x1 = (-b+(b**2-4*a*c)**0.5)/(2*a)和 x2 = (-b-(b**2-4*a*c)**0.5)/(2*a)

【例2-10】 演示 Python 所有算术运算符的操作。

```
a = 10
b = 20
c = a + b
print ("1 - c 的值为: ", c)
c = a - b
print ("2 - c 的值为: ", c)
c = a * b
print ("3 - c 的值为: ", c)
c = b / a
print ("4 - c 的值为: ", c)
c = b % a
print ("5 - c 的值为: ", c)
c = a**b
print ("6 - c 的值为: ", c)
c = b//a
print ("7 - c 的值为: ", c)
```

上面程序的运行结果如图 2-17 所示。

2.4.2 关系运算符和关系表达式

关系表达式是指用关系运算符将两个表达式连接起来的式子（例如 a+b > 0），表达式中可以包含变量、算术表达式、字符串表达式和函数。关系运算符又称比较运算符，用来对两个表达式的值进行比较，比较的结果是一个布尔值（True 或 False），这个结果就是关系表达式的值。

1．关系运算符

Python 提供的关系运算符有以下 6 种，见表 2-5。假设表中变量 a 为 10，变量 b 为 20，运算结果为 bool 类型（True 或者 False）。

图 2-17　例 2-10 运行结果

表 2-5　关系运算符

运算符	操作	实例
==	等于，比较两个对象是否相等	(a == b)返回：False
!=	不等于，比较两个对象是否不相等	(a != b)返回：True
>	大于，比较 a 是否大于 b	(a > b)返回：False
<	小于，比较 a 是否小于 b	(a < b)返回：True
>=	大于或等于，比较 a 是否大于或等于 b	(a >= b)返回：False
<=	小于或等于，比较 a 是否小于或等于 b	(a <= b)返回：True

2．关系表达式

关系表达式的格式为：

〈表达式 1〉〈关系运算符〉〈表达式 2〉

 说明：

1）所有关系运算符的运算级别相同。

2）关系运算符两侧可以是数值表达式、字符型表达式，也可以是作为表达式特例的变量或函数，但其两侧的数据类型必须一致。

3）在没有圆括号的情况下，关系表达式的运算次序为：先进行算术或函数运算，再进行比较。即先分别求出关系运算符两侧表达式的值，然后再把两者进行比较，两者的关系若与关系运算符指示的一样，则关系运算的结果为真（True），否则为假（False）。

4）除整数、浮点数、字符串可以直接比较外，其他类型的值之间不能直接比较。

5）复数不能比较大小，只能比较是否相等。

6）不要对浮点数进行等于"=="比较，例如，1.0/3.0*3.0 == 1.0。在数学上该表达式为恒等式。但在计算机上运算时，浮点数的误差将造成不相等。可以把上式改为只要它们小于一个很小的数时（这里是 10^{-5}），就认为它们相等：

```
abs(1.0 / 3.0 * 3.0 - 1.0) < 1E-5    # 结果为True，abs( )为求绝对值函数
```

7）Python 允许 a<x<=b 这样的链式比较，它相当于(a<x) and (x<=b)。

8)字符型数据按其 ASCII 码值进行比较。在比较两个字符串时,首先比较两个字符串的第一个字符,其中 ASCII 码值较大的字符所在的字符串大。如果第一个字符相同,则比较第二个字符,依此类推。常见字符值的大小关系如下:

"空格" < "0" < … < "9" < "A" < … < "Z" < "a" < … < "z" < "任何汉字"

2.4.3 逻辑运算符和逻辑表达式

对于较为复杂的条件,必须使用逻辑运算符和逻辑表达式。

1. 逻辑运算符

Python 提供的逻辑运算符,见表 2-6。假设表中变量 a 为 10,变量 b 为 20。

表 2-6 逻辑运算符

运算符	描述	实例
and	逻辑与,x and y,当 x 为 True 时才计算 y,x 与 y 都为 True 时结果为 True;否则结果为 False	a+6>10 and a<b 返回:True
or	逻辑或,x or y,当 x 为 False 时才计算 y,x 与 y 都是 False 时结果为 False;否则结果为 True	2*a<b or b/2>=10 返回:True
not	逻辑非,not x,取反,x 为 True 时结果为 False;否则为 True	not (a!=b and b>a)返回:False

2. 逻辑表达式

逻辑表达式是指用逻辑运算符连接若干关系表达式或逻辑值而成的表达式。逻辑表达式的值也是一个布尔值(True 或 False),当把 True 和 False 作为值书写时,首字母要大写。逻辑表达式一般格式为:

〈关系表达式 1〉〈逻辑运算符〉〈关系表达式 2〉

注意:

1)逻辑运算符的优先级低于关系运算符和算术运算符。
2)在没有圆括号的情况下,三个逻辑运算符的优先级为:not > and > or。

【例 2-11】 判断闰年的条件是:能被 4 整除但不能被 100 整除,或者能被 400 整除的年份是闰年。

解答:根据以上判断闰年的条件,写出判断闰年的逻辑表达式,年用变量 year。

((year%4 == 0) and (year%100 != 0)) or (year%400 == 0)

2.4.4 赋值运算符

Python 除了普通的赋值运算符外,还提供了复合赋值运算符,见表 2-7。赋值运算的规则是从右向左运算。

表 2-7 赋值运算符

运算符	描述	实例
=	赋值运算符	c=a+b 将 a+b 的运算结果赋值给 c 变量
+=	加法赋值运算符	c+=a 等效于 c=c+a

(续)

运算符	描述	实例
-=	减法赋值运算符	c -= a 等效于 c = c - a
*=	乘法赋值运算符	c *= a 等效于 c = c * a
/=	除法赋值运算符	c /= a 等效于 c = c / a
%=	取余赋值运算符	c %= a 等效于 c = c % a
**=	幂赋值运算符	c **= a 等效于 c = c ** a
//=	取整除赋值运算符	c //= a 等效于 c = c // a

【例 2-12】 演示 Python 所有赋值运算符的操作。

```
a = 11
b = 22
c = a + b
print ("1 - c 的值为: ", c)
c += a
print ("2 - c 的值为: ", c)
c *= a
print ("3 - c 的值为: ", c)
c /= a
print ("4 - c 的值为: ", c)
c = 2
c %= a
print ("5 - c 的值为: ", c)
c **= a
print ("6 - c 的值为: ", c)
c //= a
print ("7 - c 的值为: ", c)
```

上面程序的运行结果如图 2-18 所示。

2.4.5 运算符的优先级

运算符的优先级也称运算顺序，是在一个表达式中进行多种运算操作时，会按一定的顺序进行求值，称这个顺序为运算符的优先级。表 2-8 列出了优先级从最高到最低的所有运算符。

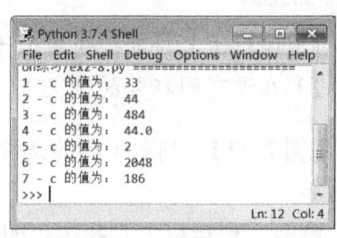

图 2-18 例 2-12 运行结果

表 2-8 运算符的优先级

运算符	描述
**	指数运算符
~ + -	按位取反、正号和负号运算符
* / % //	乘、除、取余和取整除运算符
+ -	加法、减法运算符
>> <<	按位右移、按位左移运算符
&	按位与运算符
^ |	按位异或、按位或运算符

(续)

运算符	描述
<= < > >=	关系运算符（小于或等于、小于、大于、大于或等于）
== !=	关系运算符（等于、不等于）
= += -= *= /= %= //= **=	赋值运算符
is is not	身份运算符
in not in	成员运算符
not or and	逻辑运算符

说明：

1）同级运算按照从左到右出现的顺序进行计算。
2）可以用括号改变优先顺序，强令表达式的某些部分优先运行。
3）括号内的运算总是优先于括号外的运算，在括号之内，运算符的优先顺序不变。

【例 2-13】 设变量 x = 4，y = -1，a = 7.5，b = -6.2，求表达式 x + y > a + b and not y < b 的值。

解：① 先做算术运算：　　　　3>-1.3 and not -1 < -6.2
　　② 再做关系运算：　　　　True and not False
　　③ 做非运算：　　　　　　True and True
　　④ 最后得：　　　　　　　True

2.5 语句

Python 中的语句是指执行具体操作的指令，每个语句行都以〈Enter〉键结束。

1. 程序语句

程序语句是 Python 的对象、关键字、属性、函数、运算符及能够被 Python 解释器识别的符号的组合。一个完整的程序语句可以简单到只有一个关键字，例如：

```
return
```

语句也可以是各种元素的组合。简单的语句只有一行代码，并以〈Enter〉键结束。例如：

```
x = 3
print('hello, world')
```

复杂的语句需要多行代码，每行仍然以〈Enter〉键结束。例如：

```
if x >= 0:
    y = 1 + x
else:
    y = 1 - 2 * x
```

建立程序语句时必须遵从的构造规则称为语法。编写正确程序语句的前提，就是学习语言元素的语法，并在程序中使用这些元素正确地处理数据。

2. 语句的书写规则

在编写程序代码时要遵循一定的规则，这样写出的程序既能被 Python 解释器正确地识别，又能增加程序的可读性。

（1）自动语法检查

许多编辑器（PyCharm、Visual Studio、Visual Studio Code 等）在输入语句的过程中，会自动对输入的内容进行语法检查，如果发现语法错误，将指出错误原因。

（2）格式化处理

许多编辑器（PyCharm、Visual Studio、Visual Studio Code 等）会按约定对语句进行简单的格式化处理，例如，自动缩进、在运算符前后加空格等。为了提高程序的可读性，可在代码中应加上适当的空格，同时应按惯例处理字母的大小写。

（3）复合语句行

在一般情况下，输入程序时要求一行一句，一句一行。但是 Python 也允许使用复合语句行，即把几个语句放在一个语句行中，语句之间用分号";"隔开。一个语句行的长度最多不能超过 79 个字符。例如：

```
a = 2 ; b = 3 ; c = 4
```

（4）语句的续行

当一条语句很长时，在代码编辑窗口中阅读程序时不便查看，使用滚动条又比较麻烦。这时就可以使用续行功能。Python 语句的续行符是在该行代码末尾加上续行符"\"，将一个较长的语句分为多个程序行。例如，字符串"abcdefghijklmnopqrstuvwxyz"可以用续行符分为多行。

```
test = "abcdefghijk\
lmnopq\
rstuvwxyz"
```

在使用续行符时，续行符只能出现在行尾，并且在它前面不要加空格。

3．命令格式中的符号约定

为了便于解释，本书的语句、方法和函数格式中的符号采用统一约定。在各语句、方法、函数的语法格式和功能说明中，以尖括号"〈 〉"、方括号"[ ]"、花括号"{ }"、竖线"|"、逗号加省略号",…"、省略号"…"作为专用符号。这些符号的含义见表 2-9。

表 2-9　符号约定

符　号	含　义
〈 〉	必选参数表示符。尖括号中为中文提示说明，实际使用时，要由使用者根据需要提供具体的参数。如果缺少必选参数，语句则发生语法错误
[ ]	可选参数表示符。方括号中的内容选与不选由程序员根据具体情况决定，且都不影响语句本身的功能。如果省略，则为默认值
|	多中取一表示符，含义为"或者选择"。由竖线分隔的多个选择项，必须选择其中之一
{ }	包含多中取一的各项
,…	表示同类项目的重复出现
…	表示省略了在当时叙述中不涉及的部分

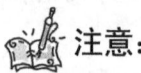
注意：

这些专用符号和其中的中文、英文提示，不是语句行或函数的组成部分。在输入具体命令或函数时，上面的符号均不可作为语句中的成分输入，它们只是语句、函数格式的书面表示。
例如：

```
print(value, ...[, sep=' ', end='\n', file=sys.stdout, flush=False])
```

2.6 习题

1. 执行 Python 脚本有哪两种方式？
2. 简述 ASCII、Unicode、UTF-8 的关系。
3. Python 的单行注释符和多行注释符分别是什么？
4. 简述变量命名规范。
5. 如何查看变量在内存中的地址？
6. 现有如下两个变量，简述 n1 和 n2 之间的关系。

```
# 两个变量引用同一个内存地址
>>> n1 = 123
>>> n2 = 123
>>> print(id(n1),id(n2))
1582456464 1582456464
```

7. 现有如下两个变量，简述 n1 和 n2 之间的关系。

```
# 两个变量引用同一个内存地址
>>> n1 = 123456
>>> n2 = n1
>>> print(id(n1), id(n2))
1990112 1990112
```

第 3 章　Python 流程控制

由于自然界中的事物在运行方式上存在顺序结构、选择结构和循环结构，因此在程序设计上，为了描述事物的运行方式，就采用顺序结构、选择结构和循环结构的程序设计，用这三种结构可以描述任何复杂的过程。

3.1　顺序结构

顺序结构（Sequential Structure）是一种从开始到结束的线性结构。顺序结构是程序设计中最简单、最常用的基本程序结构。对于顺序结构，只要按照解决问题的顺序写出相应的语句就行。按从左至右、自上而下的顺序依次逐行执行一次程序语句，这种自上而下依次执行的程序称为顺序结构程序。

3.1.1　输出函数 print()

在 Python 3 中，输出数据使用 print() 函数。

3.1.1　输出函数 print()

1．print()函数的语法格式

print()是 Python 的内建函数，可以直接使用。对于字符串和数值类型可以直接输出；对于变量，无论什么类型都可以直接输出。可以输出一个或多个对象，而且可以按照指定的格式输出。print()函数的语法格式如下：

```
print(value, ...[, sep='', end='\n'])
```

💡 说明：

1）可以一次输出多个对象 value，用","分隔。例如，如下代码：

```
n=10
s="abc"
print(n, s)
```

运行结果为：

```
10 abc
```

2）sep 用来间隔多个对象，默认值是一个空格。可以设置成其他字符。例如，如下代码：

```
print(n, s, sep="---")
```

运行结果为：

```
10---abc
```

3）end 用来设置以什么结束输出，默认值是换行符\n，即 print()函数总是默认换行。通过换成其他字符串来实现换行与防止换行。例如，如下代码：

```
print(n, end=",")
print(s)
```

运行结果为：

```
10,abc
```

也可以在 end 结尾加上换行符。例如，如下代码：

```
print("aaa", end="ok\n")
print("aaa", 100, sep="<=>", end="bye")
```

运行结果为：

```
aaaok
aaa<=>100bye
```

2．print()函数应用实例

1）用 print()在括号中加字符串，就可以向显示器上输出指定的文字。例如，输出"hello, world"，用代码实现如下：

```
>>> print('hello, world')
```

运行结果为：

```
'hello, world'
```

2）print()函数也可以接收多个字符串，用逗号","隔开，就可以连成一串输出，遇到逗号","就会输出一个空格。例如，如下代码：

```
>>> print('计算机', '世界', '奥妙无穷')
```

运行结果为：

```
计算机 世界 奥妙无穷
```

3）print()也可以输出数值型数据或者计算结果。例如，如下代码：

```
>>>print(12.5, 100, 50*21)
12.5 100 1050
>>>print(100 + 200)
300
```

可以把 100 + 200 的计算结果显示得更直观一点，代码如下：

```
>>>print('100 + 200 =', 100 + 200)
```

运行结果为：

```
100 + 200 = 300
```

 注意：

对于 100 + 200，Python 解释器自动计算出结果 300。但是，'100 + 200 ='是字符串而非数值

表达式，所以原样显示字符串。

4) 设置间隔符。例如，用"."代替默认的空格，如下代码：

```
>>> print("www", "python", "org", sep=".")
```

运行结果为：

```
www.python.org
```

3. 数据的格式化输出

Python 中，用%表示格式控制符和转换说明符的开始。

1) 常用的格式字符如下。

%s：参数转换为字符串。

%d：参数转换为十进制整数。

%f：参数转换为浮点数。

例如，如下代码中，'The length of %s is %d'这部分叫格式控制符；%(str, x)这部分叫转换说明符。

```
Str = '"Hello, world!"'
x = len(str)
print('The length of %s is %d' % (str, x))
```

运行结果为：

```
The length of "Hello, world!" is 15
```

2) 最小字段宽度和精度。

最小字段宽度：转换后的字符串至少应该具有该值指定的宽度。

点（.）后跟精度值：如果需要输出实数，精度值表示出现在小数点后的位数。如果需要输出字符串，那么该数字就表示最大字段宽度。字段宽度中，小数点也占一位。例如，如下代码：

```
PI = 3.141592653
print('%10.3f' % PI)    # f 按浮点数显示，字段宽度为10，精度为3
```

因为精度为 3，所以小数点后只显示 142。指定宽度为 10，所以在左边需要补充 5 个空格，以达到 10 位的宽度。运行结果为：

```
     3.142
```

3) 转换标志。

-：表示左对齐。

+：表示在数值前加正负号。

" "（空白字符，空格）：表示正数之前保留空格。

0：表示若转换值位数不够则用 0 填充。

【例 3-1】 数据的格式化输出示例。

```
PI = 3.1415926
print('%-10.3f' % PI, "|")   # 左对齐，还是10个字符，但空格显示在右边
print('%+f' % PI, "|")    # 显示正负号。类型 f 的默认精度为 6 位小数
print('%010.3f' % PI, "|")   # 字段宽度为10，精度为3，转换值若位数不够，则用0填充空白
```

运行结果为：

```
3.142     |
+3.141593 |
000003.142 |
```

4. 使用 format() 方法输出

在 Python 3.0 中，建议使用 format() 方法来代替 % 说明符。format() 方法的语法格式如下：

"{ [数字1|名称1] } {[数字2|名称2]} …".format([名称1=]值1，[名称2=]值2,…)

说明：

1) "{ [数字1|名称1] } {[数字2|名称2]} …" 表示字符串对象，字符串中的参数使用 "{数字或名称}" 表示，0 表示第一个参数，1 表示第二个参数，依次递增；如果使用名称，则可以不按顺序排列；也可以不用数字，这样会按顺序填充。

2) "值" 表示用于替换的值，如果省略 "名称"，将依次替换。也可以不输入数字，format() 方法会按位置顺序填充到字符串中，第 1 个参数是 0，依次填充。同一个参数可以填充多次。

例如，在 IDLE 中输入下面的代码：

```
>>> "{} {}".format("hello", "world")         #不设置指定位置，按默认顺序
'hello world'
>>> "{1} {0} {1}".format("hello", "world")   #设置指定位置
'world hello world'
>>> "My nam is {name}, age is {age} year old.".format(name="Janet", age=18)
'My nam is Janet, age is 18 year old.'
```

3) 填充与格式化使用 "{:[填充字符][对齐方式<|^|>][正负号<+|-| >][宽度.小数位数]f}"。
:号后面带填充的字符，只能有一个字符，如不指定则默认用空格填充；<、^、>分别是左对齐、居中、右对齐；在正数前显示+，负数前显示-，（空格）表示在正数前加空格；后面带宽度和小数位数，f 表示按浮点数格式。例如：

```
>>> '{:$>10}'.format(12.345)      #用$填充，右对齐，占 10 位
'$$$$12.345'
>>> '{:*<12}'.format(12.345)      #用*填充，左对齐，占 12 位
'12.345******'
>>> '{:#^10}'.format(12.345)      #用#填充，居中对齐，占 10 位
'##12.345##'
>>> '{:#>+10.2f}'.format(12.345)  #用#填充，右对齐，正数前加+，占 10 位，小数 2
位，按浮点数
'####+12.35'
```

【例 3-2】 format() 方法应用示例。

```
width=20
height=30
print('width={0}, height={1}, s={2}'.format(width,height,width*height))
```

运行结果为：

```
width=20, height=30, s=600
```

3.1.2 输入函数 input()

如果要从计算机键盘输入一些字符怎么办？Python 提供了 input()函数，可以输入字符串。

1．input()函数的语法格式

3.1.2 输入函数 input()

input()函数是 Python 的内建函数，可以直接使用。其功能是从标准输入中读入一个字符串，并自动忽略换行符，默认的标准输入是键盘。如果省略提示字符串，则不输出提示。在给定提示字符串下，在读入标准输入前，首先输出提示字符串。input()函数的语法格式如下：

```
input(prompt)
```

说明：

1）prompt 是提示字符串。

2）所有的输入按字符串处理，并返回一个字符串。例如，如下代码：

```
str = input("请输入：");
print ("您输入的内容是：", str)
a = input()
print(a)
```

运行结果（第一次输入"2+3"按〈Enter〉键，第二次输入"aaa"按〈Enter〉键）为：

```
请输入：2+3
您输入的内容是： 2+3
aaa
aaa
```

3）由于 input()返回的是字符串，因此可以把 input()写在字符串表达式中。例如，如下代码：

```
str="您输入的名字是"
str=str+": "+input('请输入名字：')
print(str)
```

运行结果：

```
请输入名字：张三
您输入的名字是：张三
```

4）可以创建多行提示字符串。例如，如下代码：

```
prompt = "输入菜单"
prompt += "\n 请输入您的名字："
name = input(prompt)
print("\n 您好, " + name + "!")
```

运行结果：

```
输入菜单
请输入您的名字：张三
您好，张三！
```

5）input()输入和返回的值都是字符串，如果想得到其他类型的数据，要进行强制类型转化。例如，如下代码：

```
age = input("How old are you?")
age = int(age)
```

2．input()函数应用实例

【例3-3】 用户名、密码和验证码的输入与输出。使用input()输入，使用print()输出。

```
user_name = input('输入用户名:')
password = input('输入密码:')
verification_code = int(input('输入4位数字:'))
print('您输入的信息是:')
#print('用户名:', user_name,'\n密码:',password,'\n4位数字:',verification_code)
print('用户名:%s\n 密码:%s\n4 位数字:%d' % (user_name, password, verification_code))   #格式输出
```

程序和运行结果如图3-1所示（分别输入"cat""123456""3311"）。

图3-1 例3-3程序和运行结果

3.1.3 注释语句

为了提高程序的可读性，通常在程序的适当位置加上一些注释，起到备注的作用。团队合作的时候，个人编写的代码经常会被多人调用，为了让别人容易理解，使用注释是非常有效的。一个好的程序，为代码加注释是必须要做的，但对于大家都明白的代码不需要加注释。

Python的注释有多种，有单行注释和多行注释。

1．单行注释

单行注释的语法格式为：

```
# 注释内容
```

#符号右边的任何数据都会被忽略，注释语句不参与程序的执行。

若注释独占一行，则#符号顶头，#后空1格后写注释。若是行尾注释，#与前面的代码空2格，#号后空1格写注释。

【例3-4】 单行注释示例。

```
# 计算圆面积
PI = 3.1415926
r = int(input('r='))  # 输入圆的半径
s = PI*r**2  # 圆面积公式为s=PI*r**2
print('s=', s)
```

2. 多行注释

多行注释的语法格式为：

```
''' (或 """)
注释内容 1
注释内容 2
...
''' (或 """)
```

多行注释用三个单引号'''或者三个双引号"""将注释括起来。

【例3-5】 多行注释示例。

```
"""
这是多行注释，用三个双引号
这是多行注释，用三个双引号
这是多行注释，用三个双引号
"""
print("Hello, World!")
```

不推荐使用多行注释，推荐每一行用一个#。

3.1.4 顺序结构程序实例

【例3-6】 交换两个整数值的程序。

```
a = int(input('a='))
b = int(input('b='))
temp = a
a = b
b = temp
print('a=%d, b=%d' % (a, b))
```

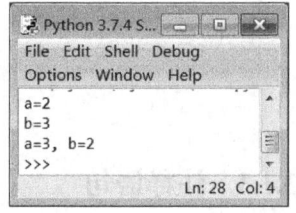

图 3-2 例 3-6 运行结果

运行程序，分别输入 2、3，运行结果如图 3-2 所示。

在 Python 中，可以用交换赋值语句直接交换两个变量的值代码如下：

```
a,b=b,a
```

【例3-7】 "鸡兔同笼"问题。鸡有 2 只脚，兔有 4 只脚，如果已知鸡和兔的总头数为 h，总脚数为 f。问笼中鸡和兔各有多少只？

分析：设笼中有鸡 x 只，兔 y 只，由条件可得方程组：

$$\begin{cases} x + y = h \\ 2x + 4y = f \end{cases}$$

解方程组得：

$$\begin{cases} x = \dfrac{4h - f}{2} \\ y = \dfrac{f - 2h}{2} \end{cases}$$

请读者画出程序流程框图。其程序如下。

```
h = int(input("输入鸡和兔的总头数="))
f = int(input("输入鸡和兔的总脚数（偶数）="))
x = (4 * h - f) / 2  # 鸡 x 只
y = (f - 2 * h) / 2  # 兔 y 只
```

```
    print(" 设笼中鸡和兔的总头数为 %d,总脚数为 %d。" % (h, f))
    print(" 则笼中鸡有 %d 只,兔有 %d 只。" % (x, y))
```

运行程序，分别输入 51、176，显示结果如图 3-3 所示。

3.2 选择结构

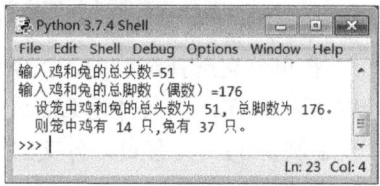

图 3-3 例 3-7 运行结果

选择结构（Choice Structure），也称分支结构（Branch Structure）、条件结构（Conditional Structure），选择结构的执行是依据一定的条件选择执行路径，而不是按照语句出现的线性顺序。选择结构根据判断的结果来控制程序的流程。

选择结构一般分为 3 种：双分支选择结构、单分支选择结构和多分支选择结构。

选择结构的特点是：根据所给定的条件为真（即条件成立）与否，决定从可能的不同分支中执行某一分支，并且任何情况下总有"无论分支多寡，必择其一"的特性。即在任何一次运行中，只执行其中的一个分支，不可能执行多个分支。

Python 提供了多种形式的条件语句来实现选择结构，即对条件进行判断，根据判断结果选择执行不同的分支。实现条件选择的语句有：if、if-else 和 if-elif-else 语句。在 Python 中没有 switch-case 语句。

设计分支结构程序的关键在于构造合适的分支条件和程序流程，根据不同的程序流程选择适当的分支语句。分支结构适用于带有逻辑或关系比较等条件判断的程序流程。

3.2.1 if-else 条件语句

1．if-else 语句的语法格式

Python 中的单条件双分支选择结构使用 if-else 语句，其语法格式为：

```
if 条件:
    条件为真时执行的语句块
[else:
    条件为假时执行的语句块]
```

🔊 说明：

1) if-else 语句的执行流程是：当程序运行到 if 时，首先测试"条件"，如果为 True，则执行"条件为真时执行的语句块"，然后执行整个 if-else 语句后面的语句。如果"条件"为 False，且有 else 子句，则执行 else 部分的"条件为假时执行的语句块"，然后执行 if-else 语句后面的语句。两个分支的语句块只执行其中一个，不会两个语句块都执行。

2) "条件"可以是关系表示式或逻辑表达式，也可以是各种类型的数据。对于数值型数据（int、float、complex），非零为 True，零为 False。对于字符串或集合类数据，空字符串或空集合为 False，其余为 True。也就是说，表达式可以是任意类型，各种代表 0 或"空"的 None、空字符串、空元组、空列表、空字典都会被当成 False 处理。

3) 条件和 else 后面的冒号":"不能省略，表示接下来是满足条件后要执行的语句块。

4)else 分支可以省略，成为单分支选择结构。单分支选择结构的 if 语句的语法格式如下：

```
if 条件：
    条件为真时执行的语句块
```

在单分支选择结构中，当条件为 True 时执行"条件为真时执行的语句块"，然后执行 if 语句之后的语句；当条件为 False 时，直接执行 if 语句之后的语句。else 不能单独使用。

【例 3-8】 没有 else 分支的 if 语句示例。

```
age = int(input("请输入你的年龄:"))
if age >= 18:   # 当 age 不小于 18 时
    # 相同缩进的语句是一个语句块
    print("你的年龄是:%s 岁" % age)
    print("你已经是成年人")
print("欢迎使用，再见！")   # if 语句之后的语句
```

运行上面的程序，如果输入年龄大于或等于 18，例如输入 20，运行结果如图 3-4 所示。如果输入的年龄小于 18，则运行结果如图 3-5 所示。

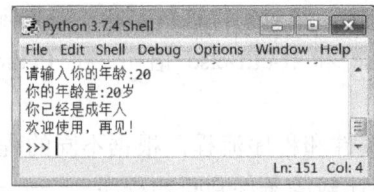 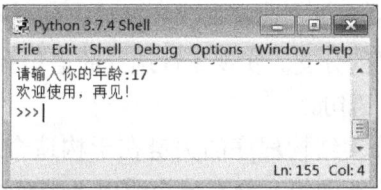

图 3-4　输入 20 时的运行结果　　　　图 3-5　输入 17 时的运行结果

5）Python 使用严格的缩进来划分语句块，相同缩进数的语句在一起组成一个语句块，一定要缩进，只有缩进后的语句才是条件执行的语句块。使用空格键缩进，不要用制表符〈Tab〉键。和语法相关的每一层缩进建议缩进 4 个空格。如果语句缩进不规范，Python 解释器会报错。

2．if-else 语句使用实例

【例 3-9】 输入 x，计算 y 的值。其中：$y=\begin{cases} 1+x & (x \geq 0) \\ 1-2x & (x < 0) \end{cases}$

分析：该题是数学中的一个分段函数，它表示当 x≥0 时，用公式 y=1+x 来计算 y 的值；当 x＜0 时，用公式 y = 1 - 2x 来计算 y 的值。在选择条件时，既可以选择 x≥0 作为条件，也可以选择 x＜0 作为条件。在这里选 x≥0 作为选择条件。当 x≥0 为真时，执行 y = 1 + x；当 x≥0 为假时，执行 y = 1 - 2x。

程序如下：

```
x = int(input('x='))
if x >= 0:
    y = 1 + x
else:
    y = 1 - 2 * x
print('y=', y)
```

【例 3-10】 输入两个整数，按照从大到小的顺序输出这两个数。

```
a1 = int(input('a1='))
a2 = int(input('a2='))
```

```
       if a1 >= a2:
           print(a1, a2)   # a1大, a2小
       else:
           print(a2, a1)   # a2大, a1小
```

实现一个问题有多种编写程序的方法，改成下面的程序会更容易阅读。

```
a1 = int(input('a1='))
a2 = int(input('a2='))
maxi = 0   # 大数
mini = 0   # 小数
if a1 >= a2:
    maxi = a1   # 相同缩进的语句是一个程序块
    mini = a2
else:
    maxi = a2
    mini = a1
print(maxi, mini)   # 使用一个输出语句
```

3.2.2 if-elif-else 语句

Python 中的多分支选择结构使用 if-elif-else 语句。

1．if-elif-else 语句的语法格式

if-elif-else 语句的语法格式为：

3.2.2 if-elif-else 语句

```
if 条件 1:
    条件 1 为真时执行的语句块
elif 条件 2:
    条件 2 为真时执行的语句块
…
elif 条件 n:
    条件 n 为真时执行的语句块
else:
    上面条件都不满足时执行的语句块
```

说明：

1）if-elif-else 语句的执行流程是：当程序运行到"if"时，首先判断"条件 1"，如果其值为 True，则执行"条件 1 为真时执行的语句块"，然后结束执行整个 if-elif-else 语句，执行后面的语句。

如果"条件 1"的值为 False，则判断"条件 2"，如果其值为 True，则执行"条件 2 为真时执行的语句块"，然后执行后面的语句。如果"条件 2"的值为 False，则继续向下判断其他条件的值。

如果所有条件的值都为 False 且有 else 子句，则执行 else 部分的"上面条件都不满足时执行的语句块"，然后执行后面的语句。

不管有几个分支语句块，只执行其中一个。

2）Python 中用 elif 代替了 else if，所以 if 语句的关键字为 if-elif-else。

3）可以把 if-elif-else 结构放在另外一个 if-elif-else 结构中实现 if 语句的嵌套。

2．if-elif-else 语句使用实例

【例 3-11】 铁路托运行李，规定每张客票托运费的计算方法是：行李重量不超过 50kg 时，每千克 0.25 元；超过 50kg 而不超过 100kg 时，超过部分每千克 0.35 元；超过 100kg 时，超过部分每千克 0.45 元。编写程序，输入行李重量，计算并输出托运费。

分析：设行李重量为 wkg，应付托运费为 x 元，则运费公式为：

$$x = \begin{cases} 0.25w & (w \leqslant 50) \\ 0.25 \times 50 + 0.35(w-50) & (50 < w \leqslant 100) \\ 0.25 \times 50 + 0.35 \times 50 + 0.45(w-100) & (w > 100) \end{cases}$$

计算铁路托运费的程序用 if-elif-else 实现。

```
w = int(input('w(kg)='))
if w <= 50:
    x = 0.25 * w
elif w <= 100:
    x = 0.25 * 50 + 0.35 * (w - 50)
else:
    x = 0.25 * 50 + 0.35 * 50 + 0.45 * (w - 100)
print('x=%8.2f 元' % x)
```

对于各分支的条件，应该先判断较小的数，然后判断较大的数，上面代码中的条件即是按从小到大的顺序。分支的条件也可以采用更加严格的逻辑表达式，程序如下：

```
w = int(input('w(kg)='))
if w > 0 and w <= 50:
    x = 0.25 * w
elif w > 50 and w <= 100:
    x = 0.25 * 50 + 0.35 * (w - 50)
elif w > 100:
    x = 0.25 * 50 + 0.35 * 50 + 0.45 * (w - 100)
else:
    print('不能输入小于等于 0 的数')
if w > 0:   # 当输入的 w 大于 0 时，输出 x
    print('x=%8.2f 元' % x)
```

【例 3-12】 某百货公司为了促销，采用购物打折扣的优惠办法，每位顾客一次购物：
1）在 1000 元以上者，按九五折优惠。
2）在 2000 元以上者，按九折优惠。
3）在 3000 元以上者，按八五折优惠。
4）在 5000 元以上者，按八折优惠。

编写程序，输入购物款数，计算并输出优惠价。

分析：设购物款数为 x 元，优惠价为 y 元，优惠价的计算公式为：

$$y = \begin{cases} x & (x < 1000) \\ 0.95x & (1000 \leqslant x < 2000) \\ 0.9x & (2000 \leqslant x < 3000) \\ 0.85x & (3000 \leqslant x < 5000) \\ 0.8x & (x \geqslant 5000) \end{cases}$$

用 if-elif-else 语句写出程序：

```
x = float(input('输入购物款：'))
if x < 1000:
    y = x    # 1000 元以下不优惠
elif x < 2000:
    y = 0.95 * x    # 1000～2000 元，九五折
elif x < 3000:
    y = 0.9 * x    # 2000～3000 元，九折
elif x < 5000:
    y = 0.85 * x    # 3000～5000 元，八五折
else:
    y = 0.8 * x    # 5000 元以上，八折
print('优惠后应付款：%10.2f' % y)
```

3.2.3 if 语句的嵌套

if 语句的嵌套是指 if 或 else 后面的语句块中又包含 if 语句。if 语句的格式如下：

```
if 条件1:
    if 条件2:
        语句块 a
    else:
        语句块 b
else:
    语句块 c
```

if、if-else 和 if-elif-else 之间可以相互嵌套，因此在编写程序时应根据需要选择合适的嵌套方案。需要注意的是，在相互嵌套时，一定要严格遵守不同级别语句块的缩进规范。

【例 3-13】 将例 3-9 用 if 嵌套语句编写。

程序如下：

```
w = int(input('w(kg)='))
if w <= 50:
    x = 0.25 * w
else:
    if w <= 100:
        x = 0.25 * 50 + 0.35 * (w - 50)
    else:
        x = 0.25 * 50 + 0.35 * 50 + 0.45 * (w - 100)
print('x=%8.2f 元' % x)
```

3.3 循环结构

循环结构（Circular Structure）又称迭代结构（Iteration Structure）是自然界中广泛存在的一种事物运行形式。程序设计中的循环结构（简称循环）是指在程序中，从某处开始有规律地反复执行某一代码块的程序结构。被重复执行的代码块称为循环体，循环体的执行与否及执行次数视循环类型与条件而定。当然，无论何种类型的循环结构，其共同的特点是：必须确保循环

体的重复执行能被终止（即非无限循环）。

根据判断条件，循环结构一般又可细分为以下三种形式：先判断后执行的循环结构（当型循环）、先执行后判断的循环结构（直到型循环）和已知循环次数的循环结构。Python 中的循环语句只有 while（当型循环）和 for（已知循环次数的循环）。

顺序结构、分支结构和循环结构并不是彼此孤立的，在循环中可以有顺序、分支结构，分支中也可以有循环、顺序结构。其实不管哪种结构，均可广义地把它们看成一个语句块。在实际编程过程中常将这三种结构相互结合以设计出满足要求的程序。

3.3.1 while 循环语句

while 循环语句用在不知道循环次数的情况，在给定的条件满足时执行循环体。While 循环语句属于当型循环。当型循环结构的特点是：先判断循环条件，根据条件决定是否执行循环体，执行循环体的最少次数为 0。

3.3.1 while 循环语句

1．while 语句的基本语法格式

while 语句的基本语法格式为：

```
while 条件:
    循环体
```

🔔 说明：

1）while 语句的执行流程是：当程序运行到"while"时，首先判断循环"条件"，如果为 True，则执行"循环体"；循环体执行完毕后，再次返回到 while 判断循环"条件"，若为 True，继续执行"循环体"……如此循环反复，直到某一次循环"条件"为 False，则不再执行"循环体"，循环结束，执行整个 while 语句后面的语句。

2）"条件"是条件表达式，为循环的条件，其值为 True 或 False。"条件"后的冒号"："不能省略。如果一开始循环"条件"就为 False，则"循环体"一次都不执行，而去执行后面的语句。

3）"循环体"是一条或多条语句，所有循环体语句要对齐，即缩进相同的空格数，一般每层循环缩进 4 个空格。

4）如果循环条件总是为 True，则该循环会一直运行而无法结束（称死循环）。死循环只应用于特殊场合，通常应该避免出现死循环。为了使循环能够结束，"循环体"中一定要有迭代语句，保证循环条件有变为 False 的时候，否则这个循环将成为一个死循环。负责改变循环"条件"的变量就叫循环控制变量（或称迭代变量）。

【例 3-14】打印 1～100 中的所有整数。使用 while 语句实现代码如下：

```
n = 1  # 循环的初始化条件
while n < 100:  # 当 n 小于 100 时，会一直执行循环体
    print("n=", n)
    n = n + 1  # 迭代语句
print("循环结束!")
```

运行程序，发现程序只输出了 1～99，却没有输出 100，这是因为当循环至 n 的值为 100 时，此时条件表达式为 False（100<100 不成立），就不会再去执行循环体中的语句，因此不会输出 100，而是结束循环。正确的条件是 n<=100。

如果把上面 while 语句中的 n = n + 1 代码注释掉再运行，会输出什么？将一直输出"n=1"，除非关闭解释器。这是因为循环体中没有使循环条件变为 False 的语句。

2．while 语句使用实例

【例 3-15】 用 while 语句计算 1 + 2 + 3 + … + 99 + 100 的值。

分析：本程序需要一个生成 1～100 这 100 个数的循环控制变量 count，count 从 1 开始循环，循环控制变量的初始值是 count=1。循环的条件是 count<=100。循环体中的迭代语句是 count=count+1，每循环一次，count 的值加 1。累加的整数放在变量 sum 中，sum 的初始值是 0。sum=sum+count 语句作为迭代语句放在循环体中。编写程序如下：

```
sum = 0  # 累加器 sum 赋初值
count = 1  # 循环控制变量 count 赋初值
while count <= 100:  # 循环结束的条件是 count>100
    sum = sum + count  # 迭代语句，把 1 个数累加到 sum 中
    print(count, sum)  # 通过输出 count、sum 值，可以看到累加的过程
    count = count + 1  # 迭代语句，循环控制变量递增 1，并生成新的自然数
print('1 + 2 + 3 + … + 100=', sum)  # 输出结果
print('结束循环后', count, sum)  # 请读者分析结束循环后 count 为什么是 101？
```

运行结果如图 3-6 所示。

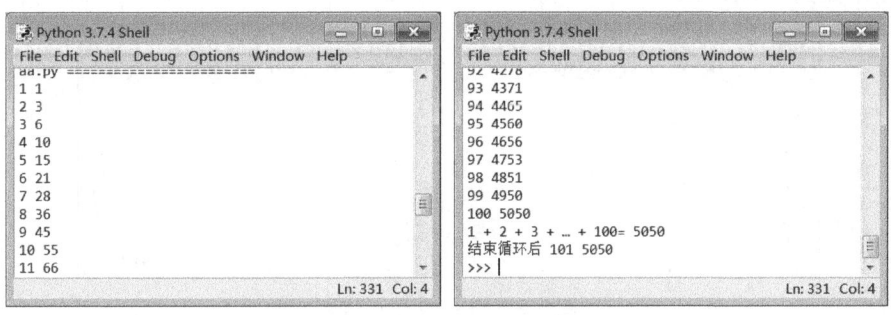

图 3-6　例 3-15 运行结果

如果要计算 100+99+…+3+2+1，该如何编写循环体呢？可以把循环控制变量的初始值设置为 count=100，循环条件为 count>0（循环结束条件是 count<=0），循环控制变量改成递减 count=count-1。请读者编写程序实现其功能。

如果计算 1～100 之间的偶数之和、100～1 之间的奇数之和，请读者编写程序。

【例 3-16】 已知 m = 1×2×3×…×n，计算出 m 不大于 5000 时的最大 n 值。

分析：本题是利用循环进行累乘运算。设循环控制变量为 i，循环体中的迭代语句为 m=s*i、i=i+1，循环条件是 m<=5000。由于求的是最大 i 值，输出语句应在循环体外。

```
i = 1  # 循环控制变量赋初值，这里初值为 1
m = 1  # 乘积赋初值，由于是乘法运算，所以初始值为 1
while m <= 5000:  #循环结束条件是 m > 5000
    m = m * i  # 把 i 乘到 m 中
    print(i, m)  #' 输出 i、m 的值，通过 i、m 的值可以看到循环过程
    i = i + 1  # 循环控制变量加 1
print("不大于 5000 时的最大 n 值是：", i - 2)  # 请读者思考：为什么循环控制变量减 2？
```

运行结果如图 3-7 所示。

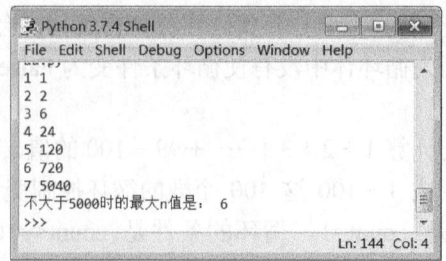

图 3-7 例 3-16 运行结果

【例 3-17】 输出 100~200 之间不能被 3 整除的数。

分析：根据题意，某数不能被 3 整除，可以用 x Mod 3 <> 0 表示。循环控制变量从 100 开始，到 200 终止。

```
x = 100          # 循环控制变量的初始值
while x <= 200:  # 循环结束的条件 x>200
    if x % 3 != 0:  # x不能被3整除
        print(x)
    x += 1       # 改变循环控制变量的值 x=x+1
```

运行结果如图 3-8 所示。

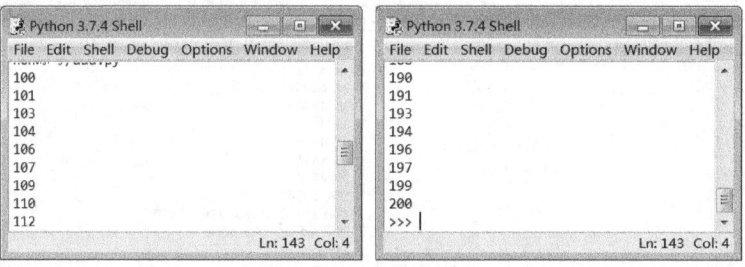

图 3-8 例 3-17 运行结果

【例 3-18】 通过设置条件表达式永远为 True 来实现无限循环。

```
var = 1
while var:   # 表达式永远为True
    num = int(input("输入一个数字:"))
    print("你输入的数字是： ", num)
print ("Good bye!")
```

使用〈Ctrl+C〉键中断当前的无限循环。

3.3.2 for 循环语句

Python 中的 for 循环语句与 Java、C 等语言略有不同。Python 的 for 语句依据任意序列（集合、列表、元组或字符串）中的子项，按它们在序列中的顺序来进行迭代。

3.3.2 for 循环语句

1. for 语句的基本语法格式

for 语句的基本语法格式为：

```
for 变量 in 序列:
    循环体
```

 说明：

1）for 语句可以遍历任何序列的项目，包括字符串、列表、元组、字典、集合等序列类型，逐个获取序列中的各个元素。"变量"用于存放从序列类型变量中读取出来的项（或元素），所以一般不会在循环中对"变量"手动赋值。"循环体"是指具有相同缩进格式的多行代码（与 while 语句一样）。

2）for 语句可以循环遍历字符串。

【例 3-19】 使用 for 循环遍历 "a12 张三" 字符串的过程中，变量 ch 先后被赋值为 "a""1""2""张""三"，并代入循环体中运行。

```
name = 'a12张三'
for ch in name:
    print(ch)   # 变量 ch 逐个输出 name 中的各个字符
```

运行结果为：

```
a
1
2
张
三
```

3）for 语句可以进行数值循环。在使用 for 语句时，最基本的应用就是进行数值循环。

2. range()函数

range()函数是 Python 内置的函数，用于生成一系列连续的整数，多用于 for 语句中。range() 函数的语法格式如下：

```
range(start, end, step)
```

此函数中各参数的含义如下。

start：用于指定计数的起始值，如果省略不写，则默认从 0 开始。

end：用于指定计数的结束值（不包括此值），此参数不能省略。

step：用于指定步长，即两个数之间的间隔，如果省略，则默认步长为 1。

总之，在使用 range()函数时，如果只有一个参数，则表示指定的是 end；如果有两个参数，则表示指定的是 start 和 end。

range()函数所生成的数从 start 开始，不包括范围中的结束值 end，每个数间隔步长 step。start、end、step 可以是负数。

【例 3-20】 实现从 1 到 100 的累加。

```
result = 0   # 保存累加结果的变量
for i in range(1, 101):
    result += i   # 逐个获取从 1 到 100 的数值，并做累加操作
    print(i, result)   # 显示运算过程
print(result)
```

【例 3-21】 输出 0~3 的数字。

```
for i in range(4):   # 不包括 4
    print(i)
```

运行结果为:

```
0
1
2
3
```

【例3-22】 输出10~25（不包括25）以内所有的奇数。

```
for i in range(11, 25, 2):
    print(i, end=' ')
```

运行结果为:

```
11 13 15 17 19 21 23
```

【例3-23】 输出从20（包括20）到1（不包括1）的偶数。

```
for i in range(20, 0, -2):
    print(i, end=' ')
```

运行结果为:

```
20 18 16 14 12 10 8 6 4 2
```

【例3-24】 用循环输出从-10（包括-10）到-100（不包括-100）的间隔为30的数。

```
for i in range(-10, -100, -30) :
    print(i)
```

运行结果为:

```
-10 -40 -70
```

3．for 语句使用实例

【例3-25】 计算n的阶乘。

分析：根据阶乘的计算公式 n!=1×2×3×...×n 可知，首先需要生成1~n的整数序列，然后在 for 语句中，把从序列中得到的整数进行乘法运算。factorial 乘积的初始值为1，循环的初始值是1，结束值是n+1。

```
factorial = 1    # 阶乘的值
n = int(input("请输入一个正整数: "))
for i in range(1, n+1):
    factorial = factorial * i
    print(i, '!=', factorial)    # 显示计算过程
print(i, "的阶乘是", factorial)
```

运行结果如图3-9所示。

如果希望显示阶乘的过程算式，修改程序如下:

```
factorial = 1    # 阶乘的值
n = int(input("请输入一个正整数: "))
string = '1'    # 用于显示计算过程的字符串
for i in range(1, n+1):
    factorial = factorial * i
```

```
        if i == 1 :
            string = str(i)
        else :
            string = string + '*' + str(i)
        print(i, '!=', string)    # 显示计算过程
    print(i, "的阶乘是", factorial)
```

运行结果如图 3-10 所示。

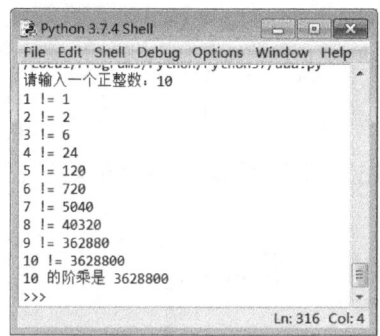

图 3-9　例 3-25 运行结果 1

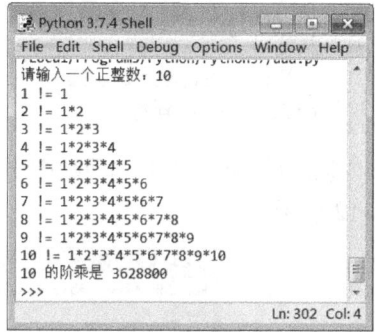

图 3-10　例 3-25 运行结果 2

3.3.3　嵌套循环

循环结构的循环体内可以包含任意 Python 语句，当然也可以包含其他循环结构。如果把一个循环放在另一个循环体内，就形成循环嵌套。其中最外层的循环结构称为外循环，其内包含的循环结构称为内循环。嵌套循环可以由 for 语句、while 语句任意组成，即 while 语句可以嵌套 for 语句，for 语句嵌套 while 语句，for 语句嵌套 for 语句，while 语句嵌套 while 语句，即各种类型的循环都可以作为外循环或者内循环。while、for 嵌套的层数没有具体限制，其基本要求如下。

1）每个循环必须有一个唯一的变量名作为循环控制变量，外循环与内循环的控制变量不能相同。

2）内循环必须完全放在外循环体内，内外循环不得互相交叉。

除此之外，if 分支结构中还可以嵌套循环结构，同样，循环结构中也可以嵌套分支结构。

【**例 3-26**】　实现一个循环嵌套程序，外循环的循环次数为 2，内循环的循环次数为 4，内循环的循环体执行 2×4=8 次。

```
for i in range(1, 3):    # 外层循环
    j = 0
    while j < 4:    # 内层循环
        print("i=%d, j=%d" % (i, j))
        j += 1
    print()    # 输出一个空行
```

运行程序，结果如图 3-11 所示。从运行结果看出，当进入嵌套循环时，循环变量 i 开始为 1，这时即进入外循环。当进入内循环后，内循环把 i 当成一个普通变量，其值为 1。外循环的循环变量变化一次，内循环一个周期，即 j 从 0 变化到 3。

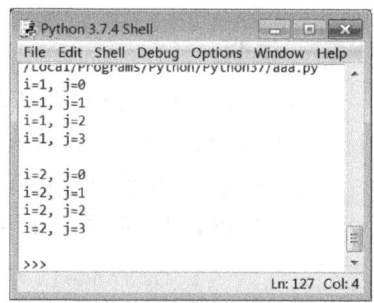

图 3-11　例 3-26 运行结果

也就是说，假设外循环的循环次数为 i 次，内循环的循环次数为 j 次，那么内循环的循环体需要执行 i×j 次。

实际上，嵌套循环可以是两层嵌套，还可以是三层嵌套、四层嵌套……不论循环如何嵌套，都可以把内循环当成外循环的循环体来对待，区别只是这个循环体中包含了需要反复执行的代码。

【例3-27】 显示九九乘法表。

```
for i in range(1, 10):   # 行
    for j in range(1, i+1):   # 列，这里range()函数的结束值是外循环的循环变量
        print('%s*%s=%s  '%(j, i, j*i), end ="")
    print()   # 换行
```

由于内循环的 range(1, i+1) 函数中引用了外循环变量 i，因此内循环的次数依赖于 i。运行结果如图 3-12 所示。

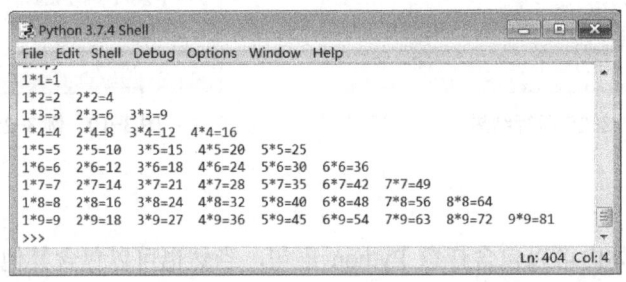

图 3-12　例 3-27 运行结果

3.3.4　break 语句和 continue 语句

在执行 while 或者 for 循环语句时，只要满足循环条件，循环体就会一直执行。但是，有时可能希望在满足某个条件时强制结束循环。Python 提供了两种强制结束当前循环体的办法：break 语句和 continue 语句。并且通常将其放在选择结构中，以实现在满足条件的情况下结束循环的目的。

1．退出循环语句 break

如果需要在某种条件出现时强制提前结束循环，而不是等到循环条件为 False 时才退出循环，就可以使用 break 语句来实现这个功能。break 语句的语法格式为：

```
break
```

 说明：

break 语句用于跳出循环体，使循环提前结束。不管是哪种循环，一旦在循环体中遇到 break 语句，系统就完全结束该循环，转而执行循环结构后面的代码。

break 语句一般结合 if 语句搭配使用。

【例3-28】 break 语句使用示例。

```
for i in range(1, 10):
    print("i 的值是： ", i)
    if i == 2 :
```

```
        break    # 执行本语句时将提前结束循环
```

运行结果为:

```
i 的值是: 1
i 的值是: 2
```

从运行结果看出,当满足条件 i==2 时,执行 break 语句,程序跳出该循环,导致循环提前结束。

另外,对于嵌套循环结构,break 语句只能结束其所在的循环体,而无法结束其外循环。

【例 3-29】 使用 break 语句跳出内循环。

```
for i in range(1, 4):
    print("i 的值为:", i, end=",")
    for j in range(1, 3):
        print(" j 的值为:", j)
        break
    print("回到外循环")
```

运行结果如图 3-13 所示。从运行结果看出,每次执行内循环体时,第一次循环就遇到 break 语句,执行跳出所在循环体的操作,转而执行外循环体的代码。

如果想实现 break 语句不仅跳出当前所在循环,而且跳出外循环,可定义一个 bool 类型的变量。该变量用来标志是否需要跳出外循环,然后在内循环和外循环中分别使用两条 break 语句。

【例 3-30】 使用 break 语句跳出整个循环结构。

```
exit_flag = False   # 退出循环的标志变量,初始值 False 表示不退出循环
for i in range(5):   # 外循环
    for j in range(3):   # 内循环
        print("i=%d, j=%d" %(i, j))
        if i == 1 and j == 1:   # 如果 i 等于 1 并且 j 等于 1
            exit_flag = True   # 改变退出标志的值为 True
            break   # 跳出内循环
    print()   # 显示空行,用于区分变化后的 i 值
    if exit_flag:   # 如果 exit_flag 为 True,跳出外循环
        break   # 跳出外循环
```

程序从外循环进入内循环后,如果 i 等于 1 并且 j 等于 1,将 exit_flag 设为 True,并跳出内循环;接下来执行外循环剩下的语句,由于 exit_flag 为 True,因此执行外循环的 break 语句跳出外循环。运行结果如图 3-14 所示。

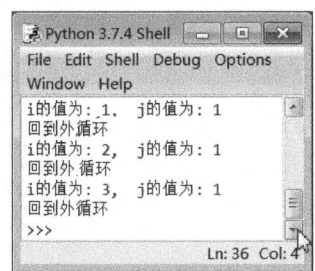

图 3-13　例 3-29 运行结果

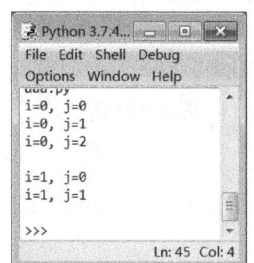

图 3-14　例 3-30 运行结果

2. 执行下一次循环语句 continue

使用 break 语句，可以完全终止当前循环。使用 continue 语句，只能终止本次循环体中剩余的代码，转而执行下一次的循环。continue 语句的语法格式为：

```
continue
```

 说明：

continue 语句跳过当前循环块中的剩余语句，然后继续进行下一轮循环。

continue 语句的用法与 break 语句一样，将其加入 while 或 for 语句中的相应位置即可。

【例 3-31】 continue 语句使用示例。

```
for letter in 'Python':
    if letter == 't':    # 当字母为 t 时
        continue    # 跳过下面的语句，不输出 t
    print ('当前字母:', letter)
print("循环结束后的输出语句")
```

运行结果如图 3-15 所示。如果把 continue 语句放在所在循环体的最后一行，那么这条 continue 语句是没有任何意义的。

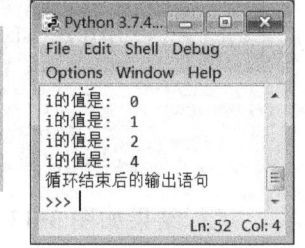

图 3-15 例 3-31 运行结果

3.3.5 循环中的 else 语句

Python 中，while 语句和 for 语句可以带 else 子句，语法格式为：

```
while 条件：
    循环体
else:
    else 语句块
```

或

```
for 变量 in 序列：
    循环体
else:
    else 语句块
```

 说明：

1）在 while 循环中，当 while 循环条件为 False 时执行 else 子句。

【例 3-32】 在 while 循环中定义 else 示例。

```
i = 0
while i < 3:
    print('循环体中的 i:', i)
    i += 1
else:
    print('else 子句中的 i:', i)
```

运行结果为：

```
循环体中的 i: 0
```

```
循环体中的 i: 1
循环体中的 i: 2
else 子句中的 i: 3
```

分析上述程序的运行过程，当循环条件 i < 3 变成 False 时，程序执行了 while 循环语句的 else 子句。也就是说，程序在结束循环之前，会先执行 else 子句。从这个角度来看，else 子句其实没有太大的价值，将 else 子句直接放在循环体之外，执行结果完全相同。即上面的代码可改为如下形式：

```
i = 0
while i < 3:
    print('循环体中的 i:', i)
    i += 1
print('循环结束后的 i:', i)
```

循环中的 else 子句是 Python 的一个很特殊的语法（其他编程语言通常不支持），else 子句的主要作用是编写更优雅的 Python 代码。

2）在 for 循环中，当把元组或列表的所有元素遍历一次之后，执行 else 子句。在 else 子句中，迭代变量的值依然等于最后一个元素的值。

【例 3-33】 在 for 循环中定义 else 子句示例。

```
for i in range(0,4):
    print('循环体中的 i:', i)
else:
    print('else 子句中的 i:', i)
```

运行结果为：

```
循环体中的 i: 0
循环体中的 i: 1
循环体中的 i: 2
循环体中的 i: 3
else 子句中的 i: 3
```

3）while-else 或 for-else 循环通常与 break 语句配合使用，才能体现出 else 语句的特别功能。注意，不管 for 循环还是 while 循环，如果使用 break 语句强行终止循环，程序将不会执行 else 子句。

【例 3-34】 编写一个程序，在 i==3 时跳出循环，而且此时 for 循环不会执行 else 语句。

```
for i in range(0, 10):
    print("i 的值是:", i)
    if i == 3 :
        break   # 执行该语句时将结束循环
else:
    print('else 块:', i)
```

上面程序运行结果为：

```
i 的值是: 0
i 的值是: 1
i 的值是: 2
```

i 的值是：3

【例 3-35】 求出 2～10 之间的质数。

```
for n in range(2, 10):
    for i in range(2, n):
        if n % i == 0:
            print(n, '不是质数，等于', i, '*', n//i)
            break
    else:
        print(n, '是质数')    # 显示质数
        # break    # 取消 break 语句的注释，运行结果是什么？
```

运行结果如图 3-16 所示。

3.4 习题

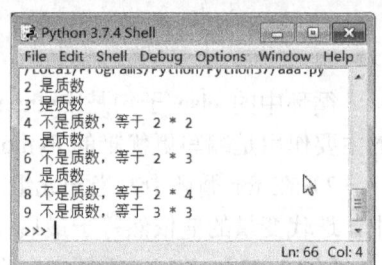

图 3-16 例 3-35 运行结果

1. 输入两个数字，输出最大数。
2. 输入两个数，比较大小后，按升序打印这两个数。
3. 实现用户输入用户名和密码，当用户名为"seven"且密码为"123"时，显示"登录成功"，否则显示"登录失败"。
4. 利用条件运算符的嵌套实现：≥90 分的考试成绩用 A 表示，60～89 分的成绩用 B 表示，60 分以下的成绩用 C 表示。
5. 使用 while 循环语句实现 2-3+4-5+6-…-99+100 的和。
6. 实现用户输入用户名和密码，当用户名为"seven"且密码为"123"时，显示"登录成功"，否则显示"登录失败"，失败时允许重复输入三次。
7. 设计"过 7 游戏"的程序，打印 1～100 之间除了含 7 的数和 7 的倍数以外的数字。
8. 输入一个分数，判断学生成绩等级，其中，90 分以上为 A，80～89 分为 B，70～79 分为 C，60～69 分为 D，60 分一下为 E。
9. 四个数字 1、2、3、4 能组成多少个互不相同且无重复数字的三位数？分别是多少？
10. 最多猜 10 次的游戏，猜测范围为 1～100，根据输入内容提示猜大或者猜小，如果猜中，结束循环。
11. 判断 101～200 之间有多少个素数，并输出所有素数。

提示：判断 a 是否为素数的方法为用 2 到 sqrt(a)之间的整数分别去除这个数，如果能被整除，则表明此数不是素数，反之是素数。

第 4 章　函数与模块

函数（Function）是指实现某项单一功能的可重复使用的程序段。函数在其他程序语言中也被称为方法、过程。Python 提供了许多内部函数，如 print()、input()，用户也可以自己创建函数。

模块（Module）是函数的集合，相当于内部函数的集合。Python 提供了很多内置模块，模块在使用前需要用 import 语句导入，模块的文件类型是.py。

4.1　函数

在编写应用程序的过程中经常遇到这样的情况，有些运算经常重复进行，或者不同的程序中都可能要进行同类的运算操作。这些重复运算的程序功能是相同的，只不过每次都以不同的参数进行重复。如果重复书写执行相同功能的程序段，将使程序变得很长，既占存储空间，又烦琐且容易出错，并且调试起来也较困难。

解决这类问题的有效办法，是将上述要重复使用的程序设计成可供其他程序使用（调用）的独立程序段。这种程序段一般称为子程序。它独立存在，但可以被多次调用，调用子程序的程序称为主程序。即使是只执行一次的程序段，也可以把它写成子程序，并把程序应该完成的主要功能都分配给各子程序，用主程序把各子程序联系在一起。

在 Python 以外的其他程序设计语言中，子程序结构统称为过程，分为子程序（sub）过程和函数（function）过程。而在 Python 中，没有子程序过程，只有函数，即在 Python 中，子程序就是函数。在编写函数时，函数体中代码的编写与前面章节介绍的基本一致，只是对程序进行了封装并增加了函数调用、传递参数、返回计算结果等接口。

4.1.1　自定义函数的定义与调用

函数是一个被指定名称的程序块。在要使用该程序块时，只要通过函数名调用该函数即可。

1. 函数的定义

当需要在程序中多次用到某个公式或要多次处理某个函数关系，而又没有现成的内部函数可以使用时，程序员可以自己定义所需的函数并调用它们，这样的函数称为自定义函数（User Defined Function）。自定义函数与内部函数一样，可以在程序或函数中调用。定义函数的语法格式如下：

```
def 函数名(形参列表)：
    函数体
    [return [返回值]]
```

 说明:

1)函数名可以是一个合法的标识符。从程序的可读性角度来看,函数名应该由一个或多个有意义的单词组成,每个单词的字母全部小写,单词与单词之间使用下画线分隔。

2)形参列表用于定义该函数可以接收的参数。形参列表由多个形参名组成,各个形参名之间以逗号","隔开,且都不用指定形参的数据类型。注意,即使函数不需要参数,也必须保留一对空的小括号"()"。

3)函数体位于冒号之后,由零条或多条可执行语句组成程序块,程序块内的语句具有相同的缩进。

4)在语法格式上,用方括号"[ ]"括起来的内容为可选部分,即可以使用,也可以省略。return 语句就是可选的,它可以在函数体内的任何地方出现,表示函数调用执行到此结束。如果没有 return 语句,则自动返回 None;如果有 return 语句,但是 return 语句后面没有表达式或者值,则也返回 None。

5)返回值可以是一个表达式或值,不需要指定函数返回值的数据类型。

【例 4-1】 定义一个函数 hello(),输出"Hello World!"(不用 return 语句)

```
def hello():
    print("Hello World!")
```

【例 4-2】 定义矩形面积的自定义函数 area()。

```
def area(width, height):
    return width * height
```

【例 4-3】 定义一个计算圆面积的函数 circle()。

```
def circle(r):
    PI = 3.1415926
    s = PI * r * r
    return s
```

2. 函数的调用

定义好的函数并不会立即执行,而是需要在程序中调用才能执行。调用函数也就是执行函数。由于函数返回一个值,在调用时完全可以把用户定义函数像使用内部函数一样,把它写在表达式中就可。调用函数的基本语法格式如下:

函数名(实参列表)

 说明:

1)函数名是要调用的函数的名称。

2)实参列表是创建函数时要求传入的各个形参的值。需要注意的是,定义函数时有多少个形参,那么调用函数时就需要传入多少个值,且顺序必须和定义函数时一致。即便该函数没有参数,函数名后的小括号也不能省略。

3)由于 Python 是解释型语言,因此定义函数的语句 def 必须放在调用该函数的程序段前面，否则在运行时系统提示 "NameError: name '函数名' is not defined"。

【例 4-4】 调用前面实例中定义的 3 个函数。

```
w = 3
h = 2
print(area(w, h))
hello()
s = circle(10)
print("圆面积为：", s)
```

在 IDLE 中，可以把函数的定义和调用函数的主程序写在一个 .py 文件中，注意定义函数的语句必须写在调用该函数的语句之前。程序和运行结果如图 4-1 所示。

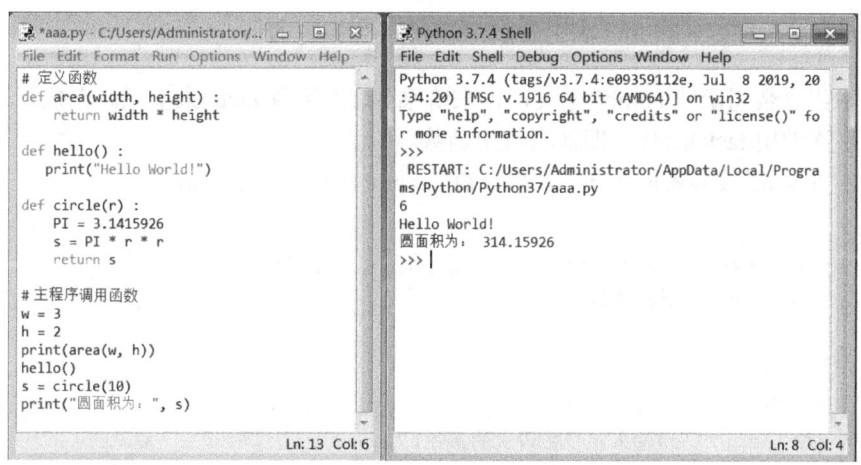

图 4-1 例 4-4 程序和运行结果

3．函数应用实例

【例 4-5】 定义函数，实现计算 5!+6!+8! 的值。

分析：要计算 s=5!+6!+8!，先要分别计算出 5!、6! 和 8!。由于 3 个求阶乘的运算过程完全相同，因此可以用函数 fact() 来计算阶乘，再调用 3 次 fact() 函数便可求得 s。

定义计算阶乘的 fact() 函数：

```
def fact(x):
    p=1
    for i in range(1, x+1):
        p = p * i
    return p
```

调用函数 fact() 实现计算 5!+6!+8! 的值的主程序为：

```
a = 5
b = 6
c = 8
s = fact(a)+fact(b)+fact(c)
print("%s!+%s!+%s!=%s" %(a, b, c, s))
```

程序和运行结果如图 4-2 所示。

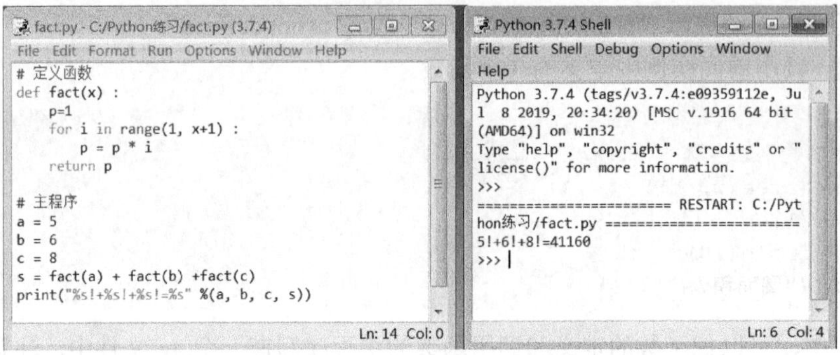

图 4-2 例 4-5 程序和运行结果

【例 4-6】 输入参数 n 和 m，求组合数 $C_n^m = \dfrac{n!}{m!(n-m)!}$ 的值。

分析：求组合数用函数 comb() 来实现，求阶乘 n! 用函数 fact() 来实现。在执行 comb() 函数的过程中要多次调用 fact() 函数，即嵌套调用函数。

求阶乘的 fact() 函数参考例 4-5。求组合数的 comb() 函数的程序如下：

```
def comb(n, m):
    c =fact(n)/(fact(m)*fact(n-m))   # 计算函数值
    return c   # 返回函数值
```

主程序为：

```
m = int(input("请输入组合数较小的参数:"))
n = int(input("请输入组合数较大的参数:"))
if m > n :
    print("输入数据不正确！请检查！")
else :
    print("组合数是：", comb(n, m))
```

运行程序，分别输入参数 m 和 n，输出组合数结果；如果 m>n，则提示输入数据不正确，程序和运行结果如图 4-3 所示。

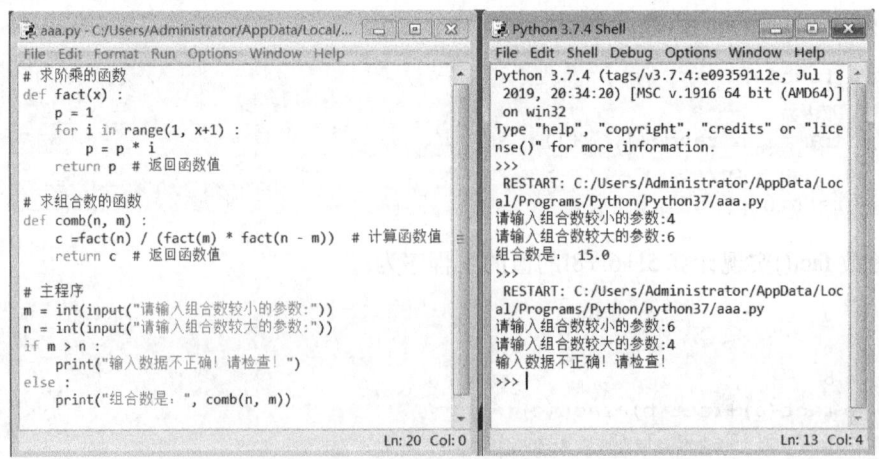

图 4-3 例 4-6 程序和运行结果

对于 C、C++、Java、C# 等程序语言，程序都必须有一个入口，都用一个 main() 函数作为程序的入口,也就是程序的运行是从 main() 函数开始的。

而 Python 则不同,它属于脚本语言,是从脚本第一行开始运行,没有统一的入口。为了阅读方便,程序员会定义一个 main() 函数作为主程序的入口,然后写一个调用 main() 函数的语句。例 4-6 的程序可以改为如下:

```
def fact(x) :   # 求阶乘的函数
    p = 1
    for i in range(1, x+1) :
        p = p * i
    return p  # 返回函数值
def comb(n, m) :   # 求组合数的 comb() 函数
    c =fact(n) / (fact(m) * fact(n - m))  # 计算函数值
    return c  # 返回函数值
def main() :   # 定义主函数
    m = int(input("请输入组合数较小的参数:"))
    n = int(input("请输入组合数较大的参数:"))
    if m > n :
        print("输入数据不正确!请检查!")
    else :
        print("组合数是:", comb(n, m))
main()   # 调用 main() 函数,作为程序的入口
```

4.1.2 函数的值传递和引用传递

4.1.2 函数的值传递和引用传递

一般情况下,在调用函数时,调用函数与定义函数之间有数据传递,即将调用函数的实参传递给定义函数,完成实参与形参的结合,然后执行函数调用。

Python 中,函数参数由实参传递给形参的过程是由参数传递机制来控制的。根据实参的类型不同,函数参数的传递方式分为两种:值传递和引用传递(又称为地址传递)。

1. 函数参数的值传递

如果实参的数据类型是不可变类型(字符串、数值、元组),则函数参数的传递方式将采用值传递方式。

值传递就是将实参值的副本传入函数,不管在函数中如何对这个副本改变,实参值本身不会受到任何影响。

【例 4-7】 编写一个程序,分别传递一个数值和一个字符串,在函数中更改它们的值。

```
def test1(a, b) :   # 定义函数 test1()
    a = a * 2  # 在函数中改变变量的值
    b = b + "ijk"  # 在函数中改变变量的值
    print("函数中的值 a=", a, "b=", b)
def main() :   # 定义主函数
    a = 5  # 主程序中数值变量的初值
    b = "abc"   # 主程序中字符串变量的初值
    print("主程序中的初值 a=", a, "b=", b)
    test1(a, b)  # 传值调用
    print("主程序调用函数后的值 a=", a, "b=", b)
main()
```

运行结果如下：

```
主程序中的初值 a= 5 b= abc
函数中的值 a= 10 b= abcijk
主程序调用函数后的值 a= 5 b= abc
```

从程序运行结果看，即使函数中的变量名与主程序中的变量名相同，由于开始执行函数时对形参执行初始化，就是把实参变量的值赋给函数的形参变量，在函数中操作的并不是实际的实参变量。所以，在执行函数时即使其变量内容发生变化，主程序中的变量值并不会随之改变，这就是值传递的实质。

2．函数参数的引用传递

如果实参的数据类型是可变对象（列表、字典），则函数参数的传递方式将采用引用传递方式。函数参数引用传递后，如果改变形参的值，则实参的值也会一同改变。

【例 4-8】 编写一个程序，分别传递一个数值和一个列表，在函数中更改它们的值。

```python
def test2(a, b) :  # 定义函数 test2()
    a = a * 2  # 在函数中改变变量的值
    b.append('green')  # 在列表尾部增加新元素
    print("函数中的值 a=", a, "b=", b)
def main() :  # 定义主函数
    a = 5  # 主程序中数值变量的初值
    b = ['red', 'yellow', 'blue']  # 主程序中列表变量的初值
    print("主程序中的初值 a=", a, "b=", b)
    test2(a, b)
    print("主程序调用函数后的值 a=", a, "b=", b)
main()
```

运行结果如下：

```
主程序中的初值 a= 5 b= ['red', 'yellow', 'blue']
函数中的值 a= 10 b= ['red', 'yellow', 'blue', 'green']
主程序调用函数后的值 a= 5 b= ['red', 'yellow', 'blue', 'green']
```

从程序运行结果看，a 的数据类型是数值（值传递），因此在函数中更改其值不会改变主程序中 a 的值。也就是说，虽然变量名都是 a，但是函数内外是不同的 a。b 是一个列表（引用传递），因此在函数中更改其值会改变主程序中 b 的值。

4.1.3 参数的传递

在 Python 函数中，实参向形参的传递方式有 4 种：按位置传递参数、按默认值传递参数、按关键字传递参数和按可变参数传递参数。

1．按位置传递参数

按位置传递参数是指，调用函数语句中实际参数的数量和位置，必须与函数定义中的形式参数的数量和位置一一对应，即第一个实参传递给第一个形参，第二个实参传递给第二个形参，以此类推。如果实参是一个表达式，则先计算表达式的值，再把计算后的结果传递给形参。

如果实参指向的对象是不可变的，如数值、字符串或元组对象等，即使在函数中改变了形参的值，实参指向的对象也不会发生任何改变。

例如，例4-8就是按位置传递参数，一个参数是不可变对象，一个参数是可变对象。

2．按默认值传递参数

在调用函数时，如果不指定某个参数，解释器会抛出异常。为了解决这个问题，Python 允许为参数设置默认值，即在定义函数时，给形式参数指定一个默认值。这样，在调用函数时，可以选择性地省略该参数。如果没有给定义有默认值的形参传递参数，则该参数将使用定义函数时设置的默认值。Python 中的函数可以给一个或多个形参（包括全部形参）指定默认值。定义带有默认值参数的函数，其语法格式如下：

```
def 函数名(形参名1, 形参名2, 形参名3=默认值1, 形参名4=默认值2)：
    函数体
```

说明：

1）有默认值的形参必须放在所有没有默认值形参的最后，否则会产生语法错误。
2）调用函数时，除了有默认值的形参外，其他形参必须有对应的实参传递值。
3）当函数有多个形参时，把变化大的形参放前面，变化小的形参放后面，这样变化小的参数就可以更方便地使用默认参数。

【例4-9】 下面函数的功能是显示传入参数的值。

```
def user_information(name, age=18, gender="男")：
    print("姓名：", name, "  年龄：", age, "  性别：", gender)
def main()：
    user_information("张三")   # 全部使用默认参数
    user_information("黄强", 20)   # 只有gender参数使用默认值
    user_information("白莉",17,"女")   # 两个参数都不使用默认值
    user_information("白莉","女")   # 错误
main()
```

运行结果如下：

```
姓名： 张三   年龄： 18   性别： 男
姓名： 黄强   年龄： 20   性别： 男
姓名： 白莉   年龄： 17   性别： 女
姓名： 白莉   年龄： 女   性别： 男
```

从运行结果看，第 4 行出现错误，原因是调用函数时传入的"女"字符串将传给 age 参数，而不是 gender 参数。所以，在省略默认参数时，要从后面向前省略。

3．按关键字传递参数

关键字参数是指使用形参的名字，以"形参名=值"的形式来输入参数值，这种形参和实参之间传值的方式称为关键字传值。由于在调用函数中通过形参名明确地指出对应关系，因此通过此方式指定函数实参时，不再需要与形参的位置完全一致。

按关键字传递参数，可以避免要牢记参数位置的麻烦，令函数的调用和参数传递更加灵活方便。因此函数的参数名应该具有更好的语义，这样程序员就可以明白传入函数的每个参数的含义。

例如，仍然调用例 4-9 定义的函数。

```
user_information("白莉", gender="女")   # age 使用默认值
```

```
user_information("白莉", gender="女", age=17)    #不按形参的位置
```

需要说明的是，如果希望在调用函数时混合使用关键字参数和位置参数，则关键字参数必须位于位置参数之后。换句话说，在关键字参数之后的只能是关键字参数。例如，如下代码是错误的。

```
user_information(gender="女", "白莉", age=17)
```

注意，默认参数必须指向不变对象，否则在连续多次调用时，上次调用后的计算结果会保留，进而影响下次调用。

4．按可变参数传递参数

可变参数又称不定长参数，即传入函数中的实参可以是任意多个。

一般情况下，在定义函数时，函数形参的个数是可以确定的。但是，也有在定义函数的时候不能确定函数形参个数的情况。

在 Python 中，在形参前加一个星号（*）或两个星号（**）来指定函数可以接收任意数量的实参。定义可变参数函数的格式如下：

```
def 函数名(形参1, 形参2, …, 形参n, *tupleArg, **dictArg) :
    函数体
```

说明：

1）不带*的参数是普通形参。调用时，实参可选择按位置传递、按默认值传递或按关键字传递的方式使用。

2）形参 tupleArg 前面的*表示这是一个元组参数，默认值为()。

3）形参 dictArg 前面的**表示这是一个字典参数（键值对参数），默认值为{}。

4）可以把 tupleArg 和 dictArg 看成两个默认参数。

5）对于多余的非关键字参数，调用函数时放在元组参数 tupleArg 中。

6）对于多余的关键字参数，调用函数时放在字典参数 dictArg 中。

7）如果实参中的元组对象前面不带*，或者字典对象前面不带**，则作为普通的对象传递参数。

【例 4-10】 如下函数定义了一个个数可变的形参，可变参数为元组。

```
def test(num, *books) :
    print(books)   # books 被当成元组处理
    print(num)     # 输出 num 的值
test(3 , "Python 教程", "C#教程", "Java 教程")   # 调用 test()函数
```

运行结果如下：

```
('Python 教程', 'C#教程', 'Java 教程')
3
```

从上面的运行结果可以看出，当调用 test()函数时，books 参数可以传入多个字符串作为参数值。从 test()的函数体代码来看，参数收集的本质就是将传给 books 参数的多个值收集成一个元组。

8）在实参列表中，如果使用*元组参数或者**字典参数，这两种参数应该放在参数列表最

后,并且*元组参数位于**字典参数之前。

【例 4-11】 如下函数定义了两个个数可变的形参,一个可变参数为元组参数,另一个为字典参数。

```
def test(a, b, c=3, *books, **scores) :
    print(a, b, c)  # 输出 a,b,c 的值
    print(books)  # books 被当成元组处理
    print(scores)  # scores 被当成字典处理
def main() :
    test(1, 2, 3, "Python 教程" , "C#教程", 语文=90, 数学=80)   # 第 1 次调用 test()函数
    print()
    test(1, 2, "Python 教程" , "C#教程", 语文=90, 数学=80)   # 第 2 次调用 test()函数
    print()
    test(1, 2, 语文=90, 数学=80)  # 第 3 次调用 test()函数
main()
```

程序在第 1 次调用 test()函数时,前面的 1、2、3 传给普通参数 a、b、c;接下来的两个字符串会由 books 参数收集成元组;最后的两个关键字参数会被收集成字典。运行程序,显示输出结果如图 4-4 中的前 3 行所示。

需要注意,对于以上方式定义的 test()函数,参数 c 的默认值几乎不能发挥作用。第 2 次调用 test()函数时,前面的 1、2、"Python 教程"将会传递给普通参数 a、b、c;下一个字符串会由 books 参数收集成元组;最后的两个参数会被收集成字典。运行结果如图 4-4 中的中部 3 行所示。

如果希望让 c 参数的默认值发挥作用,则需要只传入两个位置参数。例如,第 3 次调用 test()函数的实参列表,

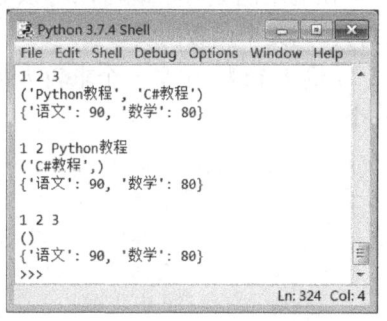

图 4-4 例 4-11 运行结果

在调用 test()函数时,前面的 1、2 将传给普通参数 a、b,此时 c 参数将使用默认的参数值 3,books 参数将是一个空元组;接下来的两个关键字参数将会被收集成字典。运行结果如图 4-4 中的下部 3 行所示。

由于可能出现这种不可预知的结果,在编写程序时要注意避免出现这种情况。对于本例,可以不给 c 参数赋默认值。

4.1.4 函数的返回值

前面创建的函数都只是对传入的数据进行处理,处理完了,函数也就结束了。其实,在有些情况下,还需要函数将处理结果反馈。在函数中使用 return 语句返回函数值。

在函数中使用 return 语句的语法格式如下:

> return [表达式 1 或值 1,表达式 2 或值 2,…]

 说明:

用 def 语句创建函数时,用 return 语句指定函数返回值并结束函数的执行。该返回值可以

是任意类型。一个函数中可以同时包含多个 return 语句，但只要执行其中一个 return 语句，就会结束函数的执行。如果函数中没有 return 语句，或者执行了 return 语句后没有返回值的语句，则函数将以 return None 结束，即返回空值。

【例 4-12】 定义一个 add()函数，既可以用来计算两个数值的和，也可以连接两个字符串，返回计算结果。

```
def add(a,b):
    c = a + b
    return c
c = add(3, 4)   # 调用函数 add()，函数赋值给变量
print(c)
print(add("abc", "123"))   # 函数返回值作为其他函数的实参
```

运行结果如下：

```
7
abc123
```

在调用函数时，既可以将该函数赋值给一个变量，用变量保存函数的返回值，也可以将函数再作为某个函数的实参。

【例 4-13】 定义一个求较大数的函数，其中有两个 return 语句，但是最终真正执行的只有一个。

```
def max_num(x, y) :
    if x>y :
        return x
    else :
        return y
```

以上实例的 return 语句都仅返回了一个值，但其实可以通过 return 语句返回多个值。如果函数需要有多个返回值，既可将多个值包装成列表之后返回，也可直接返回多个值。如果函数直接返回多个值，会自动将多个返回值封装成元组。本质上，返回值仍然是一个。

【例 4-14】 函数的 return 语句返回多个值。

```
def test(x):
    a = 10
    b = "ab"
    return a, b, a*3, str(a)+b, x
print(test("ttt"))   # 获取 test()函数返回的多个值，多个返回值被封装成元组
```

运行结果为一个元组：

```
(10, 'ab', 30, '10ab', 'ttt')
```

【例 4-15】 函数传入成绩，返回分段。

```
def get_grade(score):
    if score >= 90:
        return 'A'
    elif score >= 80:
        return 'B'
```

```
        elif score >= 70:
            return 'C'
        elif score >= 60:
            return 'D'
        else:
            return 'E'
    print(get_grade(95),get_grade(85),get_grade(75),get_grade(65),get_grade(55))
```

运行结果如下:

```
A B C D E
```

4.1.5 递归函数

递归函数是指在一个函数体内直接或间接调用自己。

1．递归函数的概念

递归是一种描述问题和解决问题的基本方法。递归通常用来解决结构相似的问题。结构相似是指构成原问题的子问题与原问题在结构上相似，可以用类似的方法解决。

构成递归的必备条件有以下两个。

1）子问题与原问题是同样的问题，但是更简单。

2）不能无限制地调用本身，必须有一个化为非递归处理的出口。

以下 3 种情况常用到递归方法。

1）定义本身是递归的，如阶层的计算。

2）数据结构是递归的，如链表、树等。

3）问题的解法是递归的，如汉诺塔问题。

递归在算法描述中有着不可替代的作用。很多看似十分复杂的问题，使用递归算法来描述显得非常简洁与清晰。

2．追归函数定义

递归函数的优点是定义简单，逻辑清晰。典型的递归函数定义格式如下:

```
def 递归函数名(形参表) :
    if 递归出口条件 :
        return 返回值 1
    else :
        return 递归函数名(实参表)
```

说明:

函数递归包含一种隐式的循环，它会重复执行某段代码，但这种重复执行无须循环控制，使用递归函数时需要注意防止溢出。在递归调用中，一个过程执行的某一步要用到它自身的上一步（或上几步）的结果。当一个函数不断地调用它自身时，必须在某个时刻函数的返回值是确定的，即不再调用它自身；否则，这种递归就变成了无穷递归，类似于死循环。因此，在定义递归函数时有一条重要规定：递归函数必须有出口，递归一定要向已知方向进行。

【例 4-16】 利用递归函数计算 n!。

分析：自然数 n 的阶乘可以递归定义为

$$n! = \begin{cases} 1 & n = 0 \\ n \times (n-1)! & n > 0 \end{cases}$$

使用递归算法求阶乘的过程为：输入 n，如果 n > 0，则 f=n * fact(n – 1)，否则 f=1。求阶乘的递归函数 fact() 的程序为：

```
def fact(n) :
    if n > 0 :
        return n * fact(n - 1)
    else :
        return 1
```

调用函数的主程序为：

```
n = int(input("n="))
if n < 0 or n > 20 :
    print("非法数据！")
else :
    print(fact(n))
```

程序和运行结果如图 4-5 所示。

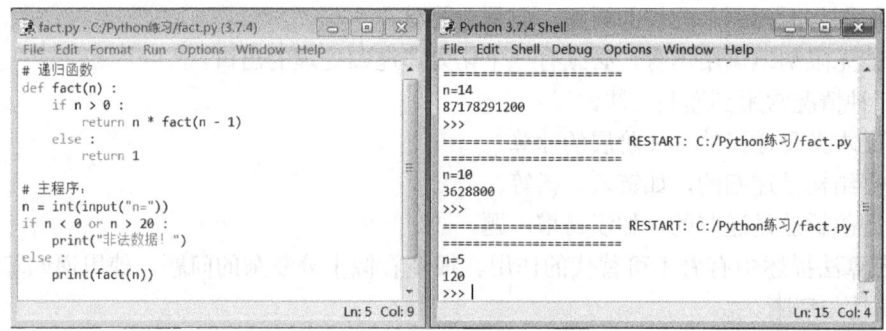

图 4-5 例 4-16 程序和运行结果

说明：

当 n > 0 时，函数 fact() 调用自己，参数为 n - 1，该操作一直持续到 n = 1 为止。

例如，当 n = 5 时，求 fact(5) 的值，变为求 5×fact(4)；求 fact(4) 的值又变为求 4×fact(3)，依此类推，当 n = 0 时，值为 1，递归结束，其结果为 5×4×3×2×1。如果把第 1 次调用 fact() 函数叫作 0 级调用，以后每调用一次级别增加 1，过程参数 n 减 1，则递归调用的过程如下。

递归级别	执行操作
0	fact(5)
1	fact(4)
2	fact(3)
3	fact(2)
4	fact(1)
4	返回 1 fact(1)
3	返回 2 fact(2)
2	返回 6 fact(3)
1	返回 24 fact(4)
0	返回 120 fact(5)

【例 4-17】 利用递归过程编写程序打印斐波那契（Fibonacci）数列。
　　　　　　1　1　2　3　5　8　13　21　34　55　…

分析：此数列的规律为它的头两个数为 1，从第三个数开始其值是它前面的两个数之和。即

$$fibo = \begin{cases} 1 & n=1 \\ 1 & n=2 \\ fibo(n-1)+fibo(n-2) & n>2 \end{cases}$$

fibo(n)函数的程序为：

```
def fibo(n) :
    if n == 1 or n == 2 :
        fi = 1
    else :
        fi = fibo(n-1)+fibo(n-2)   # 递归调用
    return fi   # 返回函数值
def main() :   # 调用函数的主程序
    n = int(input("您需要输出斐波那契数列的个数："))
    for x in range(1, n+1) :
        print(fibo(x))   # 调用函数，并显示
main()
```

程序和运行结果如图 4-6 所示。

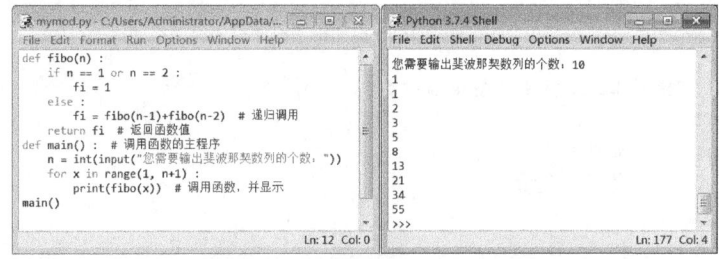

图 4-6　例 4-17 程序和运行结果

4.1.6　变量作用域

当引入函数的概念后，就出现了变量作用域的问题。即在程序中定义的变量是有作用范围的，变量起作用的范围称为变量的作用域（Variable Scope）。变量的作用域表现为有的变量可以在整个程序或其他程序中进行引用，有的变量则只能在局部范围内引用。一个变量在函数外部定义和在函数内部定义，其作用域是不同的。如果用特殊的关键字定义一个变量，也会改变其作用域。

1．变量的作用域分类

一个变量在函数外部定义与在函数内部定义，其作用域是不同的。例如，在函数内部定义的变量一般为局部变量，拥有局部作用域；在函数外部主程序中定义的变量，不属于任何函数，一般为全局变量，拥有全局作用域。调用函数时，所有在函数内声明的变量名称都将被加入到作用域中。

局部变量只能在其被声明的函数内部访问，函数外部的变量不能访问函数内部的变量，而

内部变量能访问外部的变量。全局变量可以在整个程序范围内访问，但是当函数外部和内部有同名变量时，外部变量会被内部变量屏蔽掉。

在 Python 中，所有的变量根据作用域可归纳为以下 4 种。

1）L（Local）：局部作用域，即在函数中定义的变量。

2）E（Enclosing）：嵌套父级函数的局部作用域，即包含此函数上级函数的局部作用域，但不是全局的。

3）G（Global）：全局变量，就是模块级别定义的变量。

4）B（Built-in）：系统固定模块、内置函数所在模块范围内的变量。

Python 与其他程序语言不同，Python 没有提供 private、public 这样的访问修饰符。

2．局部变量

局部变量（Local Variable）是指在函数内部定义的普通变量，该变量只在该函数内起作用，别的函数不可访问。当函数运行结束后，在该函数内部定义的局部变量被自动删除而不可访问。对于在函数内定义的普通变量，包括在类（Class）中的函数内定义的普通变量，都是局部变量，也称自动临时变量。

局部变量与函数外具有相同名称的其他变量没有任何关系，彼此互不干扰，即变量名称对于函数来说是局部的。所有局部变量的作用域是该变量被定义的块，从该变量被定义处开始。

【例 4-18】 局部变量示例。

```
def test() :    # 定义函数
    a = 0    # 定义局部变量
    b = 1
    c = a + b
    print("函数 test()中的变量值：", a, b, c)
    return
def main() :    # 主程序
    a = 2    # 定义局部变量
    b = 3
    c = a + b
    print("调用子过程 test 前的变量值：", a, b, c)
    test()    # 调用函数
    print("调用子过程 test 后的变量值：", a, b, c)
main()
```

运行结果如下：

```
调用子过程 test 前的变量值： 2 3 5
函数 test()中的变量值： 0 1 1
调用子过程 test 后的变量值： 2 3 5
```

从结果看出，主程序与函数中的同名变量是独立的，互不影响。

在编写一个较复杂的程序时，会有多个函数，此时应该把注意力集中在这些相对独立的函数内。其中所用到的变量如果都是局部变量，则无论怎样处理都不会影响到外界。如果使用非局部变量，考虑不周时容易引起麻烦。所以，为安全起见，函数体内应尽可能用局部变量。

3．全局变量

全局变量（Global Variable）指的是能同时作用于函数内外的变量，即全局变量既可以在各个函数的外部使用，也可以在各函数内部使用。如果想要在函数内部给一个定义在函数外的变量赋值，那么这个变量就不能是局部的，其作用域必须为全局的。可以在函数中用 global 和 nonlocal 关键字定义全局变量。如果全局变量的值在函数内部被重新赋值，这个赋值结果也将反映在函数外部；同样，在函数外部为一个全局变量赋值，赋值效果也同样反映在函数内部。

在函数内部声明全局变量的语法格式为：

```
global 变量名1，变量名2，…
```

如果要修改嵌套作用域（也叫 Enclosing 作用域或外层非全局作用域）中的变量，则需要 nonlocal 关键字。在嵌套函数内部声明全局变量的语法格式为：

```
nonlocal 变量名1，变量名2，…
```

注意，global 或 nonlocal 语句只能在函数中使用，不能在主程序中声明全局变量。在使用 global 或 nonlocal 关键字修饰变量时，不能直接给变量赋初值，否则会引发语法错误。

定义全局变量的方式有以下两种。

（1）该变量已经在函数体外定义

如果一个变量已在函数外定义，当要在函数内为这个变量赋值，并要将这个赋值结果反映到函数外，可以在函数内用 global 声明这个变量，将其定义为全局变量。

【例 4-19】 在函数内为变量 y 赋值。

```
x = 10
y = 20
def fun_test():
    print("在函数体内 x=", x+100)   #x 变量是主程序中的全局变量
    #print("在函数体内 y=", y)   #取消本行注释后再运行程序，观察错误提示
    y = 50   # 因为 y 变量在函数内被赋值，则 y 变量被认定为局部变量
    return
fun_test()   # 调用函数
print("在函数体外", x, y)   # 显示全局变量的值
```

运行结果为：

```
在函数体内 x= 110
在函数体外 10 20
```

取消注释行，程序运行到该行显示错误提示"UnboundLocalError: local variable 'y' referenced before assignment"。

x 变量在函数内没有进行赋值操作，函数内直接引用外部变量是没有问题的。但是，y 变量在函数体中被赋值，那么 y 就被认定为局部变量，在赋值前引用则该变量未定义，因而出错。如果要将 y 变量改成全局变量，则要在函数内用 global 明确声明要使用已经定义的同名全局变量。

【例 4-20】 使用 global 把 y 修改为全局变量。

```
x = 10
y = 20
def fun_test():
    print("在函数体内 x=", x+100)   #x 变量是主程序中的全局变量
    global y   #使用 global 关键字声明 y 为全局变量
    print("在函数体内 y=", y)   #y 的值是函数外的值 20
```

```
        y = 50
        return
fun_test()  # 调用函数
print("在函数体外", x, y)  # 显示全局变量的值
```

运行结果如下:

```
在函数体内 x= 110
在函数体内 y= 20
在函数体外 10 50
```

从结果看,在函数中也可以访问主程序中定义的变量。

【例 4-21】 在函数体内使用外部定义的全局变量。

```
def func():
    global x
    print("x =", x)
    x = 20
    print("函数内赋值后 x =", x)
# 主程序
x = 10
func()
print("主程序 x =", x)
```

运行结果如下:

```
x = 10
函数内赋值后 x = 20
主程序 x = 20
```

在本例中,函数外部已经定义了一个变量 x,此时它首先是一个局部变量,在函数 func 中用 global 声明 x 为全局变量。当在函数内把值赋给 x 时,也就是在给函数外的 x 赋值,因此在函数内对 x 的值改变的效果也反映在函数外。

(2) 在函数体内新定义全局变量

在函数内部使用 global 关键字将一个新的变量声明为全局变量,在函数外没有定义该变量,在调用这个函数后,将增加这个新的全局变量。

【例 4-22】 如下程序中,函数内部声明的全局变量 i 是新增加的。

```
num = 1  # 定义变量
def fun_test1():
    global num, i  # 声明全局变量,其中 i 是在函数内部新声明的
    i= 99
    print("函数体内访问:", num, i)  # 访问函数外部和内部定义的变量
    return
fun_test1()
i = 100  # 修改函数内部声明的全局变量
print('调用函数后,函数体外访问:', num, i)  # 访问变量
```

运行结果如下:

```
函数体内访问: 1 99
调用函数后,函数体外访问: 1 100
```

从运行结果看，在函数外部和内部定义的全局变量，都可以在函数内部和外部访问和修改。

【例4-23】 把函数内部定义的变量声明为全局变量。

```
def func():
    global x
    x = 20
    print("函数内赋值后x=", x)
# 主程序
func()
print("主程序x=", x)
```

运行结果如下：

```
函数内赋值后x= 20
主程序x= 20
```

在本例中，函数外部没有声明 x，在函数内部用 global 声明 x，在调用 func 函数之后，x 将作为一个全局变量，可以看到，在函数内部为 x 赋值 20，在函数外面输出 x 的值也为 20。

【例4-24】 用 nonlocal 关键字修改嵌套作用域中的变量。

```
def outer():
    num = 10   # 外层函数定义的变量
    def inner():
        nonlocal num    # 在内层函数中声明为全局变量
        print("在内层函数中，修改前：", num)
        num = 100
        print("在内层函数中，修改后：", num)
        return
    inner()  # 在外层函数中调用内层函数
    print("在外层函数中：", num)
    return
outer()   # 在主程序中调用外层函数
```

运行结果如下：

```
在内层函数中，修改前：10
在内层函数中，修改后：100
在外层函数中：100
```

【例4-25】 设计一个模拟幸运数字机的游戏。设幸运数字为 7，每次由计算机随机产生 3 个 0～10 之间的随机数，当这 3 个随机数中有一个数字为 7 时，就算赢了一次。要求利用全局变量来累计获胜次数。

为了使每次调用函数产生随机数的过程中，累计次数 i 和获胜次数 wins 的值保持不变，应该将其声明为全局变量，如果以局部变量声明 i 和 wins，则每次调用函数时都会重新设置该变量的值。程序如下：

```
import random
wins = 0  # 定义变量
i = 0 # 定义变量
def lucky7():
```

```
        global wins, i   # 声明全局变量
        n1 = int(random.random()* 10)   # 产生随机数
        n2 = int(random.random() * 10)   # 产生随机数
        n3 = int(random.random() * 10)   # 产生随机数
        i = i + 1    # 累计生成随机数的次数
        if (n1 ==7) or (n2 == 7) or (n3 == 7) :   # 如果有一个数字是 7
            wins = wins + 1   # 使用全局变量累计获胜次数
        str1= "产生的数字是:%s  %s   %s\t"%(n1,n2,n3)
        str2 = "共产生了" + str(i) + "次随机数,您赢了" + str(wins) + "次"
        return str1+str2
print(lucky7())   # 调用 1 次函数
print(lucky7())   # 调用 2 次函数
print(lucky7())   # 调用 3 次函数
```

运行结果如下（因为是随机数，每次运行的结果都是不相同的）：

```
产生的数字是:6  0  4    共产生了1次随机数,您赢了0次
产生的数字是:0  1  2    共产生了2次随机数,您赢了0次
产生的数字是:7  3  6    共产生了3次随机数,您赢了1次
```

另外，除非真的有必要，否则应尽量避免使用全局变量，因为全局变量会增加不同函数之间的隐式耦合度，从而降低程序的可读性，并使得程序测试和纠错变得困难。

4.1.7 匿名函数

所谓匿名函数，就是没有名字的函数。Python 允许快速定义单行的不需要函数名字的简单函数，称为 lambda 函数。lambda 函数没有名字。lambda 表达式只能创建简单的函数对象（它只适合函数体为单行的情形）。

1．匿名函数的语法格式

lambda 是一个表达式，而不是一条语句。作为一个表达式，lambda 返回一个值，把结果赋值给一个变量。lambda 函数的语法只包含一条语句，语法格式如下：

```
lambda 参数1, 参数2, … : 表达式
```

📢 说明：

1）在参数列表周围没有圆括号，没有 return 语句（其实是隐含存在，因为整个函数只有 1 行）。

2）在 lambda 关键字之后、冒号左边的是参数列表，可以没有参数，也可以有多个参数。如果有多个参数，则需要用逗号隔开，冒号右边是该 lambda 表达式的返回值。

3）lambda 函数有输入和输出，输入是传入到参数列表的值，输出是根据表达式计算得到的值。lambda 内部不能创建变量，只能调用自己的形参。

4）在 lambda 中仅能封装有限的功能。lambda 的目的是方便编写简单函数，def 则专注于处理更大、更复杂的业务。

5）lambda 函数拥有自己的命名空间，且不能访问自己参数列表之外或全局命名空间中的参数。

6）对于单行函数，使用 lambda 表达式可以省去定义函数的过程，让代码更加简洁。但

是，如果在程序中大量使用 lambda 表达式，会造成程序的结构混乱。另外，如果 lambda 表达式过于复杂，将降低程序的可读性。

【例 4-26】 lambda 函数示例。

```
func1=lambda :100   # 可不写参数
func2=lambda a1, a2 : a1*a2   # 接收参数
func3=lambda *args,**kwargs:len(args)+len(kwargs)   # 接收任意参数
print(func1())
print(func2(2, 3))
print(func3("a1","a2","a3","a4","a5"))
```

2．匿名函数的用法

lambda 函数的用法有以下几种。

1）将 lambda 函数赋值给一个变量，通过这个变量间接调用该 lambda 函数。

例如，执行语句 sum=lambda x, y: x+y，定义了加法函数 lambda x, y: x+y，并将其赋值给变量 sum，这样变量 sum 便成为具有加法功能的函数。例如，执行 sum(10,20)，其值为 30。

```
sum = lambda x, y: x + y   # 定义加法函数
print ("相加后的值为:", sum( 0, 20))   # 调用 sum 函数
```

2）将 lambda 函数作为其他函数的返回值返回给调用者。

函数的返回值也可以是函数，例如 return lambda x, y: x+y 返回一个加法函数。lambda 函数实际上是定义在某个函数内部的函数，也称为嵌套函数或者内部函数。对应的，将包含嵌套函数的函数称为外部函数。内部函数能够访问外部函数的局部变量。

【例 4-27】 如下程序中 lambda 表达式中的 x 是主程序中的。

```
x=100
la_func=lambda a : a+x
v=la_func(1)
print(v) #101
```

【例 4-28】 如下程序中 lambda 表达式中的 x 是函数体中的。

```
x=100
def func():
    x=1000   # 注释掉本行，看看运行结果是否为 101
    la_func=lambda a : a+x
    v=la_func(1)
    print(v) #1001
func()   # 调用函数
```

3）lambda 表达式中可以使用 if...else 语句，它是简化为单一的条件表达式，语法格式如下：

```
表达式1 if A else 表达式2
```

上述条件表达式的功能是如果 A 为 True，条件表达式的结果为"表达式 1"；否则为"表达式 2"。

【例 4-29】 用 lambda 表达式求最小值。

```
lower = lambda x, y: x if x<y else y
print(lower(2, 3))
```

4.2 模块

4.2.1 模块的概念

1. 模块、模块化程序设计

模块是一个设计术语,通常是指一个可重用的标准单元。例如,手机中的电源模块、屏幕模块、摄像模块;建筑材料上的预制板模块、门模块、窗模块等。

对于软件,模块又称构件,是指能够单独命名并独立完成一定功能的程序语句的集合。它具有两个基本的特征:外部特征和内部特征。外部特征是指模块跟外部环境联系的接口(即其他模块或程序调用该模块的方式,包含输入/输出参数、引用的全局变量)和模块的功能;内部特征是指模块的内部环境具有的特点(即该模块的局部数据和程序代码)。

模块化程序设计是指在进行程序设计时将一个大程序按照功能划分为若干小程序模块,每个小程序模块完成一个确定的功能,并在这些模块之间建立必要的联系,通过模块的互相协作完成整个功能的程序设计方法。例如,一个学籍管理软件,可以划分为学籍录入模块、查询模块和打印模块等。

利用函数,不仅可以实现程序的模块化,使得程序设计更加简单和直观,从而提高程序的易读性和可维护性,而且还可以把程序中经常用到的一些计算或操作编写成通用函数,以便随时调用。

使用模块有什么好处?首先是大大提高了代码的可维护性。其次,编写代码不必从零开始。当一个模块编写完毕,就可以在其他地方被引用。在实际编写程序的时候,也经常引用其他模块,包括 Python 内置的模块和来自第三方的模块。

再次,使用模块还可以避免函数名和变量名冲突。相同名字的函数和变量可以分别存在不同的模块中,因此,在编写模块时,不必考虑名字是否会与其他模块冲突。当然,尽量不要与内置函数名字冲突。

2. Python 的模块

在 Python 中,把包含所有定义的函数和变量,以及具有特定功能的程序保存在.py 文件中,每一个.py 程序文件就被称为一个模块(Module)。Python 中的模块分为以下 3 种。

1)Python 标准库。
2)第三方模块。
3)应用程序自定义模块。

模块可以被其他程序引入,以便使用该模块中的函数等功能。这也是使用 Python 标准库的方法。

Python 语言之所以能被广泛应用于各行各业,在很大程度上得益于它的模块化系统。在 Python 的标准安装中包含了一组自带的模块,这些模块被称为"标准库"。每次导入模块之后,Python 就增加了某种特别的功能。

更重要的是,开发者完全可以根据自己的需要不断地为 Python 增加扩展库。各行各业的 Python 用户贡献了大量的扩展库,这些扩展库极大地丰富了 Python 的功能,这些扩展库从某种程度上也形成了 Python 的"生态圈"。

如果不同的人编写的模块名相同怎么办?为了避免模块名冲突,Python 又引入了按目录来组织模块的方法,称为包(Package)。

4.2.2 导入模块

在安装 Python 时,默认安装仅包含部分基本或核心模块。在启动 Python 时,也仅加载了很少的模块,这样可以减少程序运行的压力。在需要某些模块时,再由程序员加载。

使用 Python 编程时,有些功能可以借助 Python 现有的标准库或者其他人提供的第三方库。比如,cos()、fabs()等数学函数位于 Python 标准库中的 math(或 cmath)模块中,只需要将此模块导入当前程序,就可以直接使用。

模块的文件类型有.py、.pyo、.pyc、.pyd、.so、.dll 等。Python 中有 3 种导入模块的方法。

1. import 语句

使用 import 语句导入模块,会导入指定模块中的所有成员(包括变量、函数、类等)。import 语句的语法格式为:

> `import` 模块名1 [`as` 别名1],模块名2 [`as` 别名2],…,模块名n [`as` 别名n]

 说明:

1)用这种方式导入的模块,是在当前的命名空间中建立了一个该模块的引用。这种引用须使用全称,即在导入模块中的函数或属性时,必须加上模块的名字,如"模块名.函数名"。

2)用 import 语句可以导入多个模块。import 语句放在程序的头部,建议按照下述顺序导入:Python 标准库模块、Python 第三方模块、自定义模块。

3)导入模块时,可以使用 as 关键字改变模块的引用对象名称。

4)多次导入一个模块不会多次执行该模块导入操作,只会执行一次。

5)在调用模块中的函数时,必须按如下方式引用:

> 模块名.函数名

【例 4-30】 导入数学模块和随机数模块。

```
import math
print(math.sin(0.5))    # 求正弦
import random as ran    # 导入随机数模块并设置别名
a=ran.random()          # 获得[0,1]内的随机数
b=ran.randint(10,90)    # 获得[10,90]区间内的随机整数
print(a, b)
```

2. from import 语句

如果不需要把整个模块导入当前的命名空间,而是将该模块中指定的对象导入,即有选择地导入某些属性和函数,则使用如下语法格式:

> `from` 模块名 `import` 对象名1 [`as` 别名1],对象名2 [`as` 别名2],…,对象名n [`as` 别名n]

 说明:

第二种导入方式和第一种导入方式的区别是所导入的对象直接导入本地命名空间,因此在访问这些对象时不需要加模块名。但是,如果当前模块中的属性或函数与要导入的模块有命名冲突,必须使用"模块名.函数名"的形式来避免冲突。

【例 4-31】 导入数学模块中的正弦函数。

```
from math import sin
print(sin(0.5))
```

3. 模块搜索路径

当执行装载模块时，需要知道模块所在的位置，Python 的搜索路径如下。

1）首先在当前目录中查找需要导入的模块文件。
2）如果没有找到，则在环境变量 pythonpath 指定的路径表中查找。
3）如果还没有找到，则在 Python 安装路径中查找。
4）如果仍然没有找到模块文件，则提示模块不存在。

对于上述路径搜索顺序，如果前两个搜索路径中存在与标准模块同名的模块，则标准模块将被覆盖。

其实，上述搜索路径都包含在变量 sys.path 中。如果要添加新路径，可以通过 sys.path.append("路径")函数添加新路径到搜索路径表中。当目录较复杂时，也可以通过添加环境变量的方式增加搜索路径。

【例 4-32】 导入 sys 模块，用 sys.path 显示搜索路径列表，然后添加新的搜索路径。

```
>>>import sys
>>>sys.path
>>>sys.path.append("c:/python 练习")
```

在大型的程序中需要导入很多模块，应按照以下顺序依次导入模块。
1）导入 Python 标准库模块，如 os、sys、re。
2）导入第三方扩展库。
3）导入自定义的本地模块。

4.2.3 自定义模块的创建

1. 创建自定义模块

前面介绍了导入 Python 标准库模块并使用其成员（主要是函数）的方法，接下来自定义一个模块。前面介绍过，Python 模块就是 Python 程序，任何 Python 程序都可以作为模块。也就是说，前文所编写的 Python 程序都可以作为模块。关于自定义模块的说明如下。

1）建议模块名使用短名字并且是全小写字母，文件的扩展名是.py。
2）每个模块都有一个__name__属性，当其值是__main__时，表明该模块自身在运行，否则将作为模块引入。
3）如果希望在模块被引入时模块中的某一程序块不执行，可以用__name__属性来使程序块只在模块自身运行时执行。

【例 4-33】 定义一个简单的模块，将其保存在 mymod.py 文件中。模块文件的文件名就是它的模块名，比如 mymod.py 的模块名就是 mymod。

```
PI=3.1415926
print(__name__)
def round_area(r):
    return PI*r*r
def hello(name):
    print("Hello, %s!" %name)
def two_number_max(x, y):
```

```
        if x>y :
            max=x
        else :
            max=y
        return max
    if (__name__ == '__main__'):    # 如果直接执行本程序，则执行下面的代码
        r = float(input("r="))
        print("圆面积为：", round_area(r))
        hello("Jack")
        x = 20
        y = 30
        print(two_number_max(x, y))
```

在模块程序中，用 if (__name__ == '__main__')把真正的模块程序与测试程序块分开。如果__name__ == '__main__'成立，则执行测试程序块；否则以模块形式被导入时不执行 if (__name__ =='__main__')之下的程序块。

把经常使用的函数等程序块定义在模块中，在需要的程序中导入该模块，此程序就可以直接使用该模块所包含的函数等，从而提高了程序的可复用性。

自定义模块时要注意，模块名称不能与 Python 自带的模块名称冲突。例如，系统自带了 sys 模块，自定义的模块就不可命名为 sys.py，否则将无法导入系统自带的 sys 模块。

2．测试自定义模块

当自定义模块编写完成之后，需要编写一些测试代码，检验模块中各个功能是否都能正常运行。由于模块就是一段 Python 程序，因此只要模块中包含可执行代码，就可以直接执行模块中的程序。

【例 4-34】 创建一个新的 exmo.py 文件，将其保存在 mymod.py 所在目录（例如 C:\python）下。

exmo.py 文件的程序如下：

```
import mymod as my  # 导入自定义模块并设置别名
r=100  # 圆的半径
print("半径为",r,"的圆的面积为：", my.round_area(r))  # 使用别名调用模块中的函数
my.hello("胖胖")
a=20
b=30
print(my.two_number_max(a, b))
Circumference= 2*my.PI*r  # 圆周长，使用别名调用模块中的变量
print(Circumference)
```

运行 exmo.py 文件，显示如图 4-7 所示。

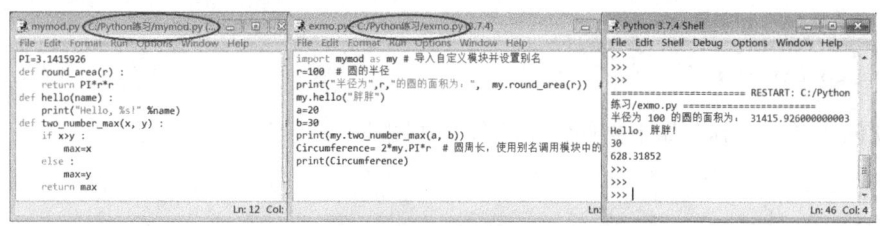

图 4-7 导入模块后的运行结果

4.2.4 包

包是一种管理 Python 模块命名空间的形式，采用"包名.子包名.模块名称"的形式。多个或一系列实现特定功能的模块组合在一起（组合的形式通常是放置在一个文件夹中）就形成了包（Package）。包中还可以有子包，包和子包就像文件夹和子文件夹一样。

1. 创建包

包是一个有层次的文件夹结构。每个模块对应单个文件，而包对应一个文件夹。

包是一个总文件夹，包文件夹下的第一个文件是__init__.py，用于定义初始状态。之后是一些模块文件和子目录。假如子目录中也有__init__.py，那么它就是这个包的子包。

当把一个包作为模块导入时，实际上导入的是__init__.py 文件。__init__.py 文件中定义了包的属性和方法，它也可以是一个空文件，但是必须存在。

创建一个包，主要分为如下两步。

1）创建一个文件夹，该文件夹的名称就是该包的包名。

2）在该文件夹内创建一个名为__init__.py 的 Python 文件，在此文件中可以不编写任何代码，也可以编写一些 Python 初始化代码，在此文件中编写的代码，其他程序文件导入包时会自动执行。

【例 4-35】 创建一个非常简单的包，该包的名称为 myfirst。

1）创建一个文件夹，其名称设置为 myfirst。

2）在该文件夹中添加一个__init__.py 文件，在该文件中编写如下代码：

```
'''
这是学习包的第一个示例
'''
print('this is first_package')
```

这样就创建了一个包，然后向包中添加模块（也可以添加包）。这里添加两个模块，分别是 mymod1.py、mymod2.py，代码分别如下（如图 4-8 所示）：

```
# mymod1.py 模块文件
def hello(name) :
    print("Hello, %s!" %name)


# mymod2.py 模块文件
def round_area(r) :
    return PI*r*r
def two_number_max(x, y) :
    if x>y :
        max=x
    else :
        max=y
    return max
```

现在就创建了一个具有如下文件结构的包（如图 4-9 所示）：

```
myfirst
    ├── __init__.py
    ├── mymod1.py
    └── mymod2.py
```

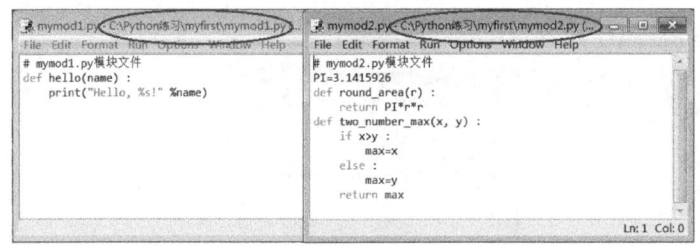
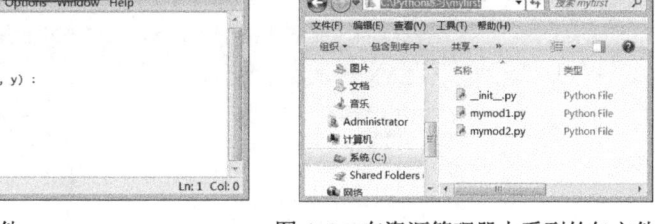

图 4-8 包中的模块文件　　　　　　　图 4-9 在资源管理器中看到的包文件夹

2．导入包

包的本质就是模块，因此导入包和导入模块的语法非常类似。无论导入自定义的包，还是导入第三方包，导入方法可归结为以下 3 种。

```
import 包名[.模块名 [as 别名]]
from 包名 import 模块名 [as 别名]
from 包名.模块名 import 成员名 [as 别名]
```

说明：

1）通过 import 格式导入包中的指定模块后，在使用该模块中的成员（变量、函数、类）时，须添加"包名.模块名"前缀。如果使用 as 给"包名.模块名"起一个别名，就可以使用这个别名作为前缀使用该模块中的方法。例如：

```
import myfirst.mymod1   # 导入包及其模块
import myfirst.mymod2 as mod   # 导入包及其模块，并设置别名
myfirst.mymod1.hello("胖胖")   # 调用函数
```

2）用 from 导入包中的模块后，在使用其成员时不需要带包名前缀，但需要带模块名前缀。例如：

```
from myfirst import mymod1
mymod1.hello("胖胖")
from myfirst import mymod2 as mod
mod.hello("小胖")
```

3）与模块类似，包被导入之后，会在包目录下生成一个__pycache__文件夹，并在该文件夹内为包生成__init__.cpython-37.pyc 等文件。

【例 4-36】 调用例 4-37 中创建的包和模块。

编写主程序如下（如图 4-10a 所示）：

```
import myfirst.mymod1   # 导入包及其模块
import myfirst.mymod2 as mod   # 导入包及其模块，并设置别名
myfirst.mymod1.hello("胖胖")   # 调用函数
r=100   # 圆的半径
print("半径为",r,"的圆的面积为：",mod.round_area(r))   # 使用别名调用模块中的函数
a=20
b=30
print(mod.two_number_max(a, b))
Circumference= 2*mod.PI*r   # 圆周长，使用别名调用模块中的变量
print(Circumference)
```

程序和运行结果如图 4-10b 所示。

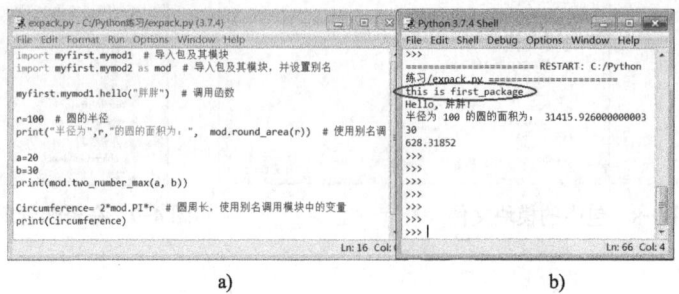

图 4-10　例 4-38 程序和运行结果

a) 主程序　b) 运行结果

从以上输出结果可以看出，当导入指定包时，程序会自动执行该包所对应文件夹下的 __init__.py 文件中的代码。

另外，与模块和包相比，库是一个更大的概念，Python 标准库中的每个库都有好多个包，而每个包中都有若干个模块。

4.2.5　常用的内置模块

Python 标准库包含数百个模块，安装 Python 时会自动安装 Python 标准库。对于常规的日期、时间、正则表达式、JSON 支持、容器类等，Python 内置的模块已经非常完备。

Python 内置的模块在不断地更新中，更详细、更完备的模块介绍文档可参考 Python 库的参考手册（https://docs.python.org/3/library/index.html）。

4.2.6　第三方模块

Python 除了自带的标准库之外，还有很多第三方库供编程者使用。随着 Python 的发展，一些稳定的第三方库被加入标准库。

在编写 Python 程序时，除了使用 Python 内置的标准模块以及自定义模块外，还有很多第三方模块可以使用，这些第三方模块可以借助 Python 官方提供的查找包页面（https://pypi.org/）找到。

使用第三方模块之前，需要先下载并安装该模块，然后就能像使用标准模块和自定义模块那样导入并使用了。

4.3　习题

1. 编写一个函数，接收两个数字参数，返回比较大的那个数字。
2. 编写一个函数，接收 n 个数字，求这些参数数字的和（动态传参）。
3. 编写一个函数，计算传入函数的字符串中数字、字母、空格以及其他内容的个数，并返回结果。
4. 求输入数字的平方，如果平方运算后小于 50，则退出。
5. 编写一个将两个变量值互换的函数。

6．编写一个函数，传入一个参数 n，返回 n!。

7．使用 lambda 创建匿名函数，分别求两个数中较大的数和较小的数。

8．编写一个函数，当输入 n 为偶数时，调用函数求 1/2+1/4+...+1/n，当输入 n 为奇数时，调用函数求 1/1+1/3+...+1/n。

9．随机生成 20 个学生的成绩，判断这 20 个学生成绩的等级。

10．完成用户管理系统，实现如下功能。

1）注册新用户。

2）用户登录。

3）注销用户。

4）显示用户信息。

5）退出系统（exit(0)）。

第 5 章　面向对象编程

面向对象编程（Object Oriented Programming，OOP）是一种程序设计架构，同时也是一种程序开发的方法。对象指的是类的实例，它将对象作为程序的基本单元，将程序和数据封装在其中，以提高代码的重用性、灵活性和扩展性。

Python 被设计为支持面向对象的编程语言，而且 Python 的面向对象比较简单，所以在 Python 中创建类和对象都很容易。Python 支持面向对象的三大特征：封装、继承和多态。

5.1　类和对象

在 Python 中"一切皆对象"，Python 中所有的数据都是对象，包括整型（int）、浮点型（float）、字符串（str）、列表（list）、元组（tuple）、字典（dict）和集合（set）。

5.1.1　类和对象的概念

现实世界中的事物都可以抽象成应用系统软件中的对象，提取出人们所关注的对象。分析这些对象与应用系统相关的特征，对不同特征的对象进行分类，把具有相同或相似特征的对象进行归类，即抽象成类。对象（Object）抽象为类（Class）的过程，是在系统分析阶段完成的。在现实世界中，先有一个一个具体的对象，然后将对象进行分类，总结出类。

类是对象的抽象，而对象是类的具体实例。类是用于创建对象的蓝图，它是一个定义包括在特定类型对象中的方法和变量的模板。类是具有相同属性（状态、特征）和方法（操作）的一组对象集合。类是对象的类型，不同于基本数据类型（例如，int 类型），类具有操作。对象是一个能够看得到、摸得着的具体实体。

在程序中，必须先定义类，后调用类来产生对象。类并不能直接使用，通过类创建出的实例（又称对象）才能使用。

5.1.2　类的定义

在编程时，使用类的顺序是：先定义（创建）类，然后再创建类的对象（实例），通过对象实现特定的功能。

类是用来描述具有相同属性和方法的对象的集合，它定义了该集合中每个对象所共有的属性和方法。Python 中，创建一个类使用 class 关键字实现，其基本语法格式如下：

```
class 类名：
    类的成员 1
    …
    类的成员 n
```

> **说明：**
> 1）Python 的类定义由类头（指 class 关键字和类名部分）和统一缩进的类体构成，以冒号（:）作为类体的开始，在类体中有两个最主要的成员，即属性和方法。
> 2）类的命名规则与标识符命名规则相同，Python 建议类名使用能够反映类功能的一个或多个名词或名词短语，每个单词首字母大写，其他字母全部小写，单词与单词之间不使用任何分隔符，例如类名 StudentScoreManagement。
> 3）类的成员包括类变量、方法和属性等，类的成员的顺序没有任何影响，且各成员之间可以相互调用。

5.1.3 类的成员

在类的定义中，类的成员可以分为 3 种：类变量、方法和属性。属性在"5.2 类的封装"介绍，这里先介绍类变量和方法。

5.1.3 类的成员

1．类变量

Python 中，类中的变量分类变量和实例变量。这里介绍类变量。

在类体中定义的变量称为类变量（也称类字段、成员字段、成员变量），类变量也是广义上的属性，称为类属性。语法格式如下：

```
class 类名:
    类变量名 = 初值
    …
    类的其他成员
```

> **说明：**
> 1）类变量是指在类中，且在方法之外定义的变量。类变量名使用全小写字母，多个单词之间用下画线连接，使用名词定义类变量名称。例如：
>
> ```
> student_name = ""    # 学生姓名
> ```
>
> 2）"初值"表示该类变量的初始状态，例如：
>
> ```
> student_age = 18    # 年龄，整型，初值18岁
> ```

2．实例方法

Python 中，在类中定义的所有函数称为方法（也称成员方法），方法分为 3 种：实例方法（普通方法）、类方法和静态方法。这里介绍实例方法。

在类的内部，使用 def 关键字定义实例方法，语法格式如下：

```
class 类名:
    类变量名 = 值
    …
    def 方法名(self, 形参1, 形参2, … , 形参n)
        self.实例变量名 = 值
        变量名 = 值
        方法体
        return 表达式
    类的其他成员
```

说明：

1）方法名应使用动词或动词短语。方法名是全小写字母，多单词用下画线连接，但下画线不能做首字母。

2）在类中定义的方法与类外定义的函数是不同的，实例方法必须包含参数 self，且为第一个参数，不能省略。此参数的名称可以是任意参数名，因为 self 不是 Python 关键字。将实例方法的第一个参数命名为 self，只是 Python 程序员约定俗成的一种习惯，这会使程序具有更好的可读性。self 比较特殊，它并不是普通的参数。

用同一个类可以生成多个对象，当某个对象调用实例方法时，该对象会把自身的引用作为第一个参数自动传给该方法。换句话说，Python 会自动绑定实例方法的第一个参数指向调用该方法的对象，这样，Python 解释器就能知道要操作哪个对象的方法了。所以说，self 代指调用方法的对象，而非类。在 Python 中，正是通过 self 参数来区分方法与函数的。例如，以下形式在类中定义一个无参数的、不返回值的实例方法：

```
sample_method(self)
    方法体
```

3）方法体就是方法中的 0 条或多条语句。

4）定义在方法中的变量是局部变量，由于该变量只能在类的实例中使用，因此被称为实例变量。实例变量的特点是：只作用于调用方法的对象。实例变量是属于对象的，每个对象都会创建并保存一份。定义实例变量的语法格式为：

```
self.实例变量名 = 值
```

如果上面定义变量的语句中没有 self，则定义的是本方法中的局部变量。

5）在方法中，如果要访问类变量，使用 self 参数（如果方法中第一个参数的名字不是 self，则要换成那个参数的名字），self 表示在类中且在方法外定义的类变量名。这里的 self 参数相当于 C#、Java 中的 this 关键字。语法格式为：

```
self.类变量名
```

在类的内部访问自己的变量和方法，都需要通过 self，self 就是外部对象在类内部的表示。

6）方法执行完毕后可以不返回任何值，也可以返回一个值。如果方法有返回值，那么方法体中必须有 return 语句；如果方法不返回任何值，则返回值为 None。方法体内可以有多个 return 语句，也可以没有 return 语句。return 语句的作用是立即退出方法的执行。

【例 5-1】 定义学生类 Student。属性：姓名 name、性别 gender、年龄 age、班级 grade。方法：显示学习的课程 learn(course)，course 是显示的课程名称；显示考试的课程 exam(course, score)，course 是课程，score 是成绩。

```
class Student:      # 定义类
    # 定义类变量
    name = ""       # 姓名
    gender = "男"   # 性别，默认"男"
    age = 18        # 年龄，默认18岁
    grade = ""      # 班级
    # 定义方法
    def info(self):
```

```
            print(self.name, self.gender, self.age, self.grade)  # 在方法中访问类
变量使用 self 关键字
        def learn(this, course):  # 获取学习课程字符串的方法，形参 course 代表课程
            return this.name + "正在学习" + course  # self 可以换成任何标识符，这里是 this
        def exam(self, course, score):  # 获取考试课程字符串的方法，形参 course 代表
课程，score 代表成绩
            string=self.name + course + "的考试成绩是" + str(score)  # 定义局部变量 string
            return string
```

【例 5-2】 计算长方体的体积和表面积。定义长方体类 Cuboid。属性：长 length、宽 width、高 height。方法：计算长方体的体积 cubage，长方体的体积 =长×宽×高；计算长方体的表面积 totalArea，长方体的表面积=（长×宽+长×高＋宽×高）×2。

```
class Cuboid:
    # 定义类变量
    length = 0  # 长
    width = 0   # 宽
    height = 0  # 高
    # 定义方法
    def cubage(self):  # 计算长方体的体积
        return self.length * self.width * self.height
    def total_area(self):  # 计算长方体的表面积
        return (self.length * self.width + self.length * self.height + self.width * self.height) * 2
```

也可以把方法改成传参的形式，代码如下：

```
class Cuboid1:
    # 定义方法
    def cubage(self, length, width, height):  # 计算长方体的体积,形参:长,宽,高
        return length * width * height
    def total_area(self, length, width, height):  # 计算长方体的表面积,形参:长,宽,高
        return (length * width + length * height + width * height) * 2
```

5.1.4 创建对象

类是创建对象的模板，对象是通过类创建的数据结构实例，实例化就是创建一个类的实例（Instance），这个实例就是一个对象，每个对象都是类的一个具体实例，拥有类的成员变量和成员方法。一个类可以创建多个对象。

5.1.4 创建对象

1. 创建对象

创建类的实例也称实例化一个类的对象，简称创建对象。对已创建的类进行实例化，其语法格式如下：

> 类名()

 说明：

"类名"是已经定义的类名称，"类名()"的功能是创建该类的一个对象或实例。

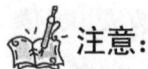 **注意:**

上面创建对象的语句不能放在类的内部,只能写在类的外部。

创建的对象或实例赋值给一个变量,赋值后该变量就表示这个类的一个对象,变量的类型为类类型,在 Python 中,类就是类型,每个对象都是类类型的一个变量。其语法格式为:

    变量名(或称对象名) = 类名()

例如,下面的代码创建 Student 类的实例,并赋给 stu 对象,对 stu 对象进行初始化。

    stu = Student()   # 创建 Student 类的实例,并赋值给 stu 变量,stu 变量的类型是类 Student 的类型

2. 对象访问实例变量和实例方法

创建对象后,就可以使用该对象了。Python 的对象大致有以下作用。

1)操作对象的实例变量,包括访问、修改实例变量的值,以及给对象添加或删除实例变量。
2)调用对象的方法。
3)给对象动态添加方法。

(1)对象访问实例变量

在主程序中(或类的外部),使用已创建的对象访问类中变量(实例变量或类变量)的语法格式如下:

    对象名.变量名

 **注意:**

实例变量只能通过"对象名.实例变量名"访问,无法通过"类名.实例变量名"访问。

为对象中的变量(实例变量或类变量)赋值的语法格式如下:

    对象名.变量名 = 值

(2)对象访问实例方法

访问对象中实例方法的语法格式如下:

    对象名.方法名(实参1,实参2,…,实参n)

注意,对象名与实例变量名、方法名之间用点"."连接。

3. 类和对象应用示例

【例 5-3】 通过在例 5-1 中已经定义的类,创建两个对象,分别是"刘强"和"王芳"。

```
liuqiang = Student()    # 创建 Student()类的一个对象,并赋值给 liuqiang 变量
# 初始化类变量
liuqiang.name = "刘强"    # 用"对象名.类变量"访问
liuqiang.age = 19
liuqiang.grade = "计算机科学 2019"
# 调用方法
liuqiang.info()    # 显示 liuqiang 对象的基本信息
```

```
print(liuqiang.learn("数学"))
print(liuqiang.exam("数学", 85))
print()    # 显示一个空行,用于隔开两位学生的信息
wangfang = Student()    # 创建 Student()类的一个对象,并赋值给 wangfang 变量
# 初始化类变量
wangfang.name = "王芳"
wangfang.gender = "女"
wangfang.age = 18
wangfang.grade = "哲学2019"
# 调用方法
wangfang.info()
print(wangfang.learn("英语"))
print(wangfang.exam("英语", 96))
```

在 IDLE 中,可以把类的定义和创建对象的程序写在一个.py 文件中。注意,定义类的语句必须写在创建对象之前。运行结果如图 5-1 所示。

图 5-1 例 5-1 程序和运行结果

【例 5-4】 在例 5-2 定义类的基础上,编写创建对象和调用属性、方法的代码。

```
cu = Cuboid()    # Cuboid()类的一个对象,并赋值给 cu 变量
cu.length = 10    # 长
cu.width = 20    # 宽
cu.height = 30    # 高
print(cu.cubage())
print(cu.total_area())
```

调用 Cuboid1()中带参数的方法,代码如下:

```
cu1 = Cuboid1()    # Cuboid1()类的一个对象,并赋值给 cu1 变量
print(cu1.cubage(10, 20, 30))
print(cu1.total_area(10, 20, 30))
```

5.1.5 在类的内部调用实例方法

在类的内部调用实例方法的语法格式为:

> **self.方法名(实参1, 实参2, …, 实参n)**

或

> **类名.方法名(self, 实参1, 实参2, …, 实参n)**

在类的内部调用实例方法,如果不使用类名调用方法,则方法名前使用 self;如果使用类名调用方法,则实参列表中使用 self。

【例 5-5】 在类的内部和外部调用实例方法示例。

```
class Human:
    def eat(self,name):
        self.name = name    # 把形参 name 赋值给创建的实例变量 self.name
        print("eat and %s" % self.name)
    def drink(self):
        self.eat("drink")    # 在类中访问方法: self.方法名()
        Human.eat(self,"drink")    # 在类中调用方法: 类名.方法名(self)
man = Human()    # 创建对象
man.drink()    # 在类外调用方法,对象调用方法: 对象名.方法名()
```

上面 eat(self,name)中有 self、name 两个参数,self 表示对象本身(谁调用,就表示谁)。语法上,类中实例方法的第一个参数都是 self,这是和普通函数的不同之处。self.name = name 表示将外部传来的 name 赋值给 self 对象的 name 变量,虽然形参的名字与实例变量的一样,但它们是不同的变量。

5.1.6 构造方法

1. 构造方法的概念

当创建一个对象时,对象表示一个实体。例如,下面的代码创建了一个学生对象,那么该学生就应该有名字、年龄等数据成员,所以创建对象后必须给该对象的数据成员赋初始值。

```
st = Student()    # 创建对象
st.name = "张三丰"    # 设置属性值,使该对象的 name 值为"张三丰"
st.age = 18    # 设置属性值,使该对象的 age 值为 18
```

如果创建了该学生的对象,但并没有给它的数据成员初始化,该学生的名字、年龄等数据成员就没有相应的值,这时这个对象就没有意义。因此,当创建对象时,需要自动地做某些初始化的工作,例如初始化对象的数据成员。自动初始化对象的工作由该类的构造方法来完成。

构造方法又叫构造函数、构造器,它是类的一种特殊的成员方法,在创建类的新对象时自动调用构造方法。它主要用于在创建对象时初始化对象,即为对象成员变量赋初始值。

2. 定义构造方法

在创建类时,可以添加一个__init__()方法。该方法是一个特殊的类实例方法,称为构造方法。每个类都必须至少有一个构造方法。定义构造方法的语法格式如下:

> **def __init__(self, 形参1, 形参2, …, 形参n):**

```
        self.实例变量名1 = 值1
        self.实例变量名2 = 值2
        方法体
```

构造方法是类的一个特殊的成员方法,除了具有一般成员方法的特点外,它还有自己独有的特点。

说明:

1)一个类中最多只能有一个构造方法。如果程序员没有为该类定义任何构造方法,那么 Python 会自动为该类创建一个只包含 self 参数的默认构造方法,此构造方法的方法体为空。

2)__init__()方法是一个初始化的方法,self 代表由类产生出来的实例对象,__init__()方法将对这个对象进行相应的初始化操作。

3)此方法的方法名中,开头和结尾各有两个下画线,且中间不能有空格。Python 中很多这种以双下画线开头、双下画线结尾的方法,都具有特殊的意义。

4)此方法可以包含多个参数,但必须包含一个名为 self 的参数,且必须作为第一个参数。也就是说,类的构造方法最少也要有一个 self 参数。

5)构造方法的功能是对对象初始化,因此在构造方法中只能对实例变量赋初值,这些数据成员一般为私有成员。在构造方法中一般不做初始化以外的事情。所以,实例变量的初始化最好在__init__()方法中完成。定义实例变量的语法格式如下:

```
    self.实例变量名 = 形参
```

例如,如下程序创建一个含构造方法的类 Student:

```
    class Student:
        def __init__(self, name, age):
            self.name = name
            self.age = age
```

6)构造方法没有返回值,因此也没有返回类型。

7)构造方法用于创建对象时使用,每当创建一个类的对象时,该对象所属类的构造方法自动被调用,在该对象生存期中只调用这一次。每创建一个对象,Python 解释器就会自动调用一次构造方法。构造函数不需要被程序员显式调用,也不能被程序员调用。

3. 调用构造方法

在声明类时,一个类中会包含默认的构造方法,也可能包含自定义构造方法。

(1)调用默认构造方法

在创建对象时,默认构造方法不带参数,只要使用"类名()"实例化对象,并且不提供参数,就会调用默认构造方法。假设一个类包含默认的构造方法,则调用默认构造方法的语法格式如下。

```
    对象名 = 类名()
```

(2)调用自定义构造方法

自定义构造方法包括无参或有参构造函数。

1)调用自定义无参构造方法。

自定义无参构造方法的调用与默认构造方法的调用相同。

2）调用有参构造方法。

如果在类的声明中定义的是有参构造方法，在创建对象的时候就不能传入空的参数了，必须传入与__init__方法匹配的参数，但 self 不需要传，Python 解释器自己会把实例变量传进去。调用有参构造方法的语法格式如下。

> 对象名 = 类名(实参1，实参2，…，实参 n)

实参列表中的参数可以是数据对象、变量或表达式，参数之间用逗号分隔。

例如，如下代码在创建 Student 对象时传入参数：

```
st= Student("张三丰", 18)
print(st.name, st.age)
```

4．构造方法实例

【例 5-6】 在 Student 类的__init__()方法中，定义两个实例变量 gender 和 age，并且直接赋值。在创建 Student 的对象 st 时，采用无参数创建对象，它会隐式调用__init__()方法，然后 Student 类的对象 st 中的实例变量就被赋值了。

```
class Student:
    def __init__(self):   # 定义无参构造方法
        print("调用构造方法")
        self.gender = "男"   # self.gender 表示 gender 是实例变量，通过"="创建该实例变量
        self.age = 18
st = Student()   # 创建对象，构造方法无参数
print("st 的性别：{0}，年龄：{1}".format(st.gender, st.age))
```

__init__()方法中默认传递一个 self 的参数，self 代表的是对象自己，那么调用 Student()创建 st1 对象时，这个 self 就代表 st1，self 会对当前对象进行绑定。

上面的例子用固定的值给实例变量赋初值。其中，self.gender = "男"表示把"男"赋值给 self 对象的 gender 变量。

如果希望在创建对象时通过传参的方式给实例变量赋初值，就需要给__init__()方法传递参数。对于有参__init__()方法，在创建对象时必须传入与__init__()方法匹配的实参。

【例 5-7】 用__init__()方法传递参数

```
class Student:
    def __init__(self, name, gender, age):   # 定义有参构造方法，括号中是定义的参数名
        print("调用构造方法")
        self.name = name   # "="左边的 name 是定义的实例变量名，右边的 name 是形参名
        self.gender = gender
        self.age = age
st = Student("王芳", "女", 19)   # 有参数创建对象
print("st 的姓名：{0}，性别：{1}，年龄：{2}".format(st.name, st.gender, st.age))
```

可以看到，虽然构造方法中有 self、name、gender、age 4 个参数，但实际需要传参的仅有 name、gender 和 age，也就是说，self 不需要手动传递参数。其中，self.name = name 表示把外部传来的 name，赋值给 self 对象的 name 变量，虽然形参名 name 与实例变量名 self.name 相似，但它们是不同的变量。

由于每个模块包括函数的定义、类的定义，模块之间相互引用，而程序入口只有一个，但是 Python 没有明显的程序入口标记。为了提高程序的可读性，使用 if __name__ == '__main__' 作为 Python 的程序入口。if __name__ == '__main__' 的意思是：当.py 文件被直接运行时，if __name__ == '__main__' 之下的代码块将被运行；当.py 文件以模块形式被导入时，if __name__ == '__main__' 之下的代码块不被运行。Python 本身并没有这么规定，这只是一种编码习惯。

【例 5-8】 对例 5-2 中的类，用__init__()方法重新定义类。

```
class Cuboid:
    def __init__(self, length, width, height):
        self.length = length   # 实例变量作为属性用
        self.width = width
        self.height = height
    def cubage(self):   # 计算长方体的体积
        return self.length * self.width * self.height   # 访问实例变量
    def total_area(self):   # 计算长方体的表面积
        return (self.length * self.width + self.length * self.height + self.width * self.height) * 2
    if __name__ == '__main__':
        cu = Cuboid(10, 20, 30)   # 创建对象，用构造方法的参数初始化
        print(cu.cubage())
        print(cu.total_area())
```

【例 5-9】 定义一个两个数的加法类 NumberAdd，通过__init__()方法初始化两个数，定义一个实例方法 add()计算两个数的和。

```
class NumberAdd:
    a = 5   # 定义在类中但在函数体外的变量为类变量
    def __init__(self, a, b):
        self.x = a   # self.x、self.y 是实例变量
        self.y = b   # a、b 是形参，a、b 是本方法内的局部变量
        print("a={0}, b={1}".format(a, b))
        print("self.x={0}, self.y={1}".format(self.x, self.y))
        print("self.a=", self.a)
    def add(self):   # 定义两个数相加的方法
        sum = self.x + self.y   # 在类内访问实例变量
        return sum
    print("a=", a)   # 显示类变量 a 的值
if __name__ == '__main__':
    a = 10   # 加数
    b = 20   # 被加数
    number = NumberAdd(a, b)   # 创建对象并初始化
    print("{0} + {1} = {2}".format(a, b, number.add()))   # 显示两个数的和
```

运行结果如下：

```
a= 5
a=10, b=20
self.x=10, self.y=20
self.a= 5
10 + 20 = 30
```

在__init__()方法中定义了两个形参变量 a 和 b，并赋给实例变量 self.x 和 self.y。如果其他函数要用这两个实例变量，需要用 self.x 的写法来调用，并且函数的形参列表必须带有 self，用于把对象传进去。程序中有 3 处定义了 a 变量，虽然名字都叫 a，它们互相独立。

从输出结果看，创建 number 对象时，先执行类中的语句，输出 a=5，再执行__init__()方法中的语句。

5.1.7 类变量、实例变量及其作用域

5.1.7 类变量、实例变量及其作用域

1. 类变量

类变量是指在类中且在方法之外定义的变量。类变量的特点是：所有类的实例化对象都可以共享类变量的值，即类变量可以在所有实例化对象中作为公用资源，所以也称静态变量（静态字段）。类变量与所属的类绑定，不依赖于实例对象。在定义一个类后，方法、类变量都是属于类的，在内存中只保存一份。

在主程序中（或类的外部），类变量推荐用"类名.类变量名"访问（不用先创建对象），但也可以使用"对象名.类变量名"访问（此方式不推荐使用，即类变量通常不作为实例变量使用）。

【例 5-10】 访问例 5-1 中定义的类变量 name、gender、age 和 grade。

```
Student.name = "刘强"   # 用"类名.类变量"访问
Student.gender = "男"
Student.age = 19
Student.grade = "计算机科学2019"
```

2. 实例变量

前面对实例变量的定义是，定义在类的方法中的变量，是按变量所在位置来说的。从实例化的角度来说，实例变量的定义为，实例化之后，每个实例（对象）单独拥有的变量叫作实例变量。实例变量是与某个类的实例相关联的数据值，这些值独立于其他实例或类。当一个实例被释放后，这些变量同时被释放。注意，实例变量只能通过对象名访问，无法通过类名直接访问。

在方法中，只要以 self 定义的变量都是实例变量。定义实例变量的语法格式如下：

```
self.变量名 = 值
```

实例变量的定义和初始化最好通过__init__()或__new__()构造方法来完成。该方法在创建对象的时候自动调用。如果同时定义了这两个方法，优先调用__new__()方法来完成实例化。

调用实例变量有如下两种方式。

1）在类外通过对象直接调用。
2）在类内通过 self 间接调用。

【例 5-11】 类变量和实例变量在访问和赋值后的不同。

```
class Demo:
    aa = "我是类变量aa"
    def func(self, name):
        self.bb = name   # bb 是实例变量
if __name__ == '__main__':
    print("Demo.aa = ", Demo.aa)
    Demo.aa = "Demo 类，为类变量 aa 第 1 次赋值"
```

```
obj1 = Demo()    # 创建对象 obj1
#    obj1.aa = "obj1 对象, 为实例变量 aa 赋值"    # 稍后取消注释
obj1.func("obj1 对象, 为实例变量 bb 赋值")
print("Demo.aa = ", Demo.aa)     # 显示类变量 Demo.aa 的值
print("obj1.aa = ", obj1.aa)     # 显示对象 obj1.aa 的值
print("obj1.bb = ", obj1.bb)     # 显示对象 obj1.bb 的值
print()
obj2 = Demo()    # 创建对象 obj2
#    obj2.aa = "obj2 对象, 为实例变量 aa 赋值"    # 稍后取消注释
obj2.func("obj2 对象, 为实例变量 bb 赋值")
Demo.aa = "Demo 类, 为类变量 aa 第 2 次赋值"
print("Demo.aa = ", Demo.aa)     # 访问 Demo.aa
print("obj2.aa = ", obj2.aa)     # 访问 obj2.aa
print("obj2.bb = ", obj2.bb)     # 访问 obj2.bb
print()
print("id(Demo.aa) = ", id(Demo.aa))    # 显示内存中的地址
print("id(obj1.aa) = ", id(obj1.aa))
print("id(obj2.aa) = ", id(obj2.aa))
```

运行结果如图 5-2 所示。从运行结果看出，aa 是类变量，用类访问 Demo.aa 与用对象访问 obj1.aa、obj2.aa 是相同的，所以在内存中的地址是相同的。bb 是实例变量，obj1.bb 与 obj2.bb 每个对象各有一份，相互不影响。

现在取消 "obj1.aa = obj1 对象, 为实例变量 aa 赋值" 和 "obj2.aa = obj2 对象, 为实例变量 aa 赋值" 的注释，运行结果如图 5-3 所示。从运行结果看出，Demo.aa 与 obj1.aa、obj2.aa 是不同的，这是因为在执行 "obj1.aa= obj1 对象, 为实例变量 aa 赋值" 就是给 obj1 对象定义一个临时变量 aa，这是 obj1 对象专属的一个变量，只为当前对象使用。所以 Demo.aa、obj1.aa、obj2.aa 在内存中的地址是不相同的。

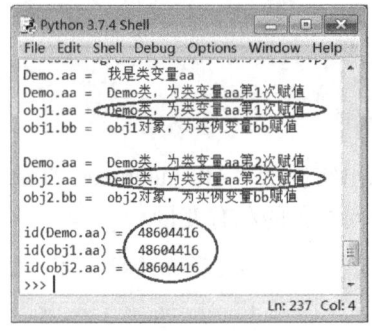

图 5-2　例 5-11 运行结果

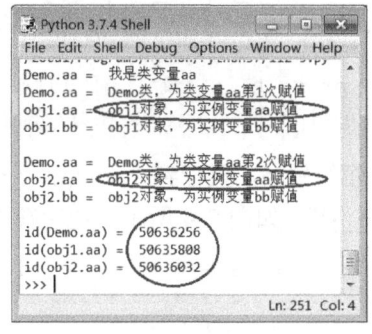

图 5-3　例 5-11 取消注释后的运行结果

通常情况下都使用实例变量，只有当一个变量在类的所有对象中共同使用而且数据共享时，才使用类变量。

3．实例变量的作用域

Python 没有提供其他程序语言的 private、pablic 这样的访问修饰符，Python 也就没有对私有成员提供严格的访问保护机制，因此上述方式定义的实例变量在类外可以使用。

Python 规定，如果让实例变量或方法成为私有的成员，则在变量名或方法名前加双下画线 "__"（中间无空格），如__x、__func()。

私有成员在类的外部不能直接访问，如果要在类的外部访问，只能通过调用类里面的公有

成员方法间接访问，或者通过 Python 支持的特殊方式访问。Python 提供了访问私有属性的特殊方式，该方式可用于程序的测试和调试，对于成员方法也具有同样的性质。

私有成员是为了数据封装和保密而设的，一般只能在类的成员方法（类的内部）中使用访问，虽然 Python 支持一种特殊的方式来从外部直接访问类的私有成员，但是并不推荐这样做。公有成员可以公开使用，既可以在类的内部访问，也可以在类的外部使用。

Python 中的封装，其实是使用构造方法将内容封装到对象中，然后通过对象直接或者通过 self 间接获取被封装的内容。

【例 5-12】 在__init__()方法中初始化一个实例变量及一个私有的实例变量。定义一个给实例变量赋值的方法、一个给私有变量赋值的方法、一个得到实例变量的方法，以及一个得到私有变量的方法。

```python
class Test:
    def __init__(self, x, y):
        self._x=x   # 定义实例变量
        self.__y=y  # 定义私有的实例变量
    def setX(self, x):
        self._x=x   # 给实例变量赋值
    def setY(self, y):
        self.__y=y  # 给私有的实例变量赋值
    def getX(self):
        return self._x   # 得到实例变量
    def getY(self):
        return self.__y  # 得到私有的实例变量
    def show(self):
        print('self._x=',self._x)     # 在类内访问实例变量
        print('self.__y=',self.__y)   # 在类内访问私有的实例变量
if __name__ == '__main__':
    t = Test(2, 3)   # 创建对象并初始化
    print('创建对象并初始化后显示_x, __y（2,3）的值')
    print(t._x)   # 在类外访问实例变量
    print(t.__y)  # 在类外访问对象的私有变量
```

运行上面的程序，执行到"print(t.__y)"时显示出错提示"AttributeError: 'Test' object has no attribute '__y'"，如图 5-4 所示，说明在类外不能访问对象的私有变量 t.__y。

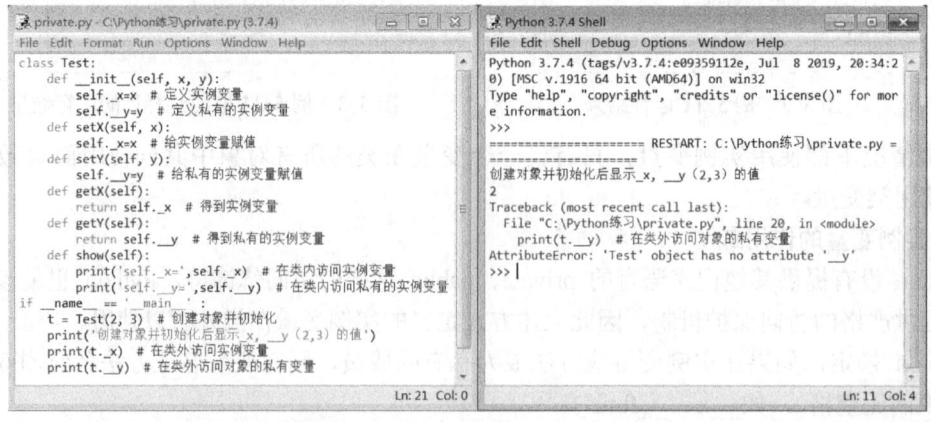

图 5-4　例 5-12 程序和运行结果

把类外的代码改为如下：

```
if __name__ == '__main__' :
    t = Test(2, 3)    # 创建对象并初始化
    print('创建对象并初始化后显示_x, __y(2,3)的值')
    t.show()    # 调用实例方法 t.show()
    print(t.getX(),t.getY())    # 调用实例方法 t.getX(),t.getY()
    t._x=4    # 给实例变量赋值
    t.__y=5    # 这里实际是新建了一个与私有变量__y同名的变量
    print('给变量赋值后显示_x, __y(4,5)的值(__y的值没有变)')
    t.show()    # self.__y的显示结果仍是 3
    print(t.getX(),t.getY())
    t.setX(6)
    t.setY(7)    # 用方法给私有变量赋值，赋值成功
    print('用方法设置值后显示_x, __y(6,7)的值')
    t.show()
    print(t.getX(),t.getY())
    print(t._Test__y)    # 用特殊方法访问私有变量
```

运行结果如下：

```
创建对象并初始化后显示_x, __y(2,3)的值
self._x= 2
self.__y= 3
2 3
给变量赋值后显示_x, __y(4,5)的值(__y的值没有变)
self._x= 4
self.__y= 3
4 3
用方法设置值后显示_x, __y(6,7)的值
self._x= 6
self.__y= 7
6 7
7
```

从运行结果看，私有变量__y 可以在类中访问和更改值，通过创建对象调用类的方法 t.setY()可以改变私有变量的值。通过特殊的方式 t._Test__y 也可以访问私有变量。

在 Python 中，以下画线开头的变量名和方法名有特殊的含义，尤其是在类的定义中，用下画线作为变量名和方法名前缀和后缀来表示类的特殊成员。

1) _×××：这样的变量名或方法名叫保护成员，不能用"from module import *"导入，只有类对象和子类对象能访问。

2) __×××__：系统定义的特殊成员。

3) __×××：类中的私有成员，只有类对象自己能访问，子类对象也不能访问这个成员，但在对象外部可以通过"对象名._类名__×××"这样的特殊方式来访问。也就是说，Python 中不存在严格意义上的私有成员。

在 IDLE 的文件方式或交互方式中，在对象或类名后输入一个小数点"."后等 3 秒钟，则会显示一个列表框，列出其所有公开成员，如图 5-5 所示，模块也具有同样的特点。

如果在小数点"."后面再加一个下画线，则会在列表框中列出该对象或类的所有成员，包

括私有成员,如图 5-6 所示。

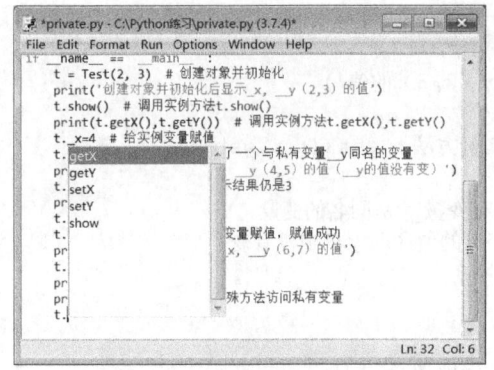

图 5-5　显示所有公开成员

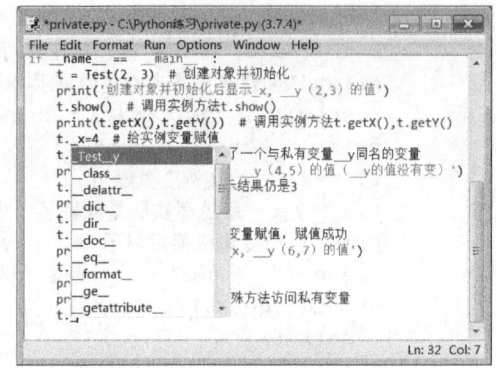

图 5-6　显示所有成员

关于类变量和实例变量的使用,还需要注意以下两点。

1)在类方法中引用的变量必定是类变量。而在实例方法中,当引用的变量名与类变量名相同时,实例变量会屏蔽类变量名,即引用的是实例变量。若实例对象没有该名称的实例变量,则引用的是类变量。

2)如果在实例方法中更改某个实例变量,并且存在同名的类变量,则修改的是实例变量。若实例对象没有与类变量同名的实例变量,会创建一个同名称的实例变量。此时若要修改类变量,只能在类方法中修改。

5.1.8　实例方法、类方法和静态方法

在类中定义的方法可以分为 3 类:实例方法、类方法和静态方法。下面介绍这 3 种方法的特点和用法。

1. 实例方法

在定义方法时,如果方法的形参以 self 作为第一个参数,则该方法为实例方法(也称普通方法)。构造方法也属于实例方法,只不过它比较特殊。

在类内,分别使用"self.类变量名"和"self.实例变量名"访问类变量和实例变量。

实例方法通常用实例对象名调用,执行实例方法时,自动将调用该方法的对象赋值给 self 参数。在调用实例方法时,实参中无须显式为 self 参数传参。实例方法由实例调用,类不能调用。

2. 类方法

在定义方法时,如果方法的形参以 cls 作为第一个参数,并且使用@classmethod 修饰,则该方法为类方法。注意,如果没有@classmethod 修饰,则 Python 解释器会将该方法认定为实例方法,而不是类方法。

在类方法内,使用"cls.类变量名"访问类变量,但是不能访问实例变量。

类方法推荐使用类名直接调用,当然也可以使用实例对象来调用(不推荐)。执行类方法时,自动将调用该方法的类赋值给 cls 参数。因此,在调用类方法时,无须显式为 cls 参数传参。

与 self 参数一样,cls 参数的命名也不是 Python 的关键字,可以由程序员随意命名,cls 名称只是 Python 程序员约定俗成的习惯而已。

3. 静态方法

在定义方法时,如果不设置默认参数,并且使用@staticmethod 修饰,则该方法为静态方法。静态方法其实就是函数,它与函数的区别是,静态方法定义在类这个空间(类命名空间)中,而函数则定义在程序所在的空间(全局命名空间)中。

静态方法没有 self、cls 等特殊参数,因此 Python 解释器不会对它包含的参数做任何类或对象的绑定,也正是因为如此,在静态方法内不能使用任何类和对象的类变量、实例变量、属性和方法,静态方法其实和类的关系不大。在静态方法中定义的变量,在方法外不可用。

静态方法可以通过类名或实例对象名来调用。

【例 5-13】 在 Person 类中定义实例方法、类方法、静态方法,然后用类名、对象名访问这些方法。

```python
class Person:
    gender = "Male"  # 定义类变量(静态的变量)
    def __init__(self, name="Jack", age=18):  # 构造方法也属于实例方法
        self.name = name  # 定义实例变量
        self.age = age
    def show(self):  # 定义实例方法
        return '实例方法show:' + self.name + self.gender + str(self.age)
#类内访问实例变量、类变量
    @classmethod  # classmethod 修饰的方法是类方法
    def eat(cls, name, age):
        eat_name = name  # 类方法内无法访问实例变量
        eat_gender =cls.gender  # 使用"cls.类变量名"访问类变量
        eat_age = str(age)  # 方法内定义的变量,类外不可用
        return '类方法eat:' + eat_name + eat_gender + eat_age
    @classmethod  # classmethod 修饰的方法是类方法
    def run(cls):
        return '类方法run:' + str(cls)
    @staticmethod  # staticmethod 修饰的方法是静态方法
    def sleep(a):
        # s = self.x + self.name  # 静态方法内无法访问类变量和实例变量
        s = "zZ@#" + a  # 方法内定义的变量,类外不可用
        return '静态方法sleep:' + s
print("用类名调用", Person.eat("Jack", 18))  # 用类名调用方法,Person 类会自动绑定到第一个参数
print("用类名调用", Person.run())  # 用类名调用类方法,Person 类会自动绑定到第一个参数
print("用类名调用", Person.sleep("ZZZ..."))  # 用类名调用静态方法
per = Person("Jenny", 19)  # 创建对象
print("用对象名调用", per.eat("Jenny", 19))  # 用对象调用 eat()类方法,其实依然是使用类调用,
print("用对象名调用", per.run())  # 因此第一个参数依然被自动绑定到 Person 类
print("用对象名调用", per.sleep("zzz..."))  # 用对象调用静态方法
print("用对象名调用", per.show())  # 用对象调用 show()实例方法
```

运行结果为:

```
用类名调用 类方法eat:JackMale18
用类名调用 类方法run:<class '__main__.Person'>
用类名调用 静态方法sleep:zZ@#ZZZ...
```

```
用对象名调用 类方法 eat:JennyMale19
用对象名调用 类方法 run:<class '__main__.Person'>
用对象名调用 静态方法 sleep:zZ@#zzz...
用对象名调用 实例方法 show:JennyMale19
```

从类方法 run()的运行结果看到，不管是使用类还是对象调用类方法，Python 都会将类方法的第一个参数绑定到类本身。

5.2 类的封装

5.2.1 封装的概念

封装（Encapsulation）是面向对象的三大特征之一（另外两个特征是继承和多态），封装有时被称面向对象编程的第一支柱或原则。根据封装原则，类或结构可以指定自己的每个成员对外部代码的可访问性，可以隐藏不得在类或程序集外部使用的方法和变量，以限制编码错误或恶意攻击发生的可能性。因此，封装实际上有两个方面的含义：把该隐藏的隐藏起来，把该暴露的暴露出来。

由于 Python 并没有提供类似于其他程序语言的 private 等的修饰符，因此 Python 并不能真正支持隐藏。Python 中的封装有两种方法。

1）用私有变量、私有方法实现封装。
2）用@property 装饰器定义属性实现封装。

5.2.2 用私有变量、私有方法实现封装

【例 5-14】 定义长方形类 Rectangle，在构造方法中设置私有实例变量宽 __width 和高 __height。分别对宽、高定义 get 方法、set 方法、del 方法。再定义一个计算面积的方法 area()。

```
class Rectangle:    # 定义长方形类
    def __init__(self, width=0, height=0):    # 定义构造方法
        self.__width = width    # 创建实例变量，宽
        self.__height = height    # 创建实例变量，高
    def getwidth(self):    # 定义 getwidth()方法，返回宽
        return self.__width
    def setwidth(self, width):    # 定义 setwidth()方法，设置宽
        self.__width = width
    def delwidth(self):    # 定义 delwidth()方法
        self.__width = 0
    def getheight(self):    # 定义 getheight()方法，返回高
        return self.__height
    def setheight(self, height):    # 定义 setheight()方法，设置高
        self.__height = height
    def delheight(self):    # 定义 delheight()方法
        self.__height = 0
    def area(self):    # 定义计算面积的方法 area()
        return self.__width * self.__height    # 按设置的宽、高计算面积
rect = Rectangle()    # 创建对象，用默认值初始化实例
```

```
rect.setwidth(20)         # 设置宽
rect.setheight(30)        # 设置高
print(rect.getwidth())    # 得到宽
print(rect.getheight())   # 得到高
print(rect.area())        # 计算面积
```

运行结果如下：

```
20
30
600
```

读者可能觉得这种操作属性的方式比较麻烦，而更习惯使用"对象名.属性名"的方式。下面介绍 Python 中提供的 property()函数和@property 装饰器，可以实现在不破坏类封装原则的前提下，让程序员使用"对象名.属性名"的方式操作类中的属性。

在前面的程序中，直接在__init__()构造方法中定义公用属性，从封装性来说，这是不好的写法。

5.2.3 用@property 装饰器定义属性实现封装

属性（Property）是对象的性质与对象之间关系的统称。在面向对象的编程和思想中，属性与字段（类变量、实例变量）相似，都是类的成员，可以被赋值和读取。通常把字段定义为私有的，然后再定义一个与该字段对应的，可以读、写的属性。因此，属性更充分地体现了对象的封装性。

Python 中的属性方法简称属性，是实例方法的变种，就是把一个实例方法变成一个静态属性。这样在调用方法时就不用加小括号了。

既然属性是普通方法的变种，那么，它存在的意义是什么呢？有方法为什么还需要属性呢？访问属性时可以制造出和访问字段完全相同的假象，它拥有字段的简洁性，又拥有方法的多功能性。

既要保护类的封装特性，又要让程序员使用"对象名.属性名"的方式操作属性，Python 还提供了@property 装饰器和 property()函数两种方式定义属性方法。

1. 用@property 装饰器定义属性（推荐）

定义方法时，使用@property 装饰器可以把一个实例方法变成其同名属性，以支持"对象名.属性名"的访问。使用@propery 关键字获取、设置函数时，须与属性名一致。使用@property 装饰器，可以通过方法名来访问方法，不需要在方法名后添加一对小括号"( )"。

用@property 定义属性的语法格式如下：

```
@property          # 定义只读属性
def 属性名(self)
    代码块 1
@属性名.setter      # 定义可修改属性
def 属性名(self, value):
    代码块 2
@属性名.deleter     # 定义删除属性
def 属性名(self):
    代码块 3
```

📢 **说明:**

1) 使用@property 装饰"属性名(self)"方法时,该"属性名"属性将是一个只读属性 getter,实现 get 方法的功能。

2) 使用@属性名.setter 装饰"属性名(self, value)"方法时,该"属性名"属性将是一个可修改属性 setter,实现 set 方法的功能。

3) 使用@属性名.deleter 装饰"属性名(self)"方法时,该"属性名"属性将是一个可删除属性 deleter,实现 delete 方法的功能。其作用是在外部调用"del 属性名"。

【例 5-15】 把例 5-14 改成用@property 装饰器定义属性。

```python
class Rectangle:    # 定义长方形类
    def __init__(self, width=0, height=0):    # 定义构造方法
        self.__width = width    # 创建实例变量,宽
        self.__height = height    # 创建实例变量,高
    @property
    def width(self):    # 定义只读属性 width,返回宽
        return self.__width
    @width.setter
    def width(self, width):    # 定义设置属性 width,设置宽
        self.__width = width
    @width.deleter
    def width(self):    # 定义删除属性 width
        self.__width = 0
    @property
    def height(self):    # 定义只读属性 height,返回高
        return self.__height
    @height.setter
    def height(self, height):    # 定义设置属性 height,设置高
        self.__height = height
    @height.deleter
    def height(self):    # 定义删除属性 height
        self.__height = 0
    def area(self):    # 定义计算面积的方法 area()
        return self.__width * self.__height    # 按设置的宽、高计算面积
rect = Rectangle()    # 创建对象,用默认值初始化实例
rect.width = 20    # 用属性设置宽
rect.height = 30    # 用属性设置高
print("rect.width =", rect.width)    # 得到宽
print("rect.height =", rect.height)    # 得到高
print("rect.area() =", rect.area())    # 计算面积
print(rect._Rectangle__width)    # 访问私有变量
```

运行结果如下:

```
rect.width = 20
rect.height = 30
rect.area() = 600
20
```

私有变量以双下画线__开头是编码约定,当然也可以直接访问它。总的来说,Python 本身

没有任何机制阻止访问私有变量。

【例 5-16】 对设定的属性值进行数据校验,并给出相应的提示。

```
class Student(object):
    def __init__(self, name, age):
        self._name = name
        self._age = age
        self._weight = 45
    @property
    def name(self):
        return self._name
    @name.setter
    def name(self, value):
        if type(value) == str:
            self._name = value
        else:
            self._name = 'No name.'
    @property
    def age(self):
        return self._age
    @age.setter
    def age(self, value):
        if value > 0 and value < 100:
            self._age = value
        else:
            self._age = 'invalid age value.'
    @property
    def weight(self):
        return self._weight
    @weight.setter
    def weight(self, value):
        self._weight = value;
t = Student('Tom', 19)
print('Name:', t.name)
print('Age:', t.age)
print('weight:', t.weight)
print('-'*50)
t.name = 'Jack'
t.age = 300
t.weight =50
print('Name:', t.name)
print('Age:', t.age)
print('weight:', t.weight)
```

运行结果如下:

```
Name: Tom
Age: 19
weight: 45
--------------------------------------------------
Name: Jack
Age: invalid age value.
```

```
weight: 50
```

2. 用 property()函数定义属性

用 property()函数定义属性的语法格式如下:

```
属性名 = property(get 方法名, set 方法名, del 方法名, '描述信息')
```

说明:

1)"get 方法名"参数用于指定获取该属性值的类方法。调用"对象名.属性名"自动触发执行方法。

2)"set 方法名"参数用于指定设置该属性值的方法。调用"对象名.属性名=×××"时,自动触发执行方法。

3)"del 方法名"参数用于指定删除该属性值的方法。调用"del 对象名.属性名"时,自动触发执行方法。

4)"'描述信息'"参数是一个字符串,是该属性的描述信息。调用"对象名.属性名.__doc__"。

5)调用 property()函数时,可以传入 0 个(既不能读,也不能写的属性)、1 个(只读属性)、2 个(读写属性)、3 个(读写属性,也可删除)和 4 个(读写属性,也可删除,包含文档说明)参数。这样,外部对象通过类似于访问变量的方式来达到获取、设置或删除类内属性的目的。

【例 5-17】 如下程序中,使用 property()函数定义一个 width 属性,在定义该属性时传入 4 个参数,设置该属性可读、可写、可删除,也有说明文档。

```
class Rectangle:   # 定义长方形类
    def __init__(self, width=0, height=0):   # 定义构造方法
        self._width = width  # 创建实例变量,宽
        self._height = height  # 创建实例变量,高
    def getwidth(self):  # 定义 getwidth()方法,返回宽
        return self._width
    def setwidth(self, width):  # 定义 setwidth()方法,设置宽
        self._width = width
    def delwidth(self):  # 定义 delwidth()方法
        self._width = 0
    width = property(getwidth, setwidth, delwidth, '矩形的宽属性')   # 使用 property 定义 width 属性
    def getheight(self):  # 定义 getsize()方法,返回高
        return self._height
    def setheight(self, height):  # 定义 setheight()方法,设置高
        self._height = height
    def delheight(self):  # 定义 delheight()方法
        self._height = 0
    height = property(getheight, setheight, delheight, '矩形的高属性')   # 使用 property 定义 height 属性
    def area(self):  # 定义计算面积的方法 area()
        return self._width * self._height   # 按设置的宽、高计算面积
print("访问 width 属性的说明文档:", Rectangle.width.__doc__)   # 访问 width 属性
```

的说明文档
```
        print("通过内置的help()函数查看Rectangle.width的说明文档:")
        help(Rectangle.width)   # 通过内置的help()函数查看Rectangle.width的说明文档
        rect = Rectangle(10, 20)    # 创建对象,并初始化实例
        print('rect.width =', rect.width)   # 访问rect的width属性
        rect.width = 30   # 对rect的width属性赋值
        print('rect._width =', rect._width)   # 访问rect的_width实例变量
        print('rect._height =', rect._height)    # 访问rect的_height实例变量
        print('rect.area() =', rect.area())   # 计算面积
        del rect.width   # 删除rect的width属性
        print('rect._width =', rect._width)   # 访问rect的_width实例变量
        print('rect._height =', rect._height)    # 访问rect的_height实例变量
        print('rect.area() =', rect.area())   # 计算面积
```

运行结果如下:

```
访问width属性的说明文档: 矩形的宽属性
通过内置的help()函数查看Rectangle.width的说明文档:
Help on property:
    矩形的宽属性
rect.width = 10
rect._width = 30
rect._height = 20
rect.area() = 600
rect._width = 0
rect._height = 20
rect.area() = 0
```

该程序对 Rectangle 对象的 width 属性进行读、写、删除操作,其实这种读、写、删除操作分别被委托给 gewidth()、setwidth()和delwidth()方法来实现。

在其他程序语言中,类似 property()函数合成的属性被称为计算属性。这种属性并不真正存储任何状态,它的值是通过某种算法计算得到的。当程序对该属性赋值时,被赋的值也会被存储到其他实例变量中。

【例 5-18】 用属性方法实现例 5-16。

```
        class Student:
            def __init__(self, name, age):
                self._name = name
                self._age = age
                self._weight = 45
            def get_name(self):
                return self._name
            def set_name(self, value):
                if type(value) == str:
                    self._name = value
                else:
                    self._name = 'No name'
            name = property(fget=get_name, fset=set_name, fdel=None, doc='name of an student ')
            def get_age(self):
                return self._age
```

```
            def set_age(self, value):
                if value > 0 and value < 100:
                    self._age = value
                else:
                    self._age = 'invalid age value.'
            age = property(fget=get_age, fset=set_age, fdel=None, doc=' age of an student ')
            def get_weight (self):
                return self._weight
            def set_weight (self, value):
                self._weight = value
            weight = property(fget=get_weight, fset=set_weight, fdel=None, doc='weight of an student')
            t = Student('Tom', 19)
            print('Name:', t.name)
            print('Age:', t.age)
            print('weight:', t.weight)
            print('-'*50)
            t.name = 'Jack'
            t.age = 300
            t.weight =50
            print('Name:', t.name)
            print('Age:', t.age)
            print('weight:', t.weight)
            print(Student.name.__doc__)
```

程序运行结果如下:

```
Name: Tom
Age: 19
weight: 45
--------------------------------------------------
Name: Jack
Age: invalid age value.
weight: 50
name of an student
```

5.3 类的继承

5.3.1 继承的概念

继承（Inheritance）是面向对象的第二个重要特性，可以利用继承的强大机制，实现程序中的代码复用，以提高程序的简洁与高效。而且，继承让子类和父类的层次结构清晰，最终使子类只关注子类的相关状态和行为，无须关注父类的状态和行为。

所谓继承就是使用已存在的类的定义作为基础建立新类的技术。已存在的类称为基类、父类或超类（Base Class、Father Class、Super Class）。新建的类称为派生类（Derived Class）或子类（Sub Class）。通过继承，一个新建子类从已有的父类那里获得父类的特性和行为。从另一个角度来说，从已有的父类产生一个新的子类，称为类的派生。派生类继承了父类的所有数据成员和成员方法，使得子类具有父类的各种成员（属性和方法），而不需要再次编写相同的代码。在子类继承父类的同时，还可以定义自己的新成员，以增强类的功能；也可以重新定义某些成员，即覆盖基类的原有成员，使其获得与父类不同的功能，但不能选择性地继承父类。

5.3.2 使用继承

对于继承这种类与类的关系，有两种表述方式，一种说法是"子类"继承"父类"；第二种说法是"父类"派生"子类"，这两种说法的含义是相同的。只须在父类中定义所需的属性和方法，其他的类只须继承这个父类，就可以具有父类中的属性和方法。Python 中，实现继承的类称为子类，被继承的类称为父类（也可称为基类、超类）。

子类继承父类的语法格式如下：

```
class 子类名(父类名1, 父类名2, …):
    [类变量 = 值]
    [def __init__(self, 参数表):
        方法体1]
    [def 方法名(self, 参数表):
        方法体2]
    类的成员1
    类的成员2
    …
```

说明：

1）定义子类的语法非常简单，只须在原来的类定义后添加圆括号，并在圆括号中添加多个父类，即可表明该子类继承这些父类。如果在定义一个类时并未指定这个类的直接父类，则这个类默认继承 object 类。object 类是所有类的父类（根类），要么是直接父类，要么是间接父类。

2）在定义类中，"子类名"是新定义的一个类的名字，在子类名后的圆括号中指定要继承的父类名，"父类名"是已经定义的类名。Python 的继承是多继承，即一个子类可以同时拥有多个直接父类，父类名之间用逗号分隔。

3）在继承关系中，子类继承了父类所有的公有属性和方法，可以在子类中通过父类名调用。而对于父类中私有的属性和方法，子类不能继承，因此在子类中是无法访问的。

4）如果子类不重写 __init__()，则实例化子类时会自动调用父类的 __init__()。

【例 5-19】 子类调用父类的公有变量和方法示例。

```
class Father:  # 定义父类
    car = 3  # 定义类变量，公有的属性
    def drive(self):  # 定义方法，公有的方法
        print('Father can drive a car!')
class Son(Father):  # 子类继承父类
    pass  # 空语句
tom = Father()  # 父类创建对象
print(tom.car)  # 父类对象调用自己的类变量
tom.drive()  # 父类对象调用自己的方法
print('-'*50)  # 显示 50 个 "-"
```

```
        jerry=Son()           # 子类创建对象
        print(jerry.car)      # 子类调用父类的类变量
        jerry.drive()         # 子类调用父类的方法
```

运行结果如下：

```
3
Father can drive a car!
--------------------------------------------------
3
Father can drive a car!
```

上面的程序中，子类 Son 调用了父类 Father 中的公有变量 car 和公有方法 drive。

5.3.3 重写方法

如果父类的某些方法不能满足子类的需求，可以在子类中对父类的方法进行选择性的修改，包括形参、方法体、返回值等，甚至覆盖（全部修改），称为重写方法或方法的重写。

1. 构造方法的重写

子类如果没有构造方法，则自动调用父类的构造方法。子类也可重写构造方法，建议子类调用父类的构造方法。

在重写子类的__init__()时，一般是在继承父类__init__()中形参的基础上，增加、删除或修改__init__()中的形参，使之符合子类构造函数的要求，形参的个数、顺序没有要求。

另外，如果在子类中重写了构造方法__init__()，实例化子类时就不会自动调用父类的__init__()。若要在子类中调用父类的构造方法，就要在子类的构造方法中显式调用父类的构造方法，有以下两种调用语法。

1）Python 3 以前版本的调用语法为：

```
        ParentClassName.__init__(self, parameters)
```

2）Python 3 新增的调用语法为：

```
        super().__init__(parameters)
```

建议使用第二种调用语法，因为它可以解决类名变动后引起的修改问题。

【例 5-20】 在子类的构造方法中调用父类构造方法示例。

```
        class Father(object):
            def __init__(self, name, age):
                self.name = name    # 父类的实例变量不能定义为私有（如__name），否则不能继承
                self.age = age
            def drive(self):    # 定义方法，公有的方法
                print('Father can drive a car!')
        class Son(Father):
            def __init__ (self, name, age, weight):    # 先继承，再重构
                # Father.__init__(self, name, age)    # 经典类继承父类的构造方法
                super().__init__(name, age)    # 新式类继承父类的构造方法
                self.weight = weight    # 定义类的本身属性
            def walk(self):
                print('Son is walking...')
            def display(self):
```

```
                print(self.name, self.age, self.weight)  # self.name、self.age 继承
父类
    jerry = Son('Jerry ', 19, 50)  # 创建对象并初始化
    print(jerry.name, jerry.age, jerry.weight)  # 显示属性值
    jerry.drive()    # 子类对象调用父类方法
    jerry.walk()  # 子类对象调用自己的方法
    jerry.display()
```

运行结果如下：

```
Jerry 19 50
Father can drive a car!
Son is walking...
Jerry 19 50
```

2．方法的重写

在子类中重写父类中的同名方法时，形参的个数、顺序等都没有要求。

如果子类没有重写父类的方法，当在子类中调用该方法的时候，会调用父类的方法；当子类重写了父类的方法，默认调用自身的方法。

另外，如果子类重写了父类的方法，在子类中调用父类的实例方法有 3 种方式。

1）用父类名调用，要传递 self 参数；调用本类的实例成员时不需要加 self 参数。语法格式为：

父类名.父类的方法名(self，参数列表)

2）用当前类名调用，语法格式为：

super(当前类名，self).父类的方法名(参数列表)

3）最新语法，不用写类名。建议使用本方法。语法格式为：

super().父类的方法名(参数列表)

【例 5-21】 子类重写父类的方法示例。

```
class Father:  # 定义父类
    def drive(self):  # 定义方法，公有的方法
        print('Father can drive a car!')
class Son(Father):  # 子类继承父类
    def drive(self):  # 重写父类的方法 drive()，方法的参数列表与父类的可以不相同
        print('Son can drive a sports car!')  # 跑车
        super().drive()  # 在子类中直接调用父类的方法 drive()
tom = Father()  # 父类创建对象
tom.drive()  # 父类对象调用自己的方法
jerry = Son()  # 子类创建对象
jerry.drive()  # 子类调用自己的方法
```

运行结果如下：

```
Father can drive a car!
Son can drive a sports car!
Father can drive a car!
```

【例 5-22】 用 3 种方法调用父类属性和方法，并在子类中派生属性和方法。

```
class Parent:  # 父类
    text = "abc"
```

```
        def say_something(self):
            print("I want to say something.")
    class Sub(Parent):    # 子类
        str = "ABC123"  # 派生变量
        def show_info(self):   # 派生方法
            #  1.用父类名调用，不常用
            #  print(Parent.text)
            #  Parent.say_something(self)
            #  2.用当前类名调用，不常用
            #  print(super(Sub, self).text)
            #  super(Sub,self).say_something()
            #  3.Python最新语法，不用写类名，建议使用此方法
            print(super().text)
            super().say_something()
        def do_something(self, something):    # 派生方法
            print("I think steadfast to "+ something + ".")
sub = Sub()  # 创建子类对象
sub.show_info()  # 显示abc 和 I want to say something.
sub.do_something("learn English")   # 显示 I think steadfast to learn English.
print(sub.str)  # 显示 ABC123
sub.say_something()  # 显示 I want to say something.
```

5.3.4 派生属性或方法

在父类中没有的属性或方法，如果在子类中定义了，这样的属性或方法就叫作派生属性或派生方法。派生属性或方法其实就是在子类中增加自己的属性或方法。

【例5-23】 在子类中派生属性和方法。

```
        class Person(object):   # 定义父类
            def __init__(self,name,gender,age):
                self.name = name
                self.gender = gender
                self.age = age
        class Student(Person):   #  Student继承Person
            id='1000'  # 在子类中增加类变量
            def get_id(self):  # 在子类中增加实例方法
                return self.id
            def show(self, credit):   # 在子类中增加实例方法
                self.credit = sum(credit)  #计算学分列表的和
                id=self.get_id()  # 在类的内部调用实例方法
                str='Student name: {}, gender: {}, age: {}, credit: {}, id: {}'.format (self.name, self.gender, self.age, self.credit, id)
                return str
        if __name__=='__main__':
            jenny=Student("Jack",19,"boy")  # 子类Student创建对象，执行子类自己的构造方法
            credits=[5, 10, 20, 8, 10, 8, 20, 15, 30, 10, 20, 30]
            print(jenny.show(credits))
```

运行结果如下：

```
    Student name: Jack, gender: 19, age: boy, credit: 186, id: 1000
```

总是在本类中查找调用的方法。如果找不到，才到父类中去查找。

【例5-24】 用继承关系定义校园中的人员类，包括教师、学生。

分析：由于教师、学生等人员有许多共同的属性和方法，因此可以把共同的属性和方法定义为父类（人员类 Person），然后派生出教师类 Teacher、学生类 Student。

```
class Person:  # 定义父类
    def __init__(self, name, age, addr, hoppy):
        self.name = name  # 姓名
        self.age = age  # 年龄
        self.addr = addr  # 地址
        self.hoppy = hoppy  # 爱好
    def tell(self):
        print('姓名：%s,年龄：%s,地址：%s,爱好：%s'%(self.name,self.age,self.addr,self.hoppy))
class Teacher(Person):  # 定义子类
    def __init__(self, name, age, addr, hoppy, salary):
        super().__init__(name, age, addr, hoppy)  # 在子类的构造方法中调用父类的构造方法
        self.salary = salary  # 月薪
    def tell(self):  # 重写方法
        Person.tell(self)  # 在子类中直接调用父类的方法 tell()
        print('我的月薪是：%s' % self.salary)
class Student(Person):  # 定义子类
    def __init__(self, name, age, addr, hoppy, marks):
        Person.__init__(self, name, age, addr, hoppy)  # 在子类的构造方法中调用父类的构造方法
        self.marks = marks  # 成绩
    def tell(self):  # 重写方法
        super().tell()  # 在子类中直接调用父类的方法 tell()
        print('我的成绩是：%d' % self.marks)
t = Teacher('王刚', '45', '北京', '旅游', 8000)  # 创建教师对象，并初始化对象
t.tell()  # 调用教师对象的方法
s = Student('李芳', 18, '上海', '美食', 95)
s.tell()
```

运行结果如下：

```
姓名：王刚,年龄：45,地址：北京,爱好：旅游
我的月薪是：8000
姓名：李芳,年龄：18,地址：上海,爱好：美食
我的成绩是：95
```

【例5-25】 将例5-24用属性实现。

```
class Person:  # 定义父类
    def __init__(self, name, age):
        self.__name = name  # 姓名
        self.__age = age  # 年龄
    @property
    def name(self):  # 定义只读属性 name
        return self.__name  # 类内访问实例变量
    @name.setter
```

```python
        def name(self, name):    # 定义设置属性 name
            self.__name = name
        @property
        def age(self):    # 定义只读属性 age
            return self.__age
        @age.setter
        def age(self, age):    # 定义设置属性 age
            self.__age = age
        def learn(self, name):    # 定义学习的方法, name 姓名
            print(name + "学习加油");
    class Student(Person):
        def __init__(self, name, age, grade):
            super().__init__(name, age)    # 在子类的构造方法中调用父类的构造方法
            self.__grade = grade    # 班级
        @property
        def grade(self):    # 定义只读班级属性 grade
            return self.__grade
        @grade.setter
        def grade (self, grade):    # 定义设置班级属性 grade
            self.__grade = grade
        # 显示 name 同学学习课程 course 的方法, 参数 name 是学生名, course 是课程
        def learn(self, name):    # 重写方法
            return name+ "同学正在学习"
        # 显示考试课程的方法, 参数 name 学生名, course 课程名, score 成绩
        def exam(self, name, course, score):
            return name + "同学" + course + "课程的考试成绩是" + str(score)
    class Teacher(Person):
        def __init__(self, name=0, age=0, grade=0, department=0):
            super().__init__(name, age)    # 在子类的构造方法中调用父类的构造方法
            self.__department = department    # 系
        @property
        def department(self):    # 定义只读系属性 department
            return self.__department
        @department.setter
        def department (self, department):    # 定义设置系属性 department
            self.__department = department
        def teach(self, teacherName, course):    # 定义方法, 教师名 teacherName, 课程 course
            print(teacherName +"老师教" + course + "课程")
    if __name__=='__main__':
        st = Student("王芳", 18, "2020 计算机")    # Student 类的实例 st
        print(st.learn(st.name))
        print(st.exam(st.name, "Python 编程", 90))
        te = Teacher()    # Teacher 类的实例 te
        te.name = "刘强"
        te.age = 45
        te.department = "计算机科学系"
        te.teach(te.name,"Python 编程")
```

运行结果如下:

```
王芳同学正在学习
王芳同学 Python 编程课程的考试成绩是 90
刘强老师教 Python 编程课程
```

5.3.5 多重继承

对于多重继承，如果子类中没有重新定义构造方法，会自动调用列表中第一个父类中的构造方法。另外，若多个父类中有同名的方法，由子类的实例化对象来调用同名方法时，调用列表中第一个父类中的方法。

【例 5-26】 两个子类继承父类，用类的属性__bases__列出该类的所有父类。

```
class ParentClass1:    # 父类1
    def __init__(self):
        print("ParentClass1 __init__")
    def show(self):
        print("ParentClass1")
class ParentClass2:    # 父类2
    def __init__(self):
        print("ParentClass2 __init__")
    def show(self):
        print("ParentClass2")
class SubClass1(ParentClass1):    # 子类1
    pass
class SubClass2(ParentClass1, ParentClass2):    # 子类2
    pass
if __name__=='__main__':
    sub1= SubClass1()
    sub1.show()
    sub2= SubClass2()    # 调用列表中第一个父类中的构造方法
    sub2.show()    # 调用列表中第一个父类中的方法
    print(SubClass1.__bases__)    # 列出该类的所有父类，格式是：类名.__bases__
    print(SubClass2.__bases__)
```

运行结果如下：

```
ParentClass1 __init__
ParentClass1
ParentClass1 __init__
ParentClass1
(<class '__main__.ParentClass1'>,)
(<class '__main__.ParentClass1'>, <class '__main__.ParentClass2'>)
```

5.4 类的多态

在面向对象编程中，多态（Polymorphism）是类的三大特性之一。多态依赖于继承，它是继承的进一步扩展。通过多态可以实现代码重用，减少代码量，提高代码的可扩展性和可维护性。

5.4.1 多态的实现

多态是指某一类事物有多种形态。例如，一个父类有多个子类，序列类型有多种形态：字符串、列表、元组。

【例 5-27】 Person 类是父类，Student 类、Teacher 类继承自 Person 类，虽然 Student 类、Teacher 类是 Person 类的子类，具体到对象上，却有各自的形态。不同对象调用相同的方法 show()，得到不同结果。

```python
class Person(object):
    def __init__(self,name):
        self.name = name
    def show(self):
        print(self.name, "父类的方法")
class Student(Person):
    def show(self):
        print(self.name, "重写了父类的方法")
class Teacher(Person):
    def show(self):
        print(self.name, "重写了父类的方法")
if __name__=='__main__':
    per = Person("人")
    per.show()    # 不同对象，调用相同方法，得到不同结果
    st = Student("学生")
    st.show()
    te = Teacher("老师")
    te.show()
```

运行结果如下：

```
人 父类的方法
学生 重写了父类的方法
老师 重写了父类的方法
```

5.4.2 多态性

多态性是指具有不同功能的函数可以使用相同的函数名，这样就可以用一个函数名调用不同内容的函数。简单来说，多态性就是一种调用方式，不同的执行效果。

【例 5-28】 定义一个统一的函数，通过这个函数调用类中的 show() 方法，实现多态性。

```python
class Person(object):
    def __init__(self,name):
        self.name = name
    def show(self):
        print(self.name, "父类的方法")
class Student(Person):
    def show(self):
        print(self.name, "重写了父类的方法")
class Teacher(Person):
    def show(self):
        print(self.name, "重写了父类的方法")
if __name__=='__main__':
    # 定义一个统一的函数，通过这个函数调用类中的 show() 方法
    def func(obj):    # obj 参数没有类型限制，可以传入不同类型的值
        obj.show()    # 调用的方式都一样，即都为 obj.show()，执行的结果却不一样
    # 下面分别创建对象
```

```
per = Person("人")    # 创建 Person 类的对象
func(per)   # 这里多态性的体现是向同一个函数 func 传递不同参数后，实现不同的功能
st = Student("学生")    # 创建 Student 类的对象
func(st)    # 执行函数，实参是 st
te = Teacher("老师")    # 创建 Teacher 的对象
func(te)    # 执行函数，实参是 te
```

运行结果如下：

```
人 父类的方法
学生 重写了父类的方法
老师 重写了父类的方法
```

在函数 func()内执行同一个 obj.show()方法时，由于 obj 指向的实例对象不同，程序在运行时调用的并不是同一个 show()方法，程序会根据 obj 的具体对象来决定执行哪个 show()方法，这就是多态性。

发生多态必须满足两个前提条件：

1）继承。多态一定发生在子类和父类之间。

2）重写。多态子类重写了父类的方法。

多态性的优点是：

1）增加了程序的灵活性。父类、子类可以创建多个对象，调用者都用同一种形式去调用。

2）增加了程序的可扩展性。

Java、C#中的多态性可以理解为一个事物的多种形态。虽然 Python 也支持多态，但是是有限地支持多态性，主要是因为 Python 中变量的使用不用声明，所以不存在父类引用指向子类对象的多态体现，同时 Python 不支持重载。所以，在 Python 中多态的使用不如其他程序设计语言明显，这也成为 Python 的一个缺陷。

5.5 习题

1．设计控制台应用程序，定义球 Ball 类，已知球的半径，计算球的体积、表面积。

字段：球的半径（radius）。

方法：计算球体积的方法 BallVolume()，计算公式 $V = \frac{4}{3}\pi R^3$。

计算球表面积的方法 BallSurfaceArea()，计算公式 $S = 4\pi R^2$。

2．定义一个学生类，有属性：姓名，年龄，成绩（语文、数学、英语），均放在初始化函数里面。

实例方法：获取学生的姓名 get_name()，返回类型为 str。获取学生的年龄 get_age()，返回类型为 int。返回 3 门科目中最高的分数 get_course()，返回类型为 int。

3．定义一个表示学生信息的 Student 类，把 Student 类属性用@property 装饰器定义。要求如下：

1）Student 类的属性：sNO 表示学号，sName 表示姓名，sSex 表示性别，sAge 表示年龄，sJava 表示 Java 课程成绩。

2）类 Student 的方法成员：getNo()获得学号，getName()获得姓名，getSex()获得性别，

getAge()获得年龄，getJava()获得 Java 课程成绩。

3）根据 Student 类的定义，创建 5 个该类的对象，输出每个学生的信息，计算并输出这 5 个学生 Java 语言成绩的平均值，以及计算并输出他们 Java 语言成绩的最大值和最小值。

4．定义一个 Person 类，它包含的属性有"姓名"和"性别"。为 Person 类派生出一个子类 Student 类，为 Student 子类添加两个属性年龄和成绩等级（用 A，B，C，D，E 表示），在子类中打印出学生信息。

第6章 组合数据类型

Python 中的基本数据类型（Data Type）只有两种，即数值（Number）数据类型和字符串（String）数据类型。根据这两种基本的数据类型，Python 将不同类型的数据组织在一起，构造并内置了 5 种组合数据类型：列表（List）、元组（Tuple）、字典（Dictionary）和集合（Set）。组合数据类型是由多个基本数据类型组合而成的，相互之间存在一种或多种特定关系，是数据元素的集合。这些数据元素可以是数值或字符串，也可以是其他类型的数据，例如类。在 Python 中，数值、字符串、列表、元组、字典和集合都称为数据类型。根据这些数据类型，可以创建任意对象。本章介绍 Python 内置的组合数据类型：列表、元组、集合和字典。

6.1 列表

Python 中没有数组，但是加入了更加强大的列表。列表是 Python 中基本的数据类型。

6.1.1 创建列表对象和列表变量

1. 创建列表对象

创建列表对象的方法有两种。

（1）使用中括号创建列表对象

创建列表对象或称创建列表，就是把所有元素都放在一对中括号[ ]中，相邻元素之间用逗号分隔。创建列表对象的格式如下：

6.1.1 创建列表对象和列表变量

```
[元素1，元素2，元素3，...，元素n]
```

列表中元素的个数没有限制。列表中元素可以是整数、实数、字符串、列表、元组等任何类型的数据，并且在同一个列表中各个元素的数据类型也可以不相同。

列表中的每个元素都有一个位置索引，第一个索引是 0，第二个索引是 1，以此类推。

例如，下面的列表同时包含整数、浮点数、字符串和列表这 4 种数据类型。

```
[100, 3.5, "Python 语言", [2, 3, 4], 8]
```

在创建列表对象时，虽然可以将不同类型的数据放入到同一个列表中，但通常情况下不这么做，因为同一列表中只放入同一类型的数据可以提高程序的可读性。

（2）使用 list 类的构造函数创建列表对象

列表是通过 Python 内置的 list 类定义的，因此，也可以使用 list 类的构造函数创建列表对象，可以将字符串、元组或其他可迭代对象类型转换为列表。语法格式如下：

```
list(可迭代对象)
```

其中，参数"可迭代对象"为可选项，用于指定一个可迭代（Iterable）对象，可以是列表、元组、可变集合、字典等。

【例 6-1】 用 list()构造函数创建列表示例。

```
list()  # 创建空列表对象
list("Python 程序设计")  # 创建列表对象，字符串被分成每个字符成为一个元素
list([1, 2, 3])  # 创建列表对象
list(range(1, 101))  # 使用 range()函数创建区间列表对象[1, 2, 3, …, 99, 100]
```

在 IDLE 中的交互方式下，运行结果如图 6-1 所示。

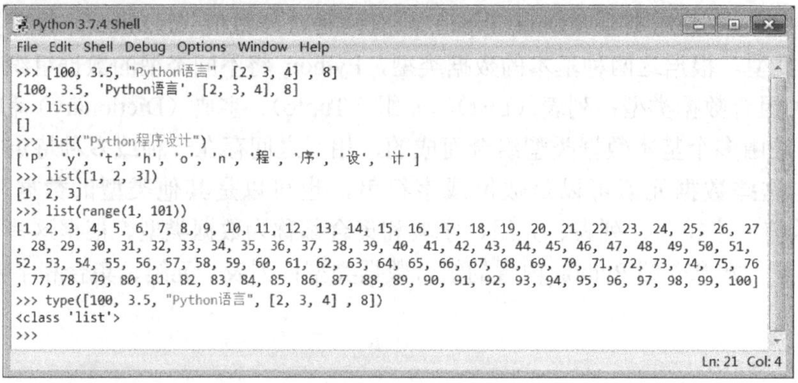
Python 3.7.4 Shell
File Edit Shell Debug Options Window Help
>>> [100, 3.5, "Python语言", [2, 3, 4] , 8]
[100, 3.5, 'Python语言', [2, 3, 4], 8]
>>> list()
[]
>>> list("Python程序设计")
['P', 'y', 't', 'h', 'o', 'n', '程', '序', '设', '计']
>>> list([1, 2, 3])
[1, 2, 3]
>>> list(range(1, 101))
[1, 2, 3, 4, 5, 6, 7, 8, 9, 10, 11, 12, 13, 14, 15, 16, 17, 18, 19, 20, 21, 22, 23, 24, 25, 26, 27
, 28, 29, 30, 31, 32, 33, 34, 35, 36, 37, 38, 39, 40, 41, 42, 43, 44, 45, 46, 47, 48, 49, 50, 51,
52, 53, 54, 55, 56, 57, 58, 59, 60, 61, 62, 63, 64, 65, 66, 67, 68, 69, 70, 71, 72, 73, 74, 75, 76
, 77, 78, 79, 80, 81, 82, 83, 84, 85, 86, 87, 88, 89, 90, 91, 92, 93, 94, 95, 96, 97, 98, 99, 100]
>>> type([100, 3.5, "Python语言", [2, 3, 4] , 8])
<class 'list'>
>>>
Ln: 21 Col: 4

图 6-1 例 6-1 运行结果

（3）用 type()函数测试列表

通过 type()函数可以测试列表的数据类型，例如：

```
>>>type([100, 3.5, "Python 语言", [2, 3, 4] , 8])
<class 'list'>
```

可以看到，它的数据类型为 list，表示它是一个列表对象。

列表的特点是通过一个变量存储多个数据值，且列表元素的数据类型可以不同。可以修改列表中的元素，如添加或删除列表中的元素。

Python 中内置了很多函数或方法来操作列表，主要包括索引、分片、列表操作符加和乘，以及其他一些函数和方法，如计算列表长度、最大值、最小值等函数，以及添加、修改或删除列表元素的方法等。

2．创建列表变量

若要引用某个列表对象，则需要使用赋值运算符将列表对象赋值给变量。创建列表类型的变量与创建其他类型的变量一样，也使用赋值运算符“=”将一个列表对象赋值给变量。其语法格式如下：

```
列表变量名 = [元素 1, 元素 2, 元素 3, ..., 元素 n]
```

其中，“列表变量名”表示列表的名称，列表变量名既要符合 Python 命名规范，又不能与内置函数重名。

创建列表对象时，列表中的元素可以有多个，也可以一个都没有。

【例 6-2】 创建列表对象，然后将列表对象赋值给变量。

```
num = [1, 2, 3,4 , 5]
list1 = ["Python 编程", "Java 编程", "C#编程"]
list2 = ["Jack", "male", 19, 178]
emptylist = []  # emptylist 是一个空列表
```

6.1.2 列表的通用操作

6.1.2 列表的通用操作

列表属于序列类型。创建一个列表对象后，可以对该列表对象进行两类操作，一类是适用于所有序列类型的通用操作，另一类是仅适用于列表的专用操作。

创建一个列表对象后，可以对该列表对象进行以下通用操作。本节介绍的对列表的通用操作，也适用于其他序列类型，例如字符串、字节对象、元组等。

1．列表的访问

列表中的每个元素都有属于自己的索引。从起始元素开始，索引值从 0 开始递增。

Python 还支持索引值是负数，在使用负值作为列表中各元素的索引值时，从最右边的一个元素开始计数，索引值从-1 开始，从右向左计数。

无论是采用正索引值，还是负索引值，都可以访问列表中的任何元素。

通过方括号运算符和索引可以对列表中的元素进行访问，语法格式如下：

> 列表变量名[索引]

其中，"索引"表示列表中元素的位置编号，可以是一个值，也可以是一个表示索引的变量或表达式，其取值可以是正整数、负整数或 0。

【例 6-3】将列表赋值给变量，然后用索引访问列表中的元素。

```
>>>a=[1, 2, 3, 4, 5]
>>>print("正向索引:", a[0], a[1], a[2], a[3], a[4], "\n 负向索引:", a[-1], a[-2], a[-3], a[-4], a[-5])
正向索引： 1 2 3 4 5
负向索引： 5 4 3 2 1
```

可以同时使用正、负索引值。使用索引访问列表元素时，索引值不能越界，否则会出现 IndexError: list index out of range 的错误。

2．列表的切片操作

切片操作是访问序列中元素的另一种方法。通过切片操作，可以从列表中截取某个范围的元素，从而构成一个新的列表。列表的切片操作的语法格式如下：

> 列表变量名[start : end : step]

 说明：

1）start：表示切片的开始索引位置（包括该位置），此参数也可以不指定，默认为 0，即从列表的第 1 个元素切片。

2）end：表示切片的结束索引位置（不包括该位置），如果不指定，则默认为列表的长度，即默认终止元素为最后一个元素。

3）step：表示步长，在切片过程中，隔几个索引位置（包含当前位置）取一次元素，也就是说，如果 step 的值大于 1，则在切片掉序列元素时，会"跳跃式"地取元素。如果省略 step 的值，则最后一个冒号可以省略。如果步长为正数，则从左向右提取元素；如果步长为负数，则从右向左提取元素。

【例6-4】 对列表切片。

```
>>>a=[1, 2, 3, 4, 5]
>>>print(a[:3])   # 取索引0、1、2（不包括索引3的元素）的元素，即左闭右开原则
[1, 2, 3]
>>>print(a[::3])  # 隔2个元素取一个元素，区间是整个列表
[1, 4]
>>>print(a[:])    # 取整个列表，此时 [] 中只有一个冒号
[1, 2, 3, 4, 5]
>>>print(a[-1:-5:-1])   # 从右向左取元素
[5, 4, 3, 2]
```

【例6-5】 索引和切片应用示例。

```
# 分别输入年、月、日，组合后以对应的英文形式输出
months = ['January', 'February', 'March', 'April', 'May', 'June',
         'July', 'August', 'September', 'October', 'November', 'December']
# 定义1~31天的英文后缀
endings=['st', 'nd', 'rd'] + 17*['th'] + ['st', 'nd', 'rd']+7*['th'] +['st']
year = input('Year: ')
month = int(input('Month(1-12): '))
day = int(input('Day(1-31): '))
month_name = months[month-1]
ordinal = str(day) + endings[day-1]
print(month_name+' '+ordinal+'.'+year)
print('Spring is ', months[1:4])
print('Autumn is ', months[-5:-2])
```

运行程序，输入年、月、日，运行结果如下：

```
Year: 2019
Month(1-12): 11
Day(1-31): 28
November 28th.2019
Spring is  ['February', 'March', 'April']
Autumn is  ['August', 'September', 'October']
```

3. 列表的相加

使用"+"运算符做相加操作，会将两个列表前后依次连接在一起，生成一个新的列表，但不会去除重复的元素。语法格式如下：

列表1 + 列表2

【例6-6】 用"+"运算符连接两个（甚至多个）列表。

```
>>>[1, 2, 3] + ["Python语言", 100] + [60, 70, 80, 90, 100]  # 列表对象相加
[1, 2, 3, 'Python语言', 100, 60, 70, 80, 90, 100]
>>>a=[1, 2, 3, 4, 5]
>>>b=[10, 20,30]
>>>a=a+b   # 列表变量相加
>>>print(a)
[1, 2, 3, 4, 5, 10, 20, 30]
```

4. 列表的乘法

用整数 n 乘以一个列表会生成一个新的列表，新列表为将原来列表重复 n 次得到。语法格式如下：

> 列表 * n 或 n * 列表

【例 6-7】 列表乘法运算示例之一。

```
>>>[1, 2, 3]*3
[1, 2, 3, 1, 2, 3, 1, 2, 3]
```

比较特殊的是在进行列表的乘法运算时，还可以实现初始化指定长度列表的功能。

【例 6-8】 列表乘法运算示例之二。

```
>>>list = [None]*5    # 创建一个长度为 5 的列表，列表中的每个元素都是 None，表示什么都没有
>>>print(list)
[None, None, None, None, None]
>>>[0]*5
[0, 0, 0, 0, 0]
>>>["Hello"]*3
['Hello', 'Hello', 'Hello']
```

5. 检查元素是否包含在列表中

使用 in 关键字检查某元素是否为列表中的成员，其语法格式为：

> 值 in 列表

其中，"值"表示要检查的元素。

与 in 关键字用法相同，但功能恰好相反的还有 not in 关键字，它用来检查某个元素是否不包含在指定的序列中，其语法格式为：

> 值 not in 列表

【例 6-9】 检查元素是否在列表中。

```
>>> 2 in [1, 2, 3, 4, 5]
True
>>> s=["a", "bc", "ad"]
>>> "bc" not in s
False
>>> if "bc" in s:
        print("该元素在列表中")
该元素在列表中
```

6. 比较两个列表

使用关系运算符对两个列表进行比较，比较的规则是：首先比较两个列表的第 1 个元素，如果两个元素不相等，则返回这两个元素的比较结果，如果这两个元素相等，则继续比较第 2 个元素；如果第 2 个元素不相等，则返回第 2 个元素的比较结果，如果第 2 个元素仍相等，则继续比较第 3 个元素……依此类推，直到出现不相等的元素或比较完所有元素为止。

【例 6-10】 比较两个列表。

```
>>> [1, 2, 3, 4]>[1, 2, 2, 3, 4]
True
```

7．访问列表中的元素

访问列表中的元素包括访问列表中的指定元素、访问列表中的全部元素、访问列表中的多个元素和遍历列表元素。

（1）访问列表中的指定元素

在列表变量名后的方括号中写上元素索引值，可以访问列表中的某一个元素。索引可以采用从左端的 0 开始向右排列的正索引；也可以从右端的-1 开始向左排列的负索引。

【例 6-11】 获取 name 列表中索引值为 1 的元素。

```
>>> s=["abc", 100, True]
>>> print(s[0], s[1], s[2])
abc 100 True
```

从运行结果看，在输出单个列表元素时不加中括号，且如果输出字符串元素，结果不包含字符串左右两侧的引号。

（2）访问列表中的全部元素

如果已经创建了一个列表，要输出列表中的全部元素，只须写出列表名。

【例 6-12】 输出例 6-11 中列表 s 的全部元素。

```
>>> print(s)
['abc', 100, True]
```

从本例运行结果看出，输出整个列表时，输出结果包含左右两侧的中括号。

（3）访问列表中的多个元素

除了一次性访问列表中的全部元素外，列表还可以通过切片操作实现一次性访问多个元素。

【例 6-13】 访问列表中的多个元素示例。

```
>>> num = [1,2,3,4,5,6,7,8,9]
>>> print(num[3:5],num[6:8],num[0:8],num[7:9])
[4, 5] [7, 8] [1, 2, 3, 4, 5, 6, 7, 8] [8, 9]
```

从本例运行结果看出，通过切片操作，最终得到的是一个新的列表。

（4）遍历列表元素

逐一访问列表的元素称为遍历列表元素。由于列表中可以存放很多元素，因此遍历列表通常需要用到循环结构（for 或 while），并使用 len()函数求出列表中元素的个数。可以用下述 4 种方法来遍历列表元素。

1）使用列表的索引遍历。
2）使用 in 操作符遍历。
3）使用 range()或 xrange()函数遍历。
4）使用 iter()函数遍历。

【例 6-14】 遍历列表元素示例。

```
mylist = [11, 22, 33, 44, 55, 66, 77, 88, 99]
print('第1种遍历方法，使用列表的索引')
```

```
i = 0
while i<len(mylist):
    print(mylist[i], end=' ')
    i +=1
print()
print('第2种遍历方法，使用in操作符')
for i in mylist:
    print(i, end=' ')
print()
print('第3种遍历方法，使用range()或xrange()函数')
for i in range(len(mylist)):
    print(mylist[i], end=' ')
print()
print('第4种遍历方法，使用iter()函数')    # iter()是一个迭代器
for i in iter(mylist):
    print(i, end=' ')
```

8. 拆分赋值

使用拆分赋值语句，可以把一个列表赋予多个变量。

【例 6-15】 拆分赋值示例之一。

```
>>> a,b,c=[11,22,33]
>>> print(a, b, c)
11 22 33
```

拆分赋值时，被赋值的变量个数必须与列表元素个数相等，否则会出现 ValueError 错误。当变量个数少于列表元素个数时，可以在变量名前面添加星号"*"，这样会将多个元素值赋予相应的变量。

【例 6-16】 拆分赋值示例之二。

```
>>> a,*b,c=[11,22,33,44,55,66]
>>> print(a,b,c)
11 [22, 33, 44, 55] 66
```

6.1.3 列表的专用操作

列表对象是可变的序列。除了通用操作外，列表还有一些专用操作，例如元素赋值、切片赋值、删除列表元素或列表等。

1. 元素赋值

通过索引可以修改列表中特定元素的值。

【例 6-17】 元素赋值示例。

```
>>> a=[1, 2, 3, 4, 5, 6]
>>> a[1]=200
>>> a[3]=400
>>> a
[1, 200, 3, 400, 5, 6]
```

2. 切片赋值

通过切片赋值可以使用一个值列表修改列表指定范围的一组元素的值。

1）在切片赋值时，如果步长为 1，则对提供的值列表长度没有要求。在这种情况下，可以使用与切片序列长度相等的值列表替换切片。

【例 6-18】 切片赋值示例之一。

```
>>> a=[1, 2, 3, 4, 5, 6]
>>> a[1: 4]=[200, 300, 400]
>>> a
[1, 200, 300, 400, 5, 6]
```

2）也可以用与切片长度不相等的值列表替换切片。如果提供的值列表长度大于切片的长度，则会插入新的元素。

【例 6-19】 切片赋值示例之二。

```
>>> a=[1, 2, 3, 4, 5, 6]
>>> a[1: 4]=[200, 300, 400, 500, 600]
>>> a
[1, 200, 300, 400, 500, 600, 5, 6]
```

3）如果提供的值列表长度小于切片的长度，则会删除多出的元素。

【例 6-20】 切片赋值示例之三。

```
>>> a=[1, 2, 3, 4, 5, 6]
>>> a[1: 4]=[200, 300]
>>> a
[1, 200, 300, 5, 6]
```

4）当切片赋值时，如果步长不等于 1，则要求提供的值列表长度必须与切片长度相等，否则将出现 ValueError 错误。

【例 6-21】 切片赋值示例之四。

```
>>> a=[1, 2, 3, 4, 5, 6, 7, 8, 9, 10]
>>> a[0: 10: 2]=[11, 33, 55, 77, 99]
>>> a
[11, 2, 33, 4, 55, 6, 77, 8, 99, 10]
```

3．删除列表元素或列表

当要从列表中删除指定的元素或者删除整个列表时，使用 del 语句。其语法格式如下：

del 列表名[键] 或 列表名

【例 6-22】 删除列表元素和列表示例。

```
>>> a=[1, 2, 3, 4, 5, 6]
>>> del a[3]
>>> a
[1, 2, 3, 5, 6]
>>> del a
>>> a
Traceback (most recent call last):
  File "<pyshell#30>", line 1, in <module>
    a
NameError: name 'a' is not defined
```

若要从列表中删除指定范围内的元素，也可以使用切片赋值。

【例 6-23】 用切片删除列表元素。

```
>>> a=[1, 2, 3, 4, 5, 6]
>>> a[1:4]=[]
>>> a
[1, 5, 6]
```

4．列表解析

列表解析是 Python 迭代机制的一种应用，通过列表解析，可以根据已有列表对列表中的每个元素应用一个函数进行计算，将一个列表映射为另一个列表，创建新的列表。

列表解析又叫列表推导式，比一般的 for 循环语句更精简，运行更快，特别对于较大的数据集合。以定义方式得到列表，通常要比使用构造函数创建列表更清晰。

列表解析有以下两种语法格式：

> [表达式 for 变量 in 列表]
> [表达式 for 变量 in 列表 if 条件表达式]

其功能是将表达式应用到每个变量上，为新的列表创建一个新的数据值。其中，"表达式"可以是任何运算表达式，"变量"是列表中遍历元素的值。

（1）简单的列表解析

【例 6-24】 通过列表解析生成数字 1~9 的列表。

```
>>> t = [x for x in range(1, 10)]
>>> print(t)
[1, 2, 3, 4, 5, 6, 7, 8, 9]
```

【例 6-25】 通过列表解析生成数字 1~9 的平方的列表。

```
>>> t = [x*x for x in range(1, 10)]
>>> print(t)
[1, 4, 9, 16, 25, 36, 49, 64, 81]
```

【例 6-26】 通过列表解析列出 1~10 中能被 2 整除的数字的平方。

```
>>> t = [x*x for x in range(1, 10) if x%2==0]
>>> t
[4, 16, 36, 64]
```

【例 6-27】 使用列表解析生成 0~100 之内 10 个随机数的列表，然后根据这个列表生成每个元素的平方的列表和偶数的列表。

```
import random
mylist=[random.randint(0,100) for i in range(10)]    # 生成列表
print(mylist)
mylist2=[i*i for i in mylist]    # 对列表中的每个元素进行平方运算
print(mylist2)
mylist3=[i for i in mylist if i%2==0]    # 挑选列表中的所有偶数
print(mylist3)
```

（2）两次循环

两次循环是循环的嵌套，得到的列表元素个数是两轮循环中循环次数的乘积。

【例 6-28】 先利用列表解析生成列表 t 和 s，再通过两次循环生成一个新列表，新列表的元素为列表 t 和 s 元素的乘积。

```
t = [x for x in range(1, 5)]
s = [x for x in range(5, 8)]
print(t)   # 输出[1, 2, 3, 4]
print(s)   # 输出[5, 6, 7]
print([x*y for x in t for y in s])   # 输出[5, 6, 7, 10, 12, 14, 15, 18, 21, 20, 24, 28]
```

6.1.4 列表相关的函数

创建列表后，除了对该列表进行索引、切片、遍历、赋值以及删除等操作外，还可以调用 Python 提供的相关函数对列表处理。这些函数可以分成两类，一类是适用于序列对象的内置函数，另一类是只适用于列表对象的成员方法。

1. 适用于序列对象的内置函数

Python 提供了几个内置函数（见表 6-1），可用于实现与序列相关的一些常用操作。这些函数不仅可以应用于列表，还可以应用于其他可迭代类型，例如字符串、元组等。

表 6-1 与序列相关的内置函数

函数	功能
all(seq)	如果序列 seq 中所有元素为 True 或序列自身为空，则该函数返回 True，否则返回 False。例如，all([])为 True, all([1,2,3])为 True, all([1,2,0,3])为 False
any(seq)	如果序列 seq 中任一元素为 True，则该函数返回 True；如果序列 seq 中所有元素为 False 或序列自身为空，则该函数返回 False。例如，any([1,0,1,0])为 True, any([0,0,0,0])为 False, any([])为 False
len(seq)	该函数返回序列的长度，即序列中包含的元素个数。例如，len([1,2,3,4,5])返回 5，len(list(range(100)))返回 100
max(seq)	返回序列中的最大元素。例如，max([1,2,3,4,5,6])返回 6
min()	返回序列中的最小元素。例如，min([1,2,3,4,5,6])返回 1
list(seq)	将序列转换为列表
str(seq)	将序列转换为字符串。例如，str([1,2,3,4,5,6])返回'[1, 2, 3, 4, 5, 6]'
sorted(seq, key=None, reverse=False)	对序列中的元素排序，返回排序后的新序列，原始序列不变。参数 seq 为可迭代序列；key 指定一个函数，实现用户定义的排序，默认为 None；reverse 指定排序规则，设置为 True 表示按降序排列，默认为 False，表示按升序排列
sum(seq [, start])	对序列中的元素计算元素的和。注意，对序列使用 sum()函数时，做加操作的元素必须都是数字，不能是字符串，否则函数将抛出异常，因为解释器无法判定是要做连接操作（+运算符可以连接两个序列），还是做加操作。参数 seq 表示可迭代序列，start 是可选项，用以指定相加的一个数，默认为 0
reversed()	反向序列中的元素
enumerate()	将序列组合为一个索引序列，多用在 for 循环中

【例 6-29】 sorted()函数的应用。

```
>>> x=[8, 10, 3, 1, 2, 6, 4, 7, 5, 9]
>>> sorted(x)   # 升序排序
[1, 2, 3, 4, 5, 6, 7, 8, 9, 10]
>>> x   # 排序后查看原始列表
```

```
[8, 10, 3, 1, 2, 6, 4, 7, 5, 9]
>>> sorted(x, key=None, reverse=True)    # 降序排序
[10, 9, 8, 7, 6, 5, 4, 3, 2, 1]
```

【例6-30】 sum()函数的应用。

```
>>> x=[1, 2, 3, 4, 5]
>>> sum(x)
15
>>> sum(x,10)    # 15+10=25
25
```

2．只适用于列表对象的成员方法

操作列表时，函数和方法的区别在于：函数操作中，列表对象作为函数的参数；而方法操作中，通过"列表对象名.方法名(参数列表)"的形式调用方法。

列表对象是通过 list 类定义的可变序列对象，可以使用列表对象专属的成员方法对列表操作，操作的结果有可能修改原列表的内容。下面方法的语法格式中，lst 表示一个列表。

1）lst.append(x)。该方法在列表 lst 末尾添加元素 x，等价于执行复合赋值语句 lst+=[x]。

【例6-31】 在列表中添加元素'Python'。

```
>>> x=["C", "Java", "C#"]
>>> x.append("Python")
>>> x
['C', 'Java', 'C#', 'Python']
```

使用 append()方法时，如果参数也是一个列表对象，要添加的列表对象会作为一个单独的元素来处理，即相当于一个嵌套列表。

【例6-32】 列表嵌套。

```
t = ['a', 'b',' c', 'd']
t.append(['e', 'f'])
['a', 'b', 'c', 'd', ['e', 'f']]
```

2）lst.extend(L)。该方法在列表 lst 末尾添加另一个列表 L，等价于执行复合赋值语句 lst+=L。

【例6-33】 合并两个列表。

```
>>> x=["C", "Java", "C#"]
>>> x.extend(["Python", "C++"])
>>> x
['C', 'Java', 'C#', 'Python', 'C++']
```

3）lst.insert(i, x)。该方法在列表 lst 的 i 位置插入元素 x，如果 i 大于列表的长度，则将元素 x 插入到列表末尾。

【例6-34】 在列表 x 中插入元素。

```
>>> x=[1, 2, 3]
>>> x.insert(1, 100)
>>> x
[1, 100, 2, 3]
>>> x.insert(10, 200)
```

```
>>> x
[1, 100, 2, 3, 200]
```

列表在执行了 insert()方法后，列表中大于等于给定索引位置的所有元素会依次向后移动一个位置。新增加的元素添加在 i 所指示的位置。

4）lst.remove()。该方法从列表 lst 中删除第一个值为 x 的元素，如果列表中不存在这样的元素，则会出现 ValueError 错误。

【例6-35】 从列表 x 中删除元素 100。

```
>>> x=[1, 2, 3, 4, 5, 6]
>>> x.remove(4)
>>> x
[1, 2, 3, 5, 6]
>>> x.remove(100)
Traceback (most recent call last):
  File "<pyshell#8>", line 1, in <module>
    x.remove(100)
ValueError: list.remove(x): x not in list
```

列表在执行了 remove()方法后，列表中被删除元素之后的其他元素会依次向前移动一个位置。

5）lst.pop([i])。该方法从列表 lst 中弹出索引值为 i 的元素，然后删除并返回该元素；如果未指定参数 i，则弹出列表中的最后一个元素；如果指定的参数 i 越界，则出现 IndexError 错误。

【例6-36】 返回列表 x 中索引值为 3 的元素并将其删除。

```
>>> x=[1, 2, 3, 4, 5, 6]
>>> y=x.pop(3)
>>> x
[1, 2, 3, 5, 6]
>>> y
4
```

6）lst.count(x)。该方法返回元素 x 在列表 lst 中出现的次数。

【例6-37】 返回元素 2 在列表 x 中出现的次数。

```
>>> x=[1, 2, 3, 2, 3, 2, 12, 0, 3]
>>> x.count(2)
3
```

7）lst.index(x)。该方法返回元素 x 在列表 lst 中第一次出现的索引值。如果元素 x 未包含在列表 lst 中，则会出现 ValueError 错误。

【例6-38】 返回元素"C++"和"C#"在列表 x 中第一次出现的索引值。

```
>>> x=["C", "Java", "C++", "PHP", "Python", "JavaScript"]
>>> x.index("C++")
2
>>> x.index("C#")
Traceback (most recent call last):
  File "<pyshell#19>", line 1, in <module>
```

```
        x.index("C#")
ValueError: 'C#' is not in list
```

8) lst.sort(key=None, reverse=False)。该方法对列表 lst 排序，其中参数的含义与内置函数 sorted()相同。使用该方法会修改原列表，若要返回一个新的列表，须使用内置函数 sorted()。

【例 6-39】 对列表 x 分别进行升序和降序排列。

```
>>> x=[6, 7, 5, 8, 9, 0, 2, 4, 3, 1, 3]
>>> x.sort()
>>> x
[0, 1, 2, 3, 3, 4, 5, 6, 7, 8, 9]
>>> x.sort(key=None, reverse=True)
>>> x
[9, 8, 7, 6, 5, 4, 3, 3, 2, 1, 0]
```

9) lst.reverse()。该方法反转列表 lst 中所有元素的位置。

【例 6-40】 反转列表 x 中所有元素的位置。

```
>>> x=[6, 7, 5, 8, 9]
>>> x.reverse()
>>> x
[9, 8, 5, 7, 6]
```

对列表使用 sort()方法和 reverse()方法后，会重新排列列表，因此原来元素的索引会发生改变，在新列表中引用元素时要注意。

6.1.5 嵌套列表

如果一个列表的元素也是列表，则称该列表为嵌套列表，也称多维列表。Python 对于嵌套列表的层次数目没有限制，但是最好不要超过 3 层，否则会增加处理的复杂度。

实际应用中，最常用的多维列表是二维列表。二维列表可以看成是由行和列组成的列表。二维列表中的每一行可以使用索引来访问，该索引称为行索引。"列表名[行索引]"表示列表中的某一行，其值就是一个一维列表；每一行中的值可以通过另一个索引访问，该索引称为列索引。"列表名[行索引][列索引]"表示指定行中某一列的值，其值可以是数字或字符串等。例如，对于列表 t=[[x00, x01, x02], [x10, x11, x12], t[x20, x22, x23]]，t[0]表示第一个元素[x00, x01, x02]。对于列表中的每个元素，即子列表中的所有元素，需要使用二级索引来表示。例如，t[1][2]表示第二个子列表中的第三个元素 x12。

嵌套列表的遍历需要使用多重循环结构。如果只是嵌套两层，可以使用两重循环结构来遍历；如果嵌套层次大于 2，建议使用递归函数来遍历。

【例 6-41】 定义一个 4 行 5 列的二维列表 m，并通过 m[i][j]的形式访问列表中的元素，其中 i 和 j 分别表示行索引和列索引。

```
>>> m=[ [1, 2, 3, 4, 5], [11, 22, 33, 44, 55], [111, 222, 333, 444, 555], ['a', 'b', 'c', 'd', 'f'] ]
>>> print(m[0][0], m[1][1], m[2][2], m[3][3], m[3][4])
```

运行结果如下：

```
1 22 333 d f
```

【例6-42】 两层嵌套列表遍历示例。

```
mylist=[['1001', 'Apple', 2.5, '山东', '2021-9', 20],
        ['1002', 'Banana', 3.5, '海南', '2021-2', 30],
        ['1003', 'Orange', 4.3, '四川', '2021-12', 50]]
for each in mylist:
    for item in each:
        print("%8s" %item, end="")
    print()
```

运行结果如下：

```
    1001   Apple    2.5      山东    2021-9      20
    1002  Banana    3.5      海南    2021-2      30
    1003  Orange    4.3      四川   2021-12      50
```

【例6-43】 用列表保存若干名学生的信息，包括学号、姓名、性别和出生日期。

分析：根据题目要求，需要使用一个列表保存所有学生信息，列表中的每个元素表示一个学生，每一个学生的信息再用一个子列表保存，因此需要使用嵌套列表。

```
grade=[]
num=int(input("要输入的学生人数："))
for i in range(num):
    stu=[]
    stu.append(input("学号："))
    stu.append(input("姓名："))
    stu.append(input("性别："))
    stu.append(input("出生日期："))
    grade.append(stu)
print("录入的学生名单如下:")
for i in range(num):
    print(grade[i])
print(grade)    # 显示嵌套的列表
```

运行结果如下：

```
要输入的学生人数：3
学号：202001
姓名：王芳
性别：女
出生日期：2002-10-3
学号：202002
姓名：赵强
性别：男
出生日期：2001-12-22
学号：202005
姓名：李娜
性别：女
出生日期：2002-5-6
录入的学生名单如下：
['202001', '王芳', '女', '2002-10-3']
['202002', '赵强', '男', '2001-12-22']
['202005', '李娜', '女', '2002-5-6']
```

[['202001', '王芳', '女', '2002-10-3'],['202002', '赵强', '男', '2001-12-22'],['202005', '李娜', '女', '2002-5-6']]

6.2 元组

元组与列表类似，也是元素的有序序列。元组与列表的区别是：元组存储的值不能被修改，即这些数据值是不可改变的。元组中没有 append()、extend()和 insert()方法。除此之外，列表中其他函数和方法对元组同样适用。

6.2.1 创建元组对象和元组变量

1．创建元组对象

创建元组对象的方法有两种。

（1）使用圆括号创建元组对象

创建元组对象（简称创建元组），就是把所有元素都放在一对圆括号( )中，相邻元素之间用逗号分隔。创建元组对象的语法格式如下：

> (元素1，元素2，元素3，...，元素n)

元组中元素的个数与类型没有限制，其规则与列表相同。

【例6-44】 创建元组对象。

```
>>> ('Python 语言', 'C++语言', 'C#语言', 'Java 语言', 100)   # 用圆括号包围多个用逗号分隔的元素
>>> (1, 2, 3, 4, 5)
>>> "a", "b", "c", "d"   # 多个用逗号分隔的元素，输出时自动加上圆括号
```

在 IDLE 中的交互方式下，运行结果如图 6-2 所示。

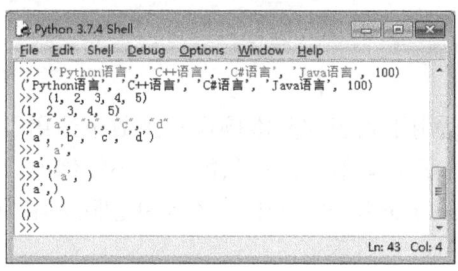

图 6-2　例 6-44 运行结果

注意：

1）元组中数据的类型可以不同。
2）当创建只有一个元素的元组时，要在该元素的后面加逗号，如'a',或('a',)。
3）( )表示创建一个空元组，而不是表达式。

（2）使用 tuple 类的构造函数创建元组对象

元组是通过内置的 tuple 类定义的，因此也可以使用 tuple 类的构造函数创建元组，可以将字符串、元组或其他可迭代对象类型转换为元组。语法格式如下：

```
tuple([可迭代对象])
```

【例 6-45】 用 tuple() 构造函数创建元组。

```
>>> tuple()   # 创建空元组对象
>>> tuple("Python 程序设计")   # 创建元组，每个字符成为一个元素
>>> tuple([1, 2, 3])   # 列表转换为元组
>>> tuple(range(1, 101))   # 使用 range() 函数创建区间元组(1, 2, 3, …, 99, 100)
```

在 IDLE 中的交互方式下，运行结果如图 6-3 所示。

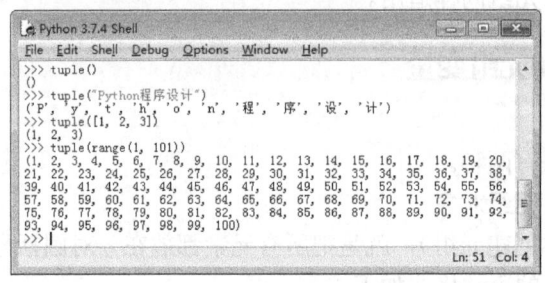

图 6-3　例 6-45 运行结果

2．创建元组变量

创建元组变量的语法格式如下：

```
元组变量名 = (元素 1, 元素 2, 元素 3, ..., 元素 n)
```

【例 6-46】 创建元组变量示例。

```
>>> t1=(1, 2, 3, 4, 5)
>>> t2=("Jack", "male", 19, 178)
>>> t3=t2
>>> print(t1,t2,t3)
```

6.2.2　元组的基本操作

元组与列表类似，一些适用于列表的基本操作和函数也适用于元组。但是，由于元组是不可变对象，不允许修改元组中的元素值，元组只能读，不能修改。如果试图通过赋值语句修改元组中的元素，将会出现 TypeError 错误。同样，不允许删除元组中的元素。

1．元组的访问

使用索引访问元组指定位置的元素，可以获得该索引对应位置的元素。

2．元组的切片

通过切片从元组中获取部分元素，可以获得由若干个元素构成的子元组。

3．元组操作符

元组对"+"和"*"的操作符与字符串相似。其中，"+"用于合并元组，"*"用于重复元组。使用关系运算符比较两个元组。使用成员运算符 in 和 not in 判断某个值是否存在于元组中。

4．删除整个元组

虽然元组的元素不能修改，但是可以用"del 元组名"删除整个元组。

5. 元组的函数与方法

在列表的函数和方法中，除 append()、extend()和 insert()这 3 种方法之外，其他函数和方法都可以用于元组，例如使用内置函数 len()计算元组的长度等，使用 for 循环遍历元组。

【例6-47】 元组的基本操作。

```
import random
t=tuple([int(100*random.random()) for i in range(10)])
print('元组内容:', t)
print('遍历元组:')
for i in range(10):
    print("t[{0}]={1:<8d}".format(i, t[i]), end="")
    if (i+1)%5==0: print()
print('元组长度:', len(t))
print('元组类型:', type(t))
print("元组切片: t[2:8]={0}".format(t[2:8]))
print("元组求和:", sum(t))
print("元组最大元素:", max(t))
print("元组最小元素:", min(t))
```

运行结果如下：

```
元组内容: (5, 19, 38, 82, 38, 43, 99, 19, 32, 83)
遍历元组:
t[0]=5       t[1]=19      t[2]=38      t[3]=82      t[4]=38
t[5]=43      t[6]=99      t[7]=19      t[8]=32      t[9]=83
元组长度: 10
元组类型: <class 'tuple'>
元组切片: t[2:8]=(38, 82, 38, 43, 99, 19)
元组求和: 458
元组最大元素: 99
元组最小元素: 5
```

6.2.3 元组封装与序列拆封

元组是一种用法灵活的数据结构。元组有两种特殊的运算，即元组封装和序列拆封。这两种运算为编程带来了很多便利。

1. 元组封装

元组封装是指将用逗号分隔的多个值自动封装到一个元组中。

【例6-48】 元组封装示例。

```
>>> t="C", "Java", "C++", "PHP", "Python", 100, 200
>>> t
('C', 'Java', 'C++', 'PHP', 'Python', 100, 200)
>>> type(t)
<class 'tuple'>
```

在上述例子中，通过赋值语句将赋值运算符右边的 7 个数据对象装入一个元组对象，并将其赋给变量 t，此时可以通过该变量来引用元组对象。

2. 序列拆封

序列拆封是元组封装的逆运算，用来把一个封装起来的元组对象自动拆分成若干个基本数据。

【例6-49】 序列拆封示例。

```
>>> t=(100, 'Java', 'C++')
>>> a,b,c=t
>>> print(a,b,c)
100 Java C++
```

在上述例子中,通过执行第二条赋值语句,将一个元组对象拆分成 3 个数据对象,并将其分别赋给 3 个变量。这种序列拆分操作要求赋值运算符左边的变量数目与右边序列中包含的变量数目相等,如果不相等,则会出现 ValueError 错误。

封装操作只能用于元组对象,拆分操作不仅可以用于元组对象,也可以用于列表对象。

第 2 章介绍过同时给多个变量赋值,也就是使用不同表达式的值分别对不同的变量赋值,例如:

```
a, b, c, d = 100, "Java", "C++", 200
```

这个赋值语句的语法格式实际上就是将元组封装和序列拆分两个操作结合起来执行,即首先将赋值运算符右边的 4 个数据对象封装成一个元组,然后再将这个元组拆分成 4 个数据对象,分别赋给赋值运算符左边的 4 个变量。

【例6-50】 输入两个字符串并将其存入两个变量,然后交换两个变量的内容。

```
s1=input("请输入一个字符串: ")
s2=input("请再输入一个字符串: ")
print("您输入的两个字符串是: ")
print("s1={0}, s2={1}".format(s1, s2))
# 执行元组封装和序列拆分操作
s1, s2 = s2, s1
print("交换两个字符串的内容: ")
print("s1={0}, s2={1}".format(s1, s2))
```

运行结果如下:

```
请输入一个字符串: Java
请再输入一个字符串: 100
您输入的两个字符串是:
s1=Java, s2=100
交换两个字符串的内容:
s1=100, s2=Java
```

6.2.4 元组与列表的比较

元组和列表都是有序序列类型,它们有很多类似的操作(如索引、切片、遍历等),而且可以共同使用很多函数。但是,元组与列表也有区别。调用相关函数还可以在元组与列表之间相互转换。

1. 不可变对象和可变对象

对象是一个可以存储数据并且具有数据操纵方法的实体。数值、字符串、列表和元组都是对象。当使用赋值语句创建一个变量后,赋值号之后的值就成为内存中的一个对象,变量名(引用)指向该对象。修改一个列表是在该对象所在空间中完成的。当一个要修改的变量值是数值、字符串或元组时，Python 会分配一个新的内存空间存储新值，并把此对象赋值给该变量。因此，列表相当于原地修改，但是数值、字符串和元组不是这样。能够原地修改的对象称为可变的，不能原地修改的对象是不可变的。

2．元组与列表的区别

元组与列表之间的区别主要表现在以下几个方面。

1）元组是不可变的序列类型，对元组不能使用 append()、extend()和 insert()函数，不能向元组中添加元素，也不能使用赋值语句对元组中的元素进行修改；对元组不能使用 pop()和 remove()函数，不能从元组中删除元素；对元组不能使用 sort()和 reverse()函数，不能更改元组中元素的排列顺序。

列表则是可变的序列类型，可以通过添加、插入、删除以及排序等操作对列表中的数据进行修改。

2）元组使用圆括号并以逗号分隔元素来定义，列表则使用方括号并以逗号分隔元素来定义。不过，在使用索引或切片获取元素时，元组与列表一样也使用方括号和一个或多个索引值来获取元素。

3）元组可以在字典中作为键来使用，列表则不能作为字典的键来使用。

3．元组与列表的相互转换

列表类的构造函数 list()可以接收一个元组作为参数并返回一个包含相同元素的列表，通过调用该构造函数将元组转换为列表，此时将"融化"元组，从而达到修改数据的目的。元组类的构造函数 tuple()用于接收一个列表作为参数并返回一个包含相同元素的元组，通过调用该构造函数将列表转换为元组，此时将"冻结"列表，从而达到保护数据的目的。

【例 6-51】 元组与列表相互转换。

```
tup1=('C', 'Java', 'C++', 'Python', 100, 200)  # 创建元组对象，并赋值给变量
print(tup1)
st1=list(tup1)  # 元组转换为列表
print(st1)
st1[2:5]=["Go","C#"]  # 对列表切片赋值
print(st1)
tup1=tuple(st1)  # 将列表转换为元组
print(tup1)
```

运行结果如下：

```
('C', 'Java', 'C++', 'Python', 100, 200)
['C', 'Java', 'C++', 'Python', 100, 200]
['C', 'Java', 'Go', 'C#', 200]
('C', 'Java', 'Go', 'C#', 200)
```

6.3 集合

集合是 Python 的一种数据类型。通过集合，可以很容易地确定某个特定的元素是否在多个集合中、一个集合与另一个集合相比有哪些元素不同、一个元素在一组集合中是否唯一等。

集合是一个无序不重复元素集，其基本功能包括关系测试和消除重复元素。集合对象还支持并、交、差、对称差等操作。

与列表和元组等有序序列不同,集合不记录元素的位置,因此对集合不能进行索引和切片等操作。不过,有些用于序列的操作和函数也可以用于集合。例如,使用 in 运算符判断某个元素是否属于集合,使用 len()函数求集合的长度,使用 max()和 min()函数求最大值和最小值,使用 sum()函数求所有元素之和,使用 for 循环遍历集合等。

6.3.1 创建集合对象和集合变量

6.3.1 创建集合对象和集合变量

集合分为可变集合(set)和不可变集合(frozenset)两种。可变集合可以添加和删除集合元素,但其中的元素本身却是不可修改的,因此集合的元素只能是数值、字符串或元组。可变集合不能作为其他集合的元素或字典的键使用。不可变集合可以作为其他集合的元素和字典的键使用。两种类型的集合需要使用不同的创建方法。

1. 创建可变集合对象和可变集合变量

(1) 创建可变集合对象

创建可变集合对象的方法有两种。

1) 使用花括号创建集合对象。

创建可变集合对象最简单的方法是使用逗号分隔一组数据,并将它们放在一对花括号{ }中。创建可变集合对象的语法格式如下:

> {元素1, 元素2, 元素3, ..., 元素n}

集合中的元素可以是不同的数据类型。

【例 6-52】 使用花括号创建可变集合对象示例。

```
>>> {'C', 'Java', 'C++', 'Python', 100, 200}
{'C++', 100, 200, 'Python', 'Java', 'C'}
```

集合中不能包含重复元素。如果创建可变集合对象时使用了重复的元素,Python 会自动删除重复的元素。例如:

```
>>> {1,1,2,2,2,3,3,3,3}
{1, 2, 3}
```

2) 使用 set 类的构造函数创建可变集合对象。

可变集合对象还可以使用内置的 set 类定义。使用集合类的构造函数 set()可以把字符串、列表和元组等类型转换为可变集合。语法格式如下:

> set([可迭代对象])

【例 6-53】 使用 set 类的构造函数创建可变集合对象示例。

```
>>> set([1, 2, 3, 4, 5])
{1, 2, 3, 4, 5}
>>> set(('C', 'Java', 'C++', 'Python'))
{'Java', 'C++', 'C', 'Python'}
>>> set(x for x in range(10))
{0, 1, 2, 3, 4, 5, 6, 7, 8, 9}
>>> set("Hello")
{'o', 'H', 'l', 'e'}
```

```
>>> set()
set()
```

在上述例子中，set()创建一个空集合，其中不包含任何元素。在 Python 中，创建空集合只能使用 set()，而不能使用{}，如果使用{}，则会创建一个空字典。

（2）创建可变集合变量

创建可变集合变量的语法格式如下：

可变集合变量名 = {元素1, 元素2, 元素3, ..., 元素n}

【例 6-54】 创建可变集合变量示例。

```
>>> s={'C', 'Java', 'C++', 'Python', 100, 200}
>>> type(s)
<class 'set'>
```

2．创建不可变集合对象和不可变集合变量

（1）创建不可变集合对象

由于不可变集合没有自己的语法格式，只能通过调用 frozenset()函数创建。语法格式如下：

frozenset([可迭代对象])

其中，参数"可迭代对象"为可选项，用于指定一个可迭代对象，可以是列表、元组、可变集合、字典等。frozenset()函数返回一个新的 frozenset 对象，即不可变集合；如果不为它提供参数，则会生成一个空集合。

【例 6-55】 创建不可变集合对象示例。

```
>>> frozenset({'C', 'Java', 'C++', 'Python', 100, 200})
frozenset({'C++', 100, 'Java', 'C', 200, 'Python'})
>>> frozenset(range(10))
frozenset({0, 1, 2, 3, 4, 5, 6, 7, 8, 9})
>>> frozenset("Hello")
frozenset({'o', 'H', 'l', 'e'})
>>> frozenset()
frozenset()
```

（2）创建不可变集合变量

创建不可变集合变量的语法格式如下：

不可变集合变量名 = frozenset([可迭代对象])

【例 6-56】 创建不可变集合变量示例。

```
>>> s= frozenset({3, 0, 2, 7, 9})
>>> type(s)
<class 'frozenset'>
```

6.3.2 集合的基本操作

1．访问集合

由于集合本身是无序的，因此不能为集合创建索引或执行切片操作，只能循环遍历，或者使用 in、not in 来访问或判断集合元素。

2. 集合的遍历

使用 for 循环可以遍历集合中的所有元素。

【例 6-57】 遍历集合示例。

```
>>> set1={'C', 'Java', 'C++', 'Python', 100, 200}
>>> for x in set1:
        print(x, end="\t")
100     200     Java    Python  C++     C
```

6.3.3 集合的常用方法

Python 还提供了一些用于集合运算的方法，其中有些是可变集合和不可变集合都可以使用的，有些是只可用于可变集合的。

1. 适用于所有集合的方法

下列方法不会修改原集合的内容，适用于可变集合和不可变集合。

1）set1.isubset(set2)。如果集合 set1 是集合 set2 的子集，则该方法返回 True，否则返回 False。

【例 6-58】 判断集合 set1 是否为集合 set2 的子集。

```
>>> set1={1, 2, 3, 4, 5}
>>> set2={8, 6, 3, 7, 1, 2, 4, 9, 5}
>>> set1.issubset(set2)
True
```

2）set1.isuperset(set2)。如果集合 set1 是集合 set2 的超集，则该方法返回 True，否则返回 False。

【例 6-59】 判断集合 set2 是否为集合 set1 的超集。

```
>>> set1={1, 2, 3, 4, 5}
>>> set2={8, 6, 3, 7, 1, 2, 4, 9, 5}
>>> set2.issuperset(set1)
True
```

3）set1.isdisjoint(set2)。如果集合 set1 和集合 set2 没有共同元素，则该方法返回 True，否则返回 False。

【例 6-60】 判断集合 set1 和集合 set2 是否没有共同元素。

```
>>> set1={1, 2, 3, 4, 5}
>>> set2={8, 6, 3, 7, 1, 2, 4, 9, 5}
>>> set1.isdisjoint(set2)
False
```

4）set1.intersection(set2, ⋯, setn)。该方法计算集合 set1、set2、⋯、setn 的交集。

【例 6-61】 求集合 set1 和集合 set2 的交集。

```
>>> set1={1, 2, 3, 4, 5}
>>> set2={8, 6, 3, 7, 1, 2, 4, 9, 5}
>>> set1.intersection(set2)
```

```
{1, 2, 3, 4, 5}
```

5) set1.union(set2, ..., setn)。该方法计算集合 set1、set2、…、setn 的并集。

【例 6-62】 求集合 set1 和集合 set2 的并集。

```
>>> set1={1, 2, 3, 4, 5}
>>> set2={8, 6, 3, 7, 1, 2, 4, 9, 5}
>>> set1.union(set2)
{1, 2, 3, 4, 5, 6, 7, 8, 9}
```

6) set1.difference(set2)。该方法计算集合 set1 与集合 set2 的差集，即属于集合 set2 但不属于集合 set1 的元素组成的集合。

【例 6-63】 求集合 set1 和集合 set2 的差集。

```
>>> set1={1, 2, 3, 4, 5}
>>> set2={8, 6, 3, 7, 1, 2, 4, 9, 5}
>>> set2.difference(set1)
{8, 9, 6, 7}
```

7) set1.symmetric_difference(set2)。该方法计算集合 set1 与集合 set2 的对称差集。

【例 6-64】 求集合 set1 和集合 set2 的对称差集。

```
>>> set1={1, 2, 3, 4, 5}
>>> set2={8, 6, 3, 7, 1, 2, 4, 9, 5}
>>> set1.symmetric_difference(set2)
{6, 7, 8, 9}
```

8) set1.copy()。该方法复制集合 set1，返回集合 set1 的一个副本。

【例 6-65】 复制集合 set1。

```
>>> set1={3, 1, 2, 1, 2, 5, 4, 3}
>>> set1.copy()
{1, 2, 3, 4, 5}
```

2. 仅适用于可变集合的方法

下列方法会修改原集合的内容，仅适用于可变集合。

1) set1.add(x)。该方法在集合 set1 中添加一个元素 x。

【例 6-66】 为集合 set1 添加一个元素。

```
>>> set1={1, 2, 3, 4, 5}
>>> set1.add("Hello")
>>> set1
{'Hello', 1, 2, 3, 4, 5}
```

2) set1.update(set2, set3, ..., setn)。该方法把集合 set2、set3、…、setn 拆分成单个数据项并将其添加到集合 set1 中。

【例 6-67】 为集合 set1 添加多个元素。

```
>>> set1={1, 2, 3, 4, 5}
>>> set1.update({100, 200, 300}, {"AAA","BBB","CCC"})
>>> set1
{1, 2, 3, 4, 5, 100, 'AAA', 200, 'CCC', 300, 'BBB'}
```

3）set1.intersection_update(set2, set3, …, setn)。该方法求出集合 set1、set2、set3、…、setn 集合的交集，并将其赋值给 set1。

【例 6-68】 求集合 set1 与其他两个集合的交集，并将结果赋值给 set1。

```
>>> set1={1, 2, 3, 4, 5, 6}
>>> set1.intersection_update({3, 4, 5, 6, 7, 8}, {5, 6, 7, 8, 9})
>>> set1
{5, 6}
```

4）set1.difference_update(set2, set3, …, setn)。该方法求出属于集合 set1 但不属于集合 set2、set3、…、setn 的元素，并将其赋值给 set1。

【例 6-69】 求集合 set1 与其他两个集合的差。

```
>>> set1={1, 2, 3, 4, 5, 6, 7, 8, 9, 10}
>>> set1.difference_update({2, 3},{7, 8, 9})
>>> set1
{1, 4, 5, 6, 10}
```

5）set1.symmetric_difference_update(set2)。该方法求集合 set1 和 set2 的对称差集并将其赋值给 set1。

【例 6-70】 求集合 set1 和集合{4，5，6，7，8，9}的对称差集并将其赋值给 set1。

```
>>> set1={1, 2, 3, 4, 5, 6}
>>> set1.symmetric_difference_update({4, 5, 6, 7, 8, 9})
>>> set1
{1, 2, 3, 7, 8, 9}
```

6）set1.remove(x)。该方法从集合 set1 中删除元素 x，若 x 不存在于集合 set1 中，则会出现 KeyError 错误。

【例 6-71】 从集合 set1 中删除元素 3，如不存在，则报错。

```
>>> set1={1, 2, 3, 4, 5, 6}
>>> set1.remove(3)
>>> set1
{1, 2, 4, 5, 6}
>>> set1.remove(3)
Traceback (most recent call last):
  File "<pyshell#57>", line 1, in <module>
    set1.remove(3)
KeyError: 3
```

7）set1.discard(x)。该方法从集合 set1 中删除元素 x，若 x 不存在于集合 set1 中，也不会引发任何错误。

【例 6-72】 从集合 set1 中删除元素 3，如不存在，则不报错。

```
>>> set1={1, 2, 3, 4, 5, 6}
>>> set1.discard(3)
>>> set1
{1, 2, 4, 5, 6}
>>> set1.discard(3)
>>> set1
```

```
{1, 2, 4, 5, 6}
```

8) set1.pop()。该方法从集合 set1 中弹出一个元素,即删除并返回该元素。

【例 6-73】 从集合 set1 中弹出一个元素。

```
>>> set1={1, 2, 3, 4, 5, 6}
>>> set1.pop()
1
>>> set1.pop()
2
>>> set1
{3, 4, 5, 6}
```

9) set1.clear()。该方法删除集合 set1 中的所有元素。

【例 6-74】 删除 set1 中的所有元素。

```
>>> set1={1, 2, 3, 4, 5, 6}
>>> set1.clear()
>>> set1
set()
```

6.3.4 集合的运算

1. 传统的集合运算

对集合数据结构,Python 提供了求交集、并集、差集以及对称差集等集合运算。

1) 计算交集。交集是由两个集合共有的元素组成的集合,可以使用运算符 "&" 计算两个集合的交集。

【例 6-75】 求 set1 & set2。

```
>>> set1={1, 2, 3, 4, 5, 6}
>>> set2={3, 4, 5, 6, 7, 8, 9, 10}
>>> set1 & set2
{3, 4, 5, 6}
```

2) 计算并集。并集是包含两个集合所有元素的集合,可以使用运算符 "|" 计算两个集合的并集。

【例 6-76】 求 set1 | set2。

```
>>> set1={1, 2, 3, 4, 5, 6}
>>> set2={3, 4, 5, 6, 7, 8, 9, 10}
>>> set1 | set2
{1, 2, 3, 4, 5, 6, 7, 8, 9, 10}
```

3) 计算差集。对于集合 A 和 B,由所有属于集合 A 但不属于集合 B 的元素所组成的集合称为集合 A 和集合 B 的差集,使用运算符 "-" 计算两个集合的差集。

【例 6-77】 求 set1-set2。

```
>>> set1={1, 2, 3, 4, 5, 6}
>>> set2={3, 4, 5, 6, 7, 8, 9, 10}
>>> set1-set2
{1, 2}
```

4)计算对称差集。对于集合 A 和 B,由所有属于集合 A 或属于集合 B 但不属于集合 A 和 B 的交集的元素所组成的集合称为集合 A 和集合 B 的对称差集,使用运算符"^"计算两个集合的对称差集。

【例 6-78】 求 set1 ^ set2。

```
>>> set1={1, 2, 3, 4, 5, 6}
>>> set2={3, 4, 5, 6, 7, 8, 9, 10}
>>> set1^set2
{1, 2, 7, 8, 9, 10}
```

2. 集合的比较

使用关系运算符可以对两个集合进行比较,比较的结果是一个布尔值。以判断一个集合是不是另一个集合的子集或超集;将一个集合并入另一个集合中;使用 for 循环遍历集合中的所有元素。

1)判断相等。使用运算符"=="判断两个集合是否具有相同的元素,若是则返回 True,否则返回 False。

【例 6-79】 求 set1 == set2。

```
>>> set1={1, 2, 3, 4, 5, 6}
>>> set2={2, 1, 1, 3, 6, 3, 5, 4, 5}
>>> set1==set2
True
```

2)判断不相等。使用运算符"!="判断两个集合是否具有不相同的元素,若是则返回 True,否则返回 False。

【例 6-80】 求 set1 != set2。

```
>>> set1={1, 2, 3, 4, 5}
>>> set2={3, 1, 2, 6, 4, 5}
>>> set1 != set2
True
```

3)判断真子集。如果集合 set1 不等于集合 set2,并且集合 set1 中的所有元素都是集合 set2 的元素,则集合 set1 是集合 set2 的真子集。使用运算符"<"判断一个集合是否为另一个集合的真子集,若是则返回 True,否则返回 False。

【例 6-81】 求 set1 < set2。

```
>>> set1={1, 2, 3, 4, 5}
>>> set2={3, 1, 2, 6, 4, 5}
>>> set1 < set2
True
```

4)判断子集。如果集合 set1 中的所有元素都是集合 set2 的元素,则集合 set1 是集合 set2 的子集。使用运算符"<="判断一个集合是不是另一个集合的子集,若是则返回 True,否则返回 False。

【例 6-82】 求 set1 <= set2。

```
>>> set1={1, 2, 3, 4, 5}
>>> set2={3, 1, 2, 6, 4, 5}
```

```
>>>set1 <= set2
True
```

5）判断真超集。如果集合 set1 不等于集合 set2，并且集合 set2 中的所有元素都是集合 set1 的元素，则集合 set1 是集合 set2 的真超集。使用运算符 ">" 判断一个集合是不是另一个集合的真超集，若是则返回 True，否则返回 False。

【例 6-83】 求 set2 > set1。

```
>>> set1={1, 2, 3, 4, 5}
>>> set2={3, 1, 2, 6, 4, 5}
>>> set2 > set1
True
```

6）判断超集。如果集合 set2 中的所有元素都是集合 set1 的元素，则集合 set1 是集合 set2 的超集。使用运算符 ">=" 判断一个集合是不是另一个集合的超集，若是则返回 True，否则返回 False。

【例 6-84】 求 set2 >= set1。

```
>>> set1={1, 2, 3, 4, 5}
>>> set2={3, 1, 2, 6, 4, 5}
>>> set2 >= set1
True
```

3. 集合的并入

对于可变集合，使用运算符 "|=" 将一个集合并入另一个集合中。

【例 6-85】 对于可变集合 set1、set2，求 set1 |= set2。

```
>>> set1={3, 1, 2, 4}
>>> set2={5, 6, 7, 8, 9}
>>> set1 |= set2
>>> set1
{1, 2, 3, 4, 5, 6, 7, 8, 9}
```

对于不可变集合，也可以进行同样的操作。

【例 6-86】 对于不可变集合 f1、f2，求 f1 |= f2。

```
>>> f1=frozenset({1, 2, 3})
>>> f2=frozenset({4,5,6})
>>> f1 |= f2
>>> f1
frozenset({1, 2, 3, 4, 5, 6})
```

6.3.5 集合与列表的比较

集合和列表都可以存储多个元素，都可以通过内置函数 len()、max() 和 min() 计算长度、最大元素和最小元素，可变集合和列表都是可变对象。但集合和列表也有很多区别，主要表现在以下几个方面。

1）集合中不能存储重复的元素，列表则允许存储重复的元素。
2）集合中的元素是无序的，不能通过索引或切片获取元素；列表中的元素则是有序的，可以通过索引或切片获取元素。

3）集合可以判断集合关系，也可以进行各种集合运算，这些都是集合特有的。

根据需要，也可以在集合和列表之间相互转换。如果将一个集合作为参数传入 list()函数，则可以返回一个列表对象。

【例6-87】 将集合转换为列表示例。

```
>>> set1={5, 1, 3, 2, 3, 1, 2, 5, 3, 4}
>>> list1=list(set1)
>>> list1
[1, 2, 3, 4, 5]
```

反过来，如果将一个列表作为参数传入 set()函数，则可以返回一个集合对象。

```
>>> list1=[5, 1, 3, 2, 3, 1, 2, 5, 3, 4]
>>> set1=set(list1)
>>> set1
{1, 2, 3, 4, 5}
```

6.4 字典

字典是 Python 内置的一种数据结构，字典属于可变类型，在字典中可以包含任何数据类型的对象。字典中的每个数据由两部分构成：一部分称作键（Key），另一部分称作值（Value）。在同一个字典中，每个键必须互不相同，键与值之间存在一一对应的关系。键的作用相当于索引，每个键对应的值就是数据，数据是按照键存储的，只要找到了键，便可以找到所需要的值，因此字典也称作键/值对。如果修改了某个键所对应的值，将以新值替换以前的值。Python 中的字典相当于其他程序语言（如 Java、C#）的哈希表。

6.4.1 创建字典对象和字典变量

1. 创建字典对象

创建字典对象的方法有两种。

（1）使用花括号创建字典对象

字典是用花括号括起来的一组"键: 值"对，每个"键: 值"对就是字典中的一个元素。创建字典对象的一般语法格式如下：

{键1: 值1, 键2: 值2, …, 键n: 值n}

其中键与值之间用半角冒号"："分隔，各个元素之间用半角逗号"，"分隔；字典中的键必须是唯一的，而值可以不唯一。键必须是一个不可变对象，即键可以是字符串、数值和元组，但不能是列表。如果字典中的值为数字，最好使用字符串数字形式。例如，使用'no':'010'，而不用'no':010。如果创建字典对象时在花括号内未提供任何元素，则会生成一个空字典。

【例6-88】 创建字典对象示例。

```
>>> {"name": "王芳", "age": 18, "size": 167}
{'name': '王芳', 'age': 18, 'size': 167}
>>> {101: 'C', 102: 'Java', 105: 'C++', 108: 'Python'}
```

```
{101: 'C', 102: 'Java', 105: 'C++', 108: 'Python'}
>>> { }
{}
```

(2) 使用 dict 类的构造函数创建字典对象

在 Python 中，字典是通过内置的 dict 类定义的，因此也可以使用字典对象的构造函数 dict() 来创建字典对象，此时可以将列表或元组作为参数传入这个函数。如果未传入任何参数，则会生成一个空字典。语法格式如下：

dict([可迭代对象])

【例 6-89】 使用函数 dict()创建字典，此时传入的参数为列表，列表的元素为元组，每个元组内包含两个元素。

```
>>> dict([("name", "张三"), ("age", 19)])
{'name': '张三', 'age': 19}
>>> dict()
{}
```

创建字典时，也可以以"键=值"的形式传入 dict()函数，此时键必须是字符串类型，而且不加引号。例如：

```
>>> dict( name="李四", age=18)
{'name': '李四', 'age': 18}
```

2．创建字典变量

创建字典变量的语法格式如下：

字典变量名={键1：值1，键2：值2，…，键n：值n}

【例 6-90】 创建字典变量示例。

```
>>> dict1={"name": "王芳", "age": 18, "size": 167}
>>> dict2={ }
>>> dict3=dict()
>>> type(dict2)
<class 'dict'>
```

6.4.2 字典的基本操作

创建字典后，可以对字典进行操作，主要包括通过键访问和更新字典元素，删除字典元素或整个字典，检测某个键是否存在于字典中等。

1．访问字典元素

在字典中，键的作用相当于索引，可以根据索引访问字典中的元素，其语法格式如下：

字典名[键]

如果指定的键未包含在字典中，则会发生 KeyError 错误。

【例 6-91】 通过键访问字典元素。

```
>>> dict1={"name": "王芳", "age": 18, "size": 167}
>>> print(dict1["name"], dict1["age"], dict1["size"])
```

王芳 18 167

如果字典中键的值也是字典，则需要使用多个键访问字典元素。

【例6-92】 使用多个键访问字典元素。

```
>>> person={"name": {"first name": "Bill", "last name": "Gates"}}
>>> person["name"]["first name"]
'Bill'
>>> person["name"]["last name"]
"Gates'
```

如果字典中键的值是列表或元组，则需要同时使用键和索引来访问字典元素。

【例6-93】 通过键和索引访问字典元素。

```
>>> student={"name":{"李芳"}, "score":[98, 90, 97]}   # 值是列表
>>> print(student["name"],student["score"][0],student["score"][1],student["score"][2])
{'李芳'} 98 90 97
>>>score={"姓名":"张娜", ("数学", "哲学", "英语"): (91, 82, 96)}   # 键和值均为元组
>>> score["姓名"]
'张娜'
>>> score["数学", "哲学", "英语"]   # 使用元组作为索引
(91, 82, 96)
>>> score["数学", "哲学", "英语"][0]   # 同时使用键（元组）和索引
91
>>> print(score["姓名"], score["数学", "哲学", "英语"][1], score["数学", "哲学", "英语"][2])
张娜 82 96
```

2. 添加或更新字典元素

添加和更新字典元素可以通过赋值语句实现，其语法格式如下：

字典名[键] = 值

如果指定的键未包含在字典中，则使用在语句中指定的键和值在字典中增加一个新的元素；如果指定的键已经存在于字典中，则将该键对应的值更新为新值。

【例6-94】 创建一个空字典，在该字典添加一些元素。

```
>>> student={}
>>> student["name"]="李芳"
>>> student["age"]=18
>>> student["score"]=[98, 90, 97,90]
>>> student
{'name': '李芳', 'age': 18, 'score': [98, 90, 97, 90]}
```

3. 删除字典元素和字典

可以使用 del 语句删除一个变量，以解除该变量对数据对象的引用。若要从字典中删除指定键所对应的一个元素或删除整个字典，使用 del 语句。语法格式如下：

del 字典名[键] 或 字典名

【例6-95】 删除字典元素和字典示例。

```
>>> dict1={101: 'C', 102: 'Java', 105: 'C++', 108: 'Python'}
>>> del dict1[105]
>>> dict1
{101: 'C', 102: 'Java', 108: 'Python'}
>>> del dict1
>>> dict1
Traceback (most recent call last):
  File "<pyshell#41>", line 1, in <module>
    dict1
NameError: name 'dict1' is not defined
```

4. 检测字典中是否存在某个键

对字典元素操作之前,用 in 或 not in 运算符检测某个键是否在字典中。语法格式如下:

键 [not] in 字典名

【例6-96】 检测字典中是否存在某个键示例。

```
>>> dict2={1: "AAA", 2: "BBB", 3: "CCC"}
>>>3 in dict2
True
>>> if 2 in dict2:
        dict2[2]="bbbb"
>>> dict2
{1: 'AAA', 2: 'bbbb', 3: 'CCC'}
```

5. 获取键列表

将一个字典作为参数传入 list()函数获取该字典中所有键组成的列表。

【例6-97】 获取字典中的键列表示例。

```
>>> dict1={101: 'C', 102: 'Java', 105: 'C++', 108: 'Python'}
>>> list(dict1)
[101, 102, 105, 108]
>>> dict2={"name": "王芳", "age": 18, "size": 167}
>>> list(dict2)
['name', 'age', 'size']
```

6. 求字典长度

使用内置函数 len()获取字典的长度,即字典中包含的元素数目。

【例6-98】 求字典长度示例。

```
>>> dict2={"name": "王芳", "age": 18, "size": 167}
>>> len(dict2)
3
```

6.4.3 字典的常用方法

字典提供的方法为字典对象的操作带来很多便利。下面介绍字典的一些常用方法,格式中的 dic 表示字典对象或字典对象变量。

1. dic.fromkeys(序列, [值])

该方法创建一个新字典，并使用序列中的元素作为键，使用指定的值作为所有键对应的初始值（默认为 None）。

【例 6-99】 fromkeys()方法应用示例。

```
>>> {}.fromkeys(("name", "gender", "age"), "")
{'name': '', 'gender': '', 'age': ''}
```

2. dic.keys()

该方法获取包含字典 dic 中所有键的列表。

【例 6-100】 keys()方法应用示例。

```
>>> st={"name": "王芳", "gender": "女", "age": 18, "size": 167}
>>> st.keys()
dict_keys(['name', 'gender', 'age', 'size'])
```

3. dic.values()

该方法获取包含字典 dic 中所有值的列表。

【例 6-101】 values()方法应用示例。

```
>>> st={"name": "王芳", "gender": "女", "age": 18, "size": 167}
>>> st.values()
dict_values(['王芳', '女', 18, 167])
```

4. dic.items()

该方法获取包含字典 dic 中所有（键，值）元组的列表。

【例 6-102】 items()方法应用示例。

```
>>> st={"name": "王芳", "gender": "女", "age": 18, "size": 167}
>>> st.items()
dict_items([('name', '王芳'), ('gender', '女'), ('age', 18), ('size', 167)])
```

5. dic.copy()

该方法获取字典 dic 的一个副本。

【例 6-103】 copy()方法应用示例。

```
>>> dict1={101: 'C', 102: 'Java', 105: 'C++', 108: 'Python'}
>>> dict2=dict1.copy()
>>> dict2
{101: 'C', 102: 'Java', 105: 'C++', 108: 'Python'}
```

6. dic.clear()

该方法删除字典 dic 中的所有元素，使 dic 变成一个空字典。

7. dic.pop(key)

该方法从字典 dic 中删除键 key 并返回相应的值。

【例 6-104】 pop(key)方法应用示例。

```
>>> st={"name": "王芳", "gender": "女", "age": 18, "size": 167}
>>> st.pop("age")
18
```

```
>>> st
{'name': '王芳', 'gender': '女', 'size': 167}
```

8．dic.pop(key[, value])

该方法从字典 dic 中删除键 key 并返回相应的值，如果键 key 在字典 dic 中不存在，则返回 value 的值（默认为 None）。

【例6-105】 pop(key, value)方法应用示例。

```
>>> dict1={101: 'C', 102: 'Java', 105: 'C++', 108: 'Python'}
>>> dict1.pop(102)
'Java'
>>> dict1.pop(109, "不存在")
'不存在'
>>> dict1
{101: 'C', 105: 'C++', 108: 'Python'}
```

9．dic.popitem()

该方法从字典 dic 中删除最后一个元素，并返回被删除的（键，值）元组。

【例6-106】 popitem()方法应用示例。

```
>>> dict1={11:"AAA",12:"BBB",13:"CCC"}
>>> dict1.popitem()
(13, 'CCC')
>>> dict1.popitem()
(12, 'BBB')
>>> dict1.popitem()
(11, 'AAA')
>>> dict1.popitem()
Traceback (most recent call last):
  File "<pyshell#58>", line 1, in <module>
    dict1.popitem()
KeyError: 'popitem(): dictionary is empty'
>>> dict1
{}
```

10．dic.get(key[, value)

该方法获取字典 dic 中键 key 对应的值，如果键 key 未包含在字典 dic 中，则返回 value 的值（默认为 None）。

【例6-107】 get()方法应用示例。

```
>>> dict1={1: "AAA", 2: "BBB", 3: "CCC"}
>>> dict1.get(3)
'CCC'
>>> dict1.get(5, "不存在")
'不存在'
```

11．dic.setdefault(key[, value])

如果字典 dic 中存在键 key，则该方法返回 key 对应的值，否则在字典 dic 中添加 key: value，并返回 value 的值，value 默认为 None。

【例6-108】 setdefault()方法应用示例。

```
>>> dict1={1: "AAA", 2: "BBB", 3: "CCC"}
>>> dict1.setdefault(2, "bbbb")
'BBB'
>>> dict1.setdefault(5, "EEE")
'EEE'
>>> dict1.setdefault(7, "GGG")
'GGG'
>>> dict1
{1: 'AAA', 2: 'BBB', 3: 'CCC', 5: 'EEE', 7: 'GGG'}
```

12. dic1.update(dic2)

该方法将字典 dic2 中的元素添加到字典 dic1 中。

【例 6-109】 update()方法应用示例。

```
>>> dict1={1: "AAA", 2: "BBB", 3: "CCC"}
>>> dict1.update({4: "DDD", 5: "EEE"})
>>> dict1
{1: 'AAA', 2: 'BBB', 3: 'CCC', 4: 'DDD', 5: 'EEE'}
```

13. dic.keys()

该方法遍历字典 dic 中所有的键 key。

【例 6-110】 keys()方法应用示例。

```
dic={"k1":"v1", "k2":"v2", "k3":"v3"}
for k in dic.keys():
    print(k)
```

运行结果如下：

```
k1
k2
k3
```

14. dic.values()

该方法遍历字典 dic 中所有的值 value。

【例 6-111】 values()方法应用示例。

```
dic={"k1":"v1", "k2":"v2", "k3":"v3"}
for v in dic.values():
    print(v)
```

运行结果如下：

```
v1
v2
v3
```

15. dic.item()

该方法循环遍历字典 dic 中所有的键 key 和值 value。

【例 6-112】 循环遍历字典中的所有键和值。

```
dic={"k1":"v1", "k2":"v2", "k3":"v3"}
```

```
for k,v in dic.items():
    print(k,v)
```

运行结果如下:

```
k1 v1
k2 v2
k3 v3
```

6.5 习题

1. 将一个列表 a = [1, 2, 3]的数据复制到另一个列表 b 中。
2. 写代码，有如下列表，利用切片实现每一个功能。

```
li = [1, 3, 2, "a", 4, "b", 5,"c"]
```

1）通过对 li 列表的切片形成新的列表 l1，l1 = [1,3,2]
2）通过对 li 列表的切片形成新的列表 l2，l2 = ["a",4,"b"]
3）通过对 li 列表的切片形成新的列表 l3，l3 = ["1,2,4,5]
4）通过对 li 列表的切片形成新的列表 l4，l4 = [3,"a","b"]
5）通过对 li 列表的切片形成新的列表 l5，l5 = ["c"]
6）通过对 li 列表的切片形成新的列表 l6，l6 = ["b","a",3]

3. 分别使用 while 循环和 for 循环打印字符串 s="asdfer"中的每个元素。
4. 利用 for 循环和 range 函数，将所有 10~100 之间的偶数以倒序添加到一个新列表中，然后对列表中的元素进行筛选，将能被 4 整除的数留下来。
5. 利用 for 循环和 range 函数，将 1~30 之间的数字一次添加到一个列表中，并循环这个列表，将能被 3 整除的数改成*。
6. 完成彩票 36 选 7 的功能，从 36 个数中随机地产生 7 个数，最终获取到 7 个不重复的数据作为最终的开奖结果。
7. 找到年龄最大的人{"li":18,"wang":50,"zhang":20,"sun":22}，并输出。
8. 利用 for 循环给列表 ls = [1,7,4,89,34,2,100,0]按从小到大排序（用冒泡排序法）。
9. 求一个 3 行 3 列矩阵主对角线元素之和。
10. 两个 3 行 3 列的矩阵，实现其对应位置的数据相加，并返回一个新矩阵：
X = [[12,7,3],   Y = [[5,8,1],
     [4 ,5,6],   [6,7,3],
     [7 ,8,9]]   [4,5,9]]
11. 输入学生的姓名、性别和年龄，并以字符串形式输出学生信息。
12. 输入一行字符，分别统计出其中英文字母、空格、数字和其他字符的个数。

第7章 文件操作

在前面的编程中,程序运行时通过键盘把数据对象保存到变量中,程序输出的数据显示在屏幕上,数据对象和变量中存储的数据是暂时的,程序运行结束后就会丢失。如果希望程序运行结束后仍然保留数据,就需要将数据保存到文件中。Python 能够处理操作系统下的文件结构,包括文本文件、二进制文件和其他类型的文件(如 Excel 文件、Word 文件等)。Python 还可以管理文件和文件夹。

7.1 文件的打开和关闭

在 Python 中访问文件,必须首先使用内置函数 open()打开文件,创建文件对象,再利用该文件对象执行读写操作。

一旦成功创建文件对象,该文件对象便会记住文件的当前位置,以便执行读写操作。这个位置称为文件的指针。凡是以 r、r+、rb+的读文件方式,或以 w、w+、wb+的写文件方式打开的文件,初始时,文件指针均指向文件的头部。

注:本节中所讲文件操作的文件专指数据文件。

7.1.1 文件的打开函数 open()

使用内置的 open()函数创建文件对象的语法格式如下:

```
open(file_name[, access_mode [, buffering [, encoding]]])
```

一般把文件对象赋值给一个变量(例如,fileObject),该变量称为文件对象变量。语法格式如下:

```
fileObject= open(file_name[, access_mode [, buffering [, encoding]]])
```

 说明:

1)file_name 是要访问的文件名,文件所在路径可以使用绝对路径或相对路径。

2)access_mode 是打开文件的模式,可以是只读(r)、写入(w)、追加(a)等,"+"表示对打开文件进行更新(读和写)。此参数是可选的,默认文件访问模式为只读(r)。其他打开模式见表 7-1,表中 b 代表二进制格式文件,t 代表文本格式文件(可以省略)。

表 7–1 文件打开模式一览表

模 式	描 述
r 或 rt	以只读模式打开一个已存在的文本格式文件
rb	以只读模式打开一个已存在的二进制格式文件

(续)

模 式	描 述
r+ 或 rt+	以读/写模式打开一个已存在的文本格式文件
rb+	以读/写模式打开一个已存在的二进制格式文件
w 或 wt	以只写模式打开一个文本格式文件。如果文件已存在，将其覆盖；如果文件不存在，创建新文件
wb	以只写模式打开一个二进制格式文件。如果文件已存在，将其覆盖；如果文件不存在，创建新文件
w+ 或 wt+	以读/写模式打开一个文本格式文件。如果文件已存在，将其覆盖；如果文件不存在，创建新文件
wb+	以读/写模式打开一个二进制格式文件。如果文件已存在，将其覆盖；如果文件不存在，创建新文件
a 或 at	以追加模式打开一个文本格式文件。如果文件已存在，文件指针位于文件的结尾，即新内容写到已有内容之后；如果文件不存在，创建新文件进行写入
ab	以追加模式打开一个二进制格式文件。如果文件已存在，文件指针位于文件的结尾，即新内容写到已有内容之后；如果文件不存在，创建新文件进行写入
a+ 或 at+	以读/写模式打开一个文本格式文件。如果该文件已存在，文件指针位于文件的结尾，文件以追加模式打开；如果该文件不存在，创建新文件用于读、写
ab+	以读/写模式打开一个二进制格式文件。如果文件已存在，文件指针位于文件的结尾；如果该文件不存在，创建新文件用于读写

3）buffering 表示缓冲区的策略选择。若为 0，则不使用缓冲区，直接读写，仅在二进制模式下有效。若为 1，则仅用于文本模式，表示使用行缓冲区方式。若为大于 1 的整数，则表示缓冲区的大小。若为-1，则表示使用系统默认的缓冲区大小。如果省略参数 buffering，则使用如下默认策略。

① 对于二进制文件，采用固定块内存缓冲区方式，内存块的大小由系统设备分配的磁盘块决定。

② 对于文本文件（使用 isatty()判断为 True），采用行缓冲区的方式。其他文本文件采用与二进制文件一样的方式。

4）encoding 指定文件使用的编码格式，只在文本模式下使用。默认编码格式依赖于操作系统，在 Windows 下默认的文本编码格式为 ANSI。若要以 Unicode 编码格式创建文本文件，该参数设置为 "utf-16"；若要以 UTF-8 编码格式创建文件，该参数设置为 "utf-8"。

5）一个文件被打开后，将返回一个文件对象，通过文件对象的相关属性得到与该文件相关的信息。表 7-2 是与文件对象相关的属性，语法格式中的 fileObject 表示使用 open()函数创建的文件对象名。如果文件不能打开，将抛出异常 OSError。

表 7-2 文件对象相关属性

属 性	描 述
fileObject.closed	如果文件已被关闭，返回 True，否则返回 False
fileObject.mode	返回被打开文件的访问模式
fileObject.name	返回文件的名称
fileObject.softspace	如果用 print 输出后，必须跟一个空格符，返回 False，否则返回 True
fileObject.encoding	返回文件编码
fileObject.newlines	返回文件中用到的换行模式，是一个元组对象

【例 7-1】 打开一个文件并显示相关属性。

```
# 用追加方式打开文件，使用绝对路径，目录之间用双斜线分隔
# 创建文件对象并赋值给变量成为文件对象名
file = open("D:\\Python练习\\demo.txt", "at+", -1, "utf-8")
```

```
# 输出文件对象的相关属性
print("文件名：", file.name)
print("文件对象类型：", type(file))
print("文件缓冲区：", file.buffer)
print("文件访问模式：", file.mode)
print("文件编码方式：", file.encoding)
print("文件换行方式：", file.newlines)
print("文件是否已关闭：", file.closed)
file.close()
print("执行close()方法后")
print("文件是否已关闭：", file.closed)
```

运行结果如下：

```
文件名： D:\Python练习\demo.txt
文件对象类型： <class '_io.TextIOWrapper'>
文件缓冲区： <_io.BufferedRandom name='D:\\Python练习\\demo.txt'>
文件访问模式： at+
文件编码方式： utf-8
文件换行方式： None
文件是否已关闭： False
执行close()方法后
文件是否已关闭： True
```

7.1.2 文件的关闭方法 close()

文件操作完后，如果不再使用该数据文件，应该将其关闭，以便释放所占用的内存空间。文件对象的 close()方法用来刷新缓冲区中所有还没写入的信息，并关闭该文件。关闭文件后不能再执行写入操作。另外，当一个文件对象的引用被重新指定给另一个文件时，将关闭之前的文件。close()方法的语法格式如下：

7.2 文件的操作

```
fileObject.close()
```

其中，fileObject 是文件对象名。文件关闭后就不能访问该文件对象的属性和方法了。如果在一个文件关闭后还对其进行操作，将产生 ValueError。如果希望继续使用该文件，则必须用 open()函数再次打开文件。

7.2 文件的操作

在 Python 语言中，使用内置函数 open()以某种模式打开一个文件后，通过调用文件对象的相关方法可以很容易对文件进行读写操作。

7.2.1 读文件

Python 可以写文本文件或二进制文件，在用 open()函数以只读模式或读/写模式打开一个文本文件或二进制文件后，调用该文件对象的 read()、readline()和 readlines()方法从文件中读取文本内容。打开的文件在读取时可以一次性全部读入，也可以逐行读入，或读取指定位置的内容。

1. 用 read()方法读取文本

文件对象的 read()方法用于从当前位置读取指定数量的字符，并以字符串形式返回，语法格式如下：

> **fileObject.read([size])**

或

> **变量名= fileObject.read([size])**

在打开的文件中读取一个字符串，从文件指针的当前位置开始读入。参数 size 是一个可选的非负整数，用于指定从指针当前位置开始要读取的字符个数；如果省略，则默认从指针当前位置到文件末尾的内容。因为刚打开文件时指针当前位置是 0，所以省略 size 会读取文件的所有内容。

 注意：

Python 中的字符串可以是二进制数据，而不仅仅是文本数据。其中，fileObject 是文件对象变量名。

刚打开文件时，当前读取位置在文件开头。每次读取内容之后，读取位置会自动移到下一个字符，直至达到文件末尾。如果当前处在文件末尾，则返回一个空字符串。

【例 7-2】 read()方法应用示例。

```
file1=open("D:\\Python 练习\\Abc1.txt", "r")   #只读模式打开文本文件，并把文件对象赋值给变量
text=file1.read()   # 用文件对象调用 read()方法，读取文件的全部内容，并赋值给字符串变量 text
print("Abc1.txt:")
print(text)   # 输出文本文件中的所有内容
file1.close()   # 关闭文件
file2=open("D:\\Python\\dai.txt", "r+")   # 打开另外一个文件 dai.txt
text = file2.read(50)    # 读取文件中的前 50 个字节，并赋值给字符串变量 text
print("dai.txt:")
print(text)   # 输出文本文件中的前 50 个字节内容
file2.close()   # 关闭文件
```

执行程序前，先用记事本创建两个文本文件 Abc1.txt、dai.txt，并保存在"D:\Python 练习"文件夹中。这两个文件的内容相同，文件内容如下：

```
a123456789b123456789c123456789d123456789e123456789f123456789
1abcdefghi
2abcdefghi
3abcdefghi
4abcdefghi
5abcdefghi
```

运行结果如下：

```
Abc1.txt:
a123456789b123456789c123456789d123456789e123456789f123456789
```

```
1abcdefghi
2abcdefghi
3abcdefghi
4abcdefghi
5abcdefghi
dai.txt:
a123456789b123456789c123456789d123456789e123456789
```

2. 用 readline()方法读取文本

文件对象的 readline()方法是从当前行的当前位置开始读取指定数量的字符，并以字符串形式返回，语法格式如下：

fileObject.readline([size])

或

变量名= fileObject.readline([size])

参数 size 是一个可选的非负整数，指定从当前行的当前位置开始读取的字符数。如果省略 size，则读取从当前行的当前位置到当前行末尾的全部内容，即读 1 行，包括换行符"\n"（未提供参数 size）。如果参数 size 的值大于从当前位置到行尾的字符数，则仅读取并返回这些字符，包括"\n"字符在内。

刚打开文件时，当前读取位置在第 1 行；每读完一行，当前读取位置自动移至下一行，直至到达文件末尾，则返回一个空字符串。

【例 7-3】 使用 readline()方法，分行、分批读取 Unicode 编码格式的文本文件，要求过滤掉文本行末尾的换行符。

通过字符串切片操作可以过滤掉文本行末尾的换行符，即把包含换行符的字符串加上"[:-1]"。

```
file = open("D:\\Python练习\\data7-3.txt", "r", -1, "utf-16")
line=file.readline(3)
print(line)
line=file.readline()
print(line[:-1])    # 本行与下一行之间没有空行
line=file.readline(3)
print(line)
line=file.readline()
print(line)         # 本行与下一行之间有空行
line=file.readline()
print(line)         # 本行与下一行之间有空行
file.close()
```

用记事本输入如下内容，以 Unicode 编码保存，存储路径为"D:\Python练习\data7-3.txt"。

```
Merry Christmas.
祝你和你的家人圣诞节快乐！
Merry Christmas to you and your family.
```

运行结果如下：

```
Mer
```

```
ry Christmas.
祝你和
你的家人圣诞节快乐！

Merry Christmas to you and your family.
```

3．用 readlines()方法读取文本

文件对象的 readlines()方法读取所有可用的行，并返回这些行所构成的列表类型（list），语法格式如下：

```
fileObject.readlines([size])
```

或

```
变量名= fileObject.readlines([size])
```

size 参数表示读取内容的总字节数，即只读文件的一部分。readlines()方法返回一个列表，文本文件的每一行作为该列表的一个成员字符串，包括换行符"\n"在内。如果当前处于文件末尾，则返回一个空列表。

7.2.2 写文件

Python 可以写文本文件或二进制文件，在用 open()方法以只写模式或读/写模式打开一个文本文件或二进制文件后，将创建一个文件对象，调用文件对象的 write()方法和 writelines()方法向文件中写入文本内容。

1．使用 write()方法写入文本内容

文件对象的 write()方法向当前位置写入字符串，并返回写入的字符个数，语法格式如下：

```
fileObject.write(str)
```

文件对象参数 fileObject 是用 open()函数打开文件时返回的文件对象。str 参数是一个字符串，是要写入文件的文本内容。write()不会在字符串 str 后加上换行符（\n）。

当以可读/写模式打开文件时，因为完成写入操作后，当前读/写位置的文件指针处在文件末尾，所以此时无法直接读取到文本内容，需要使用 seek()方法将文件指针移动到文件开头。

【例 7-4】创建一个 Unicode 编码格式的文本文件，输入文本内容，然后输出该文件中的文本内容。

```
file=open("D:/Python练习/data07_07.txt", "w+", encoding="utf-16")
print("请输入文本内容（QUIT=退出）")
print("-"*50)
line=input("请输入：")
while line.upper() != "QUIT":
    file.write(line+"\n")
    line=input("请输入：")
file.seek(0)   # 文件当前位置移到文件开头
print("-"*50)
print("输入的文本内容如下：")
print(file.read())
file.close()
```

运行结果如下:

```
请输入文本内容(QUIT=退出)
--------------------------------------------------
请输入：1234567890
请输入：abcdefghijklmn
请输入：quit
--------------------------------------------------
输入的文本内容如下:
1234567890
abcdefghijklmn
```

2. 使用 writelines()方法写入文本内容

文件对象的 writelines()方法在文本流当前位置依次写入指定列表中的所有字符串，语法格式如下：

```
fileObject.writelines(seq)
```

文件对象参数 fileObject 是用 open()函数打开文件时返回的文件对象。seq 是一个字符串列表对象，seq 是要写入到文件中的文本内容，并且不会在字符串的结尾添加换行符（\n）。

当以可读/写模式打开文件时，因为完成写入操作后文件指针位于文件末尾，所以此时无法直接读取到文本内容，需要使用 seek()方法将文件指针移动到文件开头。

【例 7-5】 通过追加可读/写模式打开例 7-4 中创建的文本文件，输入文本内容将其添加到该文件末尾，然后输出该文件中的所有文本内容。

```python
file=open("D:/Python练习/data07_07.txt", "a+", encoding="utf-16")
print("请输入文本内容(QUIT=退出)")
print("-"*50)
lines=[]
line=input("请输入：")
while line.upper() != "QUIT":
    lines.append(line+"\n")   # 在列表尾部添加元素
    line=input("请输入：")
file.writelines(lines)   # 把列表写入文件
file.seek(0)   # 将文件指针移动到文件开头
print("-"*50)
print("文件{0}中的文本内容如下：".format(file.name))
print(file.read())
file.close()
```

运行结果如下:

```
请输入文本内容(QUIT=退出)
--------------------------------------------------
请输入：3333333333333333333333333
请输入：aaaaaaaaaaaaaaaaaaaaaaaaaaaa
请输入：quit
--------------------------------------------------
文件 D:/Python练习/data07_07.txt 中的文本内容如下:
1234567890
bcdefghijklmn
```

```
3333333333333333333333333333
aaaaaaaaaaaaaaaaaaaaaaaaaaaaaa
```

【例 7-6】 文件写入方法示例。

```
file1=open("D:\\Python 练习\\abc1.txt", "a+")   # 文件打开模式为追加方式
s1="aaaaaaaaaa\n"   # s1 是一个字符串
# s2 是一个列表
s2=["111111111111111\n", "22222222222222\n", "333333333333333\n"]
file1.write(s1)   # write()方法写入字符串
file1.writelines(s2)   # writelines()方法写入列表
file1.close()   # 关闭文件
file1 =open("D:\\Python 练习\\abc1.txt", "r")   # 打开刚才写入的文件
print(file1.read())   # 读取文件所有内容并输出
file1.close()   # 关闭文件
```

运行程序后用记事本打开 abc.txt 文件，可看到已经追加了新的内容。

3．flush()方法

flush()方法的语法格式如下：

```
fileObject.flush()
```

flush()方法把缓冲区的内容写入外存储器（如硬盘、U 盘）。

7.2.3 在文件中定位

在对文本文件或二进制文件进行读/写操作时，文件当前读/写位置会随着文本内容的读/写自动改变，这个读/写位置也称为文件指针。在用 open()函数打开一个文本文件或二进制文件后，将创建一个文件对象，调用文件对象的 tell()方法获取文件指针的位置，也可以使用文件对象的 seek()方法改变文件指针的位置。

1．使用 tell()方法获取文件指针的位置

调用文件对象的 tell()方法获取文件指针的当前位置，其语法格式如下：

```
fileObject.tell()
```

文件对象 fileObject 是使用 open()函数打开文件时返回的文件对象。tell()方法返回一个数字，表示当前文件指针所在的位置，即相对于文件开头的字节数。每一次文件读/写操作都是在当前文件指针指向的位置上进行的。

【例 7-7】 本例说明向文本文件写入字符串时文件指针的变化情况。刚打开文件时，文件指针指向文件开头，tell()方法返回值为 0，表示当前文件指针指向第 1 个字符；写入第 1 个字符串"12345"（5 个字符）后，tell()方法返回值为 5，说明当前文件指针指向第 6 个字符（字节）位置；写入第 2 个字符串（7 个字符）后，tell()方法返回值为 19，说明当前文件指针指向第 5+7*2+1=20 个字节位置。当前处于文件末尾，使用 read()方法读取时返回一个空字符串。

```
>>> file=open("test.txt","w+")   # 读/写模式创建文本文件对象,默认的文本编码格式为ANSI
>>> file.tell()   # 打开文件时，文件指针指向文件头，tell()方法的返回值为0
0
>>> file.write("12345")   # 把"12345"写入文件。write()方法不会在写入的字符串后加上换行符（\n）
5
```

```
>>> file.tell()   # 获取文件指针的位置
5
>>> file.write("汉字占两个字节")   # 把"汉字占两个字节"写入文件
7
>>> file.tell()   # 获取文件指针的位置，指针当前在文件末尾
19
>>> file.read()   # 获取从文件指针当前位置到文件末尾的内容
''
```

文本文件有各种编码方案，常用的有 ASNI（即扩展 ASCI）、UTF-16 和 UTF-8。采用 UTF-16 和 UTF-8 编码格式时又分为两种情况，即带 BOM 和不带 BOM。BOM 是字节顺序标记，亦称为 Unicode 标签。采用 UTF-8 编码时，BOM 占用 3 个字节；采用 UTF-16 编码时，BOM 占用 2 个字节。在不同的编码方案中，中、英文字符占用的字节数不同。在 ASNI 编码中，每个英文字符占 1 个字节，每个中文字符占 2 个字节；在 UTF-8 编码中，每个英文字符占 1 个字节，每个中文字符占 3 个字节；在 UTF-16 编码中，每个中、英文字符均占 2 个字节。鉴于以上情况，在文本文件中移动文件指针时要格外小心，设置移动偏移量时既要考虑 BOM 占用的字节数，也要考虑单个字符占用的字节数。

2. 使用 seek()方法更改文件指针的位置

使用 open()函数打开一个文本文件或二进制文件后，调用文件对象的 seek()方法可以改变文件指针的位置，语法格式如下：

```
fileObject.seek(offset[, whence])
```

seek()方法改变文件指针的位置并返回一个整数，表示当前文件指针的位置。文件对象 fileObject 是使用 open()函数打开文件时返回的文件对象。

offset 是偏移量，是一个整数，用于指定相对于参考点移动的字节数。如果偏移量为正数，表示向文件末尾方向移动；如果偏移量为负数，表示向文件开头方向移动。如果省略参考点 whence 参数，则 offset 是相对于文件的开始位置来计算的。

whence 是参考点，是一个可选的非负整数，用于指定文件指针移动的参考位置，默认值为 0，表示以文件开头作为参考点，1 表示以当前位置作为参考点，2 表示以文件末尾作为参考点。需要注意，如果文件以 a 或 a+的模式打开，每次写操作时，文件操作标记会自动返回到文件末尾。

【例 7-8】 本例说明移动文件指针的变化情况。seek(0)移动文件指针到文件开始，read()读入所有文件内容；seek(5)移动文件指针到第 6 个字节位置，tell()方法返回值为 5；read()读入从当前指针到文件末尾的内容。

```
>>> file=open("test.txt","w+")
>>> file.write("12345")
>>> file.write("汉字占两个字节")
>>> file.seek(0)   # 把文件指针移到文件开始
0
>>> file.read()   # 获取从指针当前位置到文件末尾的内容
'12345汉字占两个字节'
>>> file.seek(5)   # 移动文件指针到第 6 个字节位置
5
>>> file.tell()   # 获取文件指针的位置
5
>>> file.read()   # 获取从第 6 个字节位置到文件末尾的内容
```

'汉字占两个字节'

【例 7-9】 文件定位方法与读取方法示例。

```python
# 以读方式打开文件，文件路径之前的 r 表示不使用转义
filehandler = open(r'D:\Python练习\dai.txt', 'r')
print('read()方法:')
print(filehandler.read())   # 读取整个文件，然后显示
print('readline()方法:')
filehandler.seek(0)
print(filehandler.readline())   # 返回文件头，读取 1 行
print('readlines()方法:')
filehandler.seek(0)
print(filehandler.readlines())   # 返回文件头，得到所有行的列表
print('逐行显示列表元素:')
filehandler.seek(0)
textlist = filehandler.readlines()
for line in textlist:
    line=line.strip('\n')   # 去掉换行符
    print(line)
# 移位到第 33 个字符，从第 33 个字符开始，显示 37 个字符的内容
print('seek(33) function:')
filehandler.seek(33)
print('tell() function:', end=' ')
print(filehandler.tell())   # 显示当前位置
print(filehandler.read(37))
print('文件的当前读取位置:', end=' ')
print(filehandler.tell())   # 显示当前位置
filehandler.close()   # 关闭文件对象
```

运行结果如下:

```
read()方法:
a123456789b123456789c123456789d123456789e123456789f123456789
1abcdefghi
2abcdefghi
3abcdefghi
4abcdefghi
5abcdefghi
readline()方法:
a123456789b123456789c123456789d123456789e123456789f123456789

readlines()方法:
['a123456789b123456789c123456789d123456789e123456789f123456789\n', '1abcdefghi\n', '2abcdefghi\n', '3abcdefghi\n', '4abcdefghi\n', '5abcdefghi']
逐行显示列表元素:
a123456789b123456789c123456789d123456789e123456789f123456789
1abcdefghi
2abcdefghi
3abcdefghi
4abcdefghi
5abcdefghi
seek(33) function:
```

```
tell() function: 33
3456789e123456789f123456789
1abcdefgh
文件的当前读取位置: 71
```

【例 7-10】 以默认编码方式创建一个文本文件，以二进制方式打开该文件，并以不同方式移动文件指针。

```
file=open("D:/Python 练习/data07_08.txt", "w+")   # 创建文本文件
lines=["C++\n", "Java\n", "Python\n"]
file.writelines(lines)   # 向文件中写入 3 行
file.seek(0)   # 将文件指针移到文件开头
print(file.readlines())   # 读取文件中的所有行
file.close()   # 关闭文件
#以二进制模式读取文本文件时，会将换行符"\n"转换成"\r\n"，多出一个字符
file=open("D:/Python 练习/data07_08.txt", "rb")   # 以二进制模式打开文本文件
print(file.readlines())   # 读取文件中的所有行
print("file.tell():", file.tell())   # 输出当前文件指针位置
print("file.seek(0):", file.seek(0))   # 移到文件开头
print("file.seek(10,0):", file.seek(10,0))   # 移到第 10 个字节处
print("file.seek(2,1):", file.seek(2,1))   # 相对于当前位置向后移动两个字节
print("file.seek(-3,1):", file.seek(-3,1))   # 相对于当前位置向前移动 3 个字节
print("file.seek(0,2)", file.seek(0,2))   # 移到文件末尾
print("file.seek(10,2):", file.seek(10,2))   # 相对于文件末尾向后移动 10 个字节
print("file.seek(-12,2):",file.seek(-12,2))   #相对于文件末尾向前移动 12 个字节
file.close()
```

运行结果如下：

```
['C++\n', 'Java\n', 'Python\n']
[b'C++\r\n', b'Java\r\n', b'Python\r\n']
file.tell(): 19
file.seek(0): 0
file.seek(10,0): 10
file.seek(2,1): 12
file.seek(-3,1): 9
file.seek(0,2) 19
file.seek(10,2): 29
file.seek(-12,2): 7
```

使用 open()函数以文本模式打开一个文件后，通过调用文件对象的 seek()方法可以改变文件指针的位置。但是，此时只能使用 seek(p,0)的形式，或简写为 seek(p)，其作用是将文件指针移动到相对于文件开头第 p 个字节处，这属于绝对移动。如果参考点设置为 1 或 2，则偏移量只能为 0，seek(0,1)表示保持在当前位置，seek(0,2)则表示定位到文件末尾。如果此时使用了非零偏移量，系统则会发生 io.UnsupportedOperation 异常。

【例 7-11】 以 Unicode 编码方式创建一个文本文件，然后通过不同方式移动文件指针。

```
file=open("D:/Python 练习/data07_9.txt","w+",encoding="utf-16")
lines=["Python 语言, Python 程序设计"]
file.writelines(lines)
print("写操作完成时")
```

```
print("文件指针：",file.tell())
print("读取内容：",file.read())
print("-"*60)
print("定位到文件开头")
print("读取之前文件指针：",file.seek(0))
print("读取文件的所有内容：",file.read())
print("读取之后文件指针：",file.tell())
print("-"*96)
print("移动文件指针到：",file.seek(14))
print("读取 9 字符：",file.read(9))
print("读取之后文件指针：",file.tell())
print("-"*60)
print("file.seek(0,1)",file.seek(0,1))
print("file.seek(0,2)",file.seek(0,2))
file.close()
```

运行结果如下：

```
写操作完成时
文件指针： 40
读取内容：
------------------------------------------------------------
定位到文件开头
读取之前文件指针： 0
读取文件的所有内容： Python 语言，Python 程序设计
读取之后文件指针： 40
------------------------------------------------------------------------------------------------
移动文件指针到： 14
读取 9 字符： 语言，Python
读取之后文件指针： 32
------------------------------------------------------------
file.seek(0,1) 32
file.seek(0,2) 40
```

使用 open()打开文件时，可以通过打开模式参数设置以文本模式还是二进制模式打开指定的文件。如果在打开模式参数中包含字母"b"，例如 b、rb+、wb、wb+、ab 或 ab+，则表明是以二进制模式打开指定的文件。

以二进制模式打开文件时，文件的数据流可以看成是二进制字节流。在这种情况下，首先需要了解二进制字节流的组成规则，即在文件的第几个字节到第几个字节存储的是什么类型数据，该数据代表的具体含义是什么，在这个基础上可以使用文件对象的相关方法对二进制文件进行定位和读/写操作。

7.3 CSV 文件

CSV（Comma-Separated Values，逗号分隔值）文件是一种存储表格数据（数字和文本）的纯文本文件，通常用于存放电子表格或数据的一种文件格式。纯文本意味着该文件是一个字符序列，不包含必须像二进制数字那样被解读的数据。

7.3.1 CSV 文件简介

CSV 是一种通用的、相对简单的文件格式，CSV 文件可以方便地在不同应用之间交换数据。可以将数据批量导出为 CSV 格式，导入其他应用程序。通常在不同应用中导出 CSV 格式的报表，然后用 Excel 工具进行后续编辑。

1. CSV 文件的特点

CSV 并不是一种单一的、定义明确的格式，CSV 泛指具有以下特征的任何文件。

1）纯文本，使用某个字符集，比如 ASCII、Unicode、EBCDIC 或 GB2312。

2）由记录组成（典型的是每行一条记录），开头不留空，以行为单位。

3）每条记录被分隔符分隔为字段（典型的分隔符有逗号、分号或制表符；有时分隔符可以包括可选的空格）。例如，以半角逗号（,）作分隔符，列为空也要表达其存在。

4）每条记录都有同样的字段序列。可含或不含列名，含列名则居文件第一行。一行数据不跨行，无空行。

5）列内容如果存在半引号（'或"），则要用另外一种半引号（"或'）将该字段值包含起来。例如，"Let's go."。

6）文件读写时对引号和逗号的操作规则互逆。

7）不支持数字和特殊字符。字段值没有类型，所有值都是字符串。

2. CSV 文件的创建

CSV 文件的扩展名建议是.csv。建议使用记事本或者 Excel 打开。如下所示是一个 CSV 文件，文件名是 StudentList.csv。

```
202001,张超,男,2001/2/15,13510011221,zhanchao@sohu.com
202002,李娜娜,女,2000/6/27,13702203253,linana@163.com
202005,刘强,男,2001/12/22,13701314932,liuqiang@136.com
202007,赵慧,女,2001/1/28,13603712452,zhaohui@ sohu.con
202008,王芳丽,女,2000/11/26,13011013234,wangfangli@sina.com
```

3. 导入 CSV 模块

Python 提供一个读/写 CSV 文件的模块，即 CSV 模块。CSV 模块是 Python 的内置模块，用 import 语句导入，导入格式如下：

```
import CSV
```

7.3.2 CSV 文件访问

CSV 模块是 Python 的内置模块，用 import 语句导入后就可以使用。下面是 CSV 模块中的几个常用方法。

1. reader()方法

语法格式如下：

```
csv.reader(csvfile, dialect='excel', **fmtparams)
```

功能：读取 CSV 文件。

说明：

1）csvfile 必须是支持迭代的对象，可以是文件（file）对象或者列表（list）对象。

2）dialect 是编码风格，默认为 Excel 的风格，用逗号（,）分隔。dialect 方式也支持自定义，通过调用 register_dialect()方法注册。

3) fmtparams 是格式化参数，用来覆盖之前 dialect 对象指定的编码风格。

2．writer()方法

语法格式如下：

```
csv.writer(csvfile, dialect ='excel', ** fmtparams)
```

功能：写入 CSV 文件。

说明：参数含义同 reader()方法。

3．register_dialect()方法

语法格式如下：

```
csv.register_dialect(name, [dialect, ] ** fmtparams)
```

功能：自定义编码风格。

说明：

1) name 是自定义编码风格的名字，默认的是 excel，可以自定义成 mydialect。

2) [dialect,] ** fmtparams 是编码风格格式参数，如分隔符（默认是逗号）或引号等。

4．unregister_dialect()方法

语法格式如下：

```
csv.unregister_dialect(name)
```

功能：用于注销自定义的编码风格。

说明：name 为自定义编码风格的名字。

【例 7-12】 读写 CSV 文件。

```python
import csv
def csvWrite():
    fileName=input('请输入要保存的文件的路径和文件名：')  # D:\Python练习\st.csv
    # 使用 open()函数打开用户输入的文件，如果该文件不存在，则创建它
    with open(fileName,'w',newline="") as mycsvFile:  # newline=""可防止写入空行
        myWriter=csv.writer(mycsvFile)  # 创建 CSV 文件写对象
        # 调用 writerow 函数一次写一行，参数必须是一个列表
        myWriter.writerow(["202001","张超","男","2001/2/15","13510011221"])
        myWriter.writerow(["202002","李娜娜","女","2000/6/27","13702203253"])
        myList=[["202005","刘强","男","2001/12/22","13701314932"],\
                ["202007","赵慧","女","2001/1/28","13603712452"],\
                ["202008","王芳丽","女","2000/11/26","13011013234"]]
        myWriter.writerows(myList)  # 调用 writerows 函数一次写入一个列表
def csvRead():
    fileName=input('请输入要打开文件的路径和文件名：')  # D:\Python练习\st.csv
    # 使用 open()函数打开用户输入的文件，如果该文件不存在，则报错
    with open(fileName,'r') as mycsvFile:
        lines=csv.reader(mycsvFile)  # 使用 reader 函数读入整个 CSV 文件到一个列表对象中
        for line in lines:
            print(line)  # 输出 CSV 文件当前行
if __name__=='__main__':
    csvWrite()  # 第 1 次运行本程序时执行写入文件
```

```
        print("已经写入文件!")
        csvRead()    # 读出文件
```

运行结果如下：

```
请输入要保存的文件的路径和文件名：D:\python练习\st.csv
已经写入文件!
请输入要打开文件的路径和文件名：D:\python练习\st.csv
['202001', '张超', '男', '2001/2/15', '13510011221']
['202002', '李娜娜', '女', '2000/6/27', '13702203253']
['202005', '刘强', '男', '2001/12/22', '13701314932']
['202007', '赵慧', '女', '2001/1/28', '13603712452']
['202008', '王芳丽', '女', '2000/11/26', '13011013234']
```

如果系统安装了 Excel，CSV 文件默认被 Excel 打开。需要注意的是，当双击一个 CSV 文件时，Excel 打开它以后即使不做任何的修改，在关闭的时候 Excel 也会提示是否要改成正确的文件格式。如果选择"是"，Excel 把 CSV 文件中的数字改为用科学记数法来表示，这样操作之后只在 Excel 中显示时不正常，而 CSV 文件由于是纯文本文件，在使用上没有影响；如果选择了"否"，那么会提示以 xls 格式另存为 Excel 的一个副本。

7.4 习题

1．输入一些字符，把它们逐个写到磁盘文件上，直到输入一个#为止。

2．输入一个字符串，将小写字母全部转换成大写字母，输出到一个磁盘文件"test.txt"中保存。

3．有两个磁盘文件 A 和 B，各存放一行字母，要求把这两个文件中的信息合并（按字母顺序排列），输出到一个新文件 C 中。

4．编写程序，比较两个文件是否相同。如果不同，输出首次不同处的行号和列号。

第 8 章　数据库操作

Python 支持许多数据库类型，包括 SQLite、MySQL、SQL Sever 等，它们基本都遵守 Python 的 DB API 协议。本章介绍在 Python 中访问 SQLite、SQL Sever 数据库的操作。

8.1　Python 操作数据库的一般步骤

Python 标准数据库接口为 Python DB-API。Python DB-API 是一个规范，目前最新版本是 2.0，它定义了一系列必需的对象和数据库存取方式，以便为各种数据库系统和多种数据库接口程序提供一致的访问接口。

Python DB-API 支持很多数据库类型，包括 MySQL、PostgreSQL、Microsoft SQL Server、Microsoft Access、Oracle、Sybase、IBM DB2 等。要访问某种数据库，必须下载并安装该数据库对应的 DB API 模块，例如要访问 MySQL 数据库，需要下载并安装 MySQL 数据库模块。

Python 的数据模块有统一的接口标准，所以使用 Python DB-API 2.0 操作数据库的基本流程基本相同。操作数据库的一般步骤如下。

1）导入数据库模块。
2）利用数据库模块提供的 connect()方法创建数据库连接对象，例如连接对象为 conn。
3）调用数据库连接对象的 conn.cursor()方法创建游标对象，例如游标对象 cur。
4）调用游标对象的 cur.execute()方法或连接对象的 conn.execute()方法执行 SQL 语句（包括 DDL、DML、select 查询语句等）。如果执行的是查询语句，则处理查询数据。
5）如果修改了数据，要调用数据库连接对象的 conn.commit()方法提交当前数据库事务。
6）调用游标对象的 cur.close()方法关闭游标对象。
7）调用连接对象的 conn.close()方法关闭数据库连接对象。

8.2　访问 SQLite 数据库

SQLite 是一款开源的关系型数据库管理系统，具有无须配置、结构紧凑、占用的资源非常小、高效可靠和便于传输等优点。与其他数据库管理系统不同，SQLite 不是一个客户端/服务器结构的数据库引擎，而是一种嵌入式数据库，它的数据库就是一个文件。SQLite 将整个数据库（包括定义、表、索引以及数据本身）作为一个单独的、可跨平台使用的文件存储在主机中。

Python 2.5.x 以上版本中默认集成了 SQLite 3，SQLite 3 使用 sqlite3 模块。sqlite3 模块符合 Python DB-API 2.0 规范的 SQL 接口。因此，在 Python 中使用 SQLite 数据库时不需要安装该模块。SQLite 将整个数据库的表、记录、索引等数据都存储在一个扩展名为".db"的数据库文件中，不需要网络配置和管理，不需要用户账户和密码，数据库的访问权限取决于数据库文件所在的操作系统。SQLite 支持规范的 SQL 语言。

通过 Python 程序访问 SQLite 数据库，首先需要创建数据库连接，然后执行 SQL 语句进行定义数据、添加记录和查询记录等操作。

8.2.1 连接数据库

在编程中，将 SQLite 作为名为 sqlite3 的模块导入，然后使用 Python DB-API 中相关的工具与方法进行 Python 数据库编程。

1. 导入 sqlite3 模块

使用 import 语句导入 sqlite3 模块，其代码如下：

```
from sqlite3 import *
```

或

```
import sqlite3
```

2. 创建（打开）数据库连接对象

使用 sqlite3 模块的 connect()方法，创建一个表示数据库的连接对象，打开或创建一个数据库，语法格式如下：

```
conn=connect(database.db)
```

或

```
conn=sqlite3.connect(database.db)
```

database.db 是包括路径的数据库文件，可以是绝对路径，也可以是相对路径。如果指定的数据库文件已经存在，则打开该数据库，并创建与该数据库的连接；如果指定的数据库文件不存在，则在当前程序文件夹或指定文件夹下创建该数据库，然后打开该数据库，并创建与该数据库的连接。如果数据库名为":memory:"，则在 RAM（内存）中创建一个数据库并打开该数据库，而不是在磁盘上创建。

如果数据库成功打开，则执行 sqlite3 模块的 connect()方法返回一个连接（Connection）对象，一般把连接对象赋值给一个变量，例如 conn，通过它实现 Python 程序与 SQLite 数据库 databa se.db 之间的连接。

当一个数据库被多个连接访问，且其中一个修改了数据库，此时 SQLite 数据库被锁定，直到事务提交。

【例 8-1】 在 D:\中创建一个 SQLite 数据库，文件名为 student_info.db。

```
from sqlite3 import *    # 导入 SQLite 的 sqlite3 模块
conn=connect("d:\\student_info.db")   # 打开或创建数据库连接对象
if conn:
    print("SQLite 数据库连接成功！")
conn.close()
```

运行程序，显示如下：

```
SQLite 数据库创建成功！
```

在 IDLE 中的运行结果如图 8-1 所示。

8.2.2 创建游标对象

Python DB-API 2.0 由一个 connect()开始，一共涉及数据库连接和游标两个核心 API。它们的分工如下。

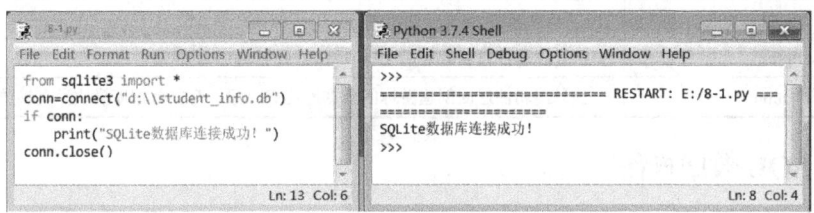

图 8-1 例 8-1 的程序和运行结果

1）数据库连接：用于获取游标、控制事务。
2）游标：执行各种 SQL 语句。

1．游标对象

创建数据库的连接对象后，就可以使用 Python DB-API 的标准方法，调用数据库连接对象的 cursor()方法创建游标（Cursor）对象，语法格式如下：

```
cur=conn.cursor()
```

conn 是已经创建的连接对象名。执行 conn.cursor()方法返回一个游标对象，一般把游标对象赋值给一个变量，例如 cur。

2．游标对象的方法和属性

游标对象是 Python DB-API 的核心对象，游标提供了一种对从表中检索出记录进行操作的灵活手段，即从包括多条记录的结果集中每次提取一条记录的机制。游标总是与一条 SQL 语句相关联。游标由结果集（可以是 0 条、1 条或多条记录）和结果集中指向特定记录的游标位置组成。当对结果集进行处理时，必须声明一个指向该结果集的游标。

游标对象主要用于执行各种 SQL 语句，包括 DDL、DML、select 查询语句等。使用游标对象执行不同的 SQL 语句返回不同的数据。游标对象的方法和属性见表 8-1 和表 8-2。

表 8-1　游标对象的主要方法

方　　法	功　能　描　述
execute(sql[, parameters])	执行一条 SQL 语句，parameters 参数为 SQL 语句中的参数指定值。该 SQL 语句可以被参数化（即使用占位符代替 SQL 文本）。sqlite3 模块支持两种类型的占位符：问号和命名占位符（命名样式）。 例如：cur.execute("insert into people values (?, ?)", (name, age))
executemany(sql, seq_of_parameters)	重复执行 SQL 语句。可以通过 seq_of_parameters 序列为 SQL 语句中的参数指定值，该序列有多少个元素，SQL 语句被执行多少次
fetchone()	获取查询结果集的下一行。如果没有下一行，则返回 None
fetchmany(size=cursor.arraysize)	返回查询结果集的下 N 行组成的列表。如果没有更多的数据行，则返回空列表
fetchall()	返回查询结果集的全部行组成的列表
close()	关闭游标

表 8-2　游标对象的属性

属　　性	功　能　描　述
rowcount	该只读属性返回受 SQL 语句影响的行数。对于 executemany()方法，该方法所修改的记录条数也可通过该属性获取
lastrowid	该只读属性可获取最后修改行的 rowid
arraysize	用于设置或获取 fetchmany()默认获取的记录条数，该属性默认为 1。有些数据库模块没有该属性

(续)

属性	功能描述
description	该只读属性可获取最后一次查询返回的所有列的信息
connection	该只读属性返回创建游标的数据库连接对象。有些数据库模块没有该属性

8.2.3 执行 SQL 数据操作

1. 执行 SQL 语句

创建数据库游标对象后，调用该游标对象的 execute()方法执行一条 SQL 语句，从而执行在数据库中对表的操作。执行多条 SQL 语句使用 executemany(sql, seq_of_parameters)方法。

（1）调用游标对象的 execute()方法

如果要从 SQLite 数据库中执行 SQL 语句，首先要调用数据库连接对象的 cursor()方法创建一个游标对象，然后调用 cur.execute()方法执行一个 SQL 语句，其语法格式如下：

```
cur.execute(sql, params)
```

操作 SQLite 的 SQL 语句是通过连接对象或游标对象的 execute()方法来执行的，SQL 语句以字符串的形式传递给 execute()方法。

sql 是一个字符串，指定要执行的 SQL 语句，SQL 语句中用到的参数使用问号（?）占位符表示。params 是一个元组，指定参数列表。当执行 SQL 语句时，各个问号占位符将被实际的参数值取代。

使用游标对象的 execute()方法执行 insert、update、delete 语句时，执行结果由游标对象的 rowcount 属性返回影响的行数。

使用游标对象的 execute()方法执行 select 语句时，通过游标对象的 featchone()、featchall()方法得到结果集。结果集是一个列表。每个元素都是一个元组，对应一行记录。

SQLite 中常用的 SQL 语句如下。

1）CREATE TABLE：在数据库中创建表。
2）DROP TABLE：从数据库中删除表。
3）INSERT INTO：向表中添加记录。
4）UPDATE：修改表中的一条或多条记录。
5）DELETE：从表中删除一条或多条记录。
6）SELECT：从表中返回一些记录。

SQLite 数据库支持的 SQL 语句与 MySQL 大致相同。当 Python 程序提示某条 SQL 语句有语法错误时，最好先利用 SQLite 数据库管理工具测试这条语句，以保证这条 SQL 语句的语法正确。

需要指出的是，SQLite 内部只支持 NULL（空值）、INTEGER（整型数）、REAL（浮点数）、TEXT（文本）和 BLOB（大二进制对象）这 5 种数据类型，但实际上 SQLite 完全接受 varchar(n)、char(n)、decimal(p, s)等数据类型，只不过 SQLite 会在运算或保存时将它们转换为上面 5 种数据类型中相应的类型。

（2）调用游标对象的 executemany()方法

执行多条 SQL 语句使用 executemany()方法，其语法格式如下：

```
executemany(sql, seq_of_parameters)
```

2．提交当前数据库事务

使用游标对象的 execute()方法执行 SQL 语句后，还需要调用数据库连接对象的 commit()方法提交当前数据库事务，其语法格式如下：

```
conn.commit()
```

由于 Python 的 SQLite 数据库 API 默认开启了事务，因此必须调用 conn.commit()提交事务。如果不提交，那么自上次调用 commit()方法之后的所有修改（包括插入数据、修改数据、删除数据）都不会保存到数据库中。所以，当执行更改数据库表的操作时，执行完 SQL 语句后要加一句 conn.commit()。

如果需要回滚操作，调用 conn.rollback()方法撤销当前事务，将数据库恢复至上次调用 commit()方法后的状态。

3．关闭游标对象

完成所有数据库操作后，应使用游标对象的 close()方法关闭游标，语法格式如下：

```
cur.close()
```

4．回滚

每次对数据库更改后都要用连接对象的 commit()方法提交更改，否则对数据库的更改将不会生效。这种数据库操作方式为用户提供了错误恢复功能，即可以使用连接对象的回滚 rollback()方法将数据库还原到上一次 commit()方法确认操作的状态（若没有调用过 commit()方法，则恢复到最初连接到数据库时的状态）。其语法格式如下：

```
conn.rollback()
```

5．关闭数据库连接

在对数据库操作完毕后，调用连接对象的 close()方法关闭数据库连接。关闭数据库连接后，不能再调用该连接的相应方法进行操作。其语法格式如下：

```
conn.close()
```

conn.close()是必需的，否则 Python 程序会一直占用这个数据库。

请注意，如果之前未调用 conn.commit()方法，就直接关闭数据库连接，所做的所有更改将全部丢失。

8.2.4　应用实例

8.2.4　应用实例

1．定义表

使用 CREATE TABLE 语句在指定数据库中创建一个新表。在数据库中创建表时，需要命名表、列以及设置每一个列的数据类型等操作。CREATE TABLE 语句的基本语法格式如下：

```
CREATE TABLE IF NOT EXISTS 表名(
    列1  数据类型  PRIMARY KEY(单个列或多个列),
    列2  数据类型,
    …
    列n  数据类型
)
```

IF NOT EXISTS 选项判断如果表不存在，则创建表，否则不创建表。

列元组由多个列的定义组成，列之间用逗号分隔。每个定义列包含列名、数据类型、可空性（NULL）以及其他列属性（如主键等）。

数据类型可以是 INTEGER（整型）、REAL（浮点型）、TEXT（文本）、BLOB（大二进制对象）等数据类型。

【例8-2】 在 SQLite 数据库 student_info.db 中创建一个 student 表，该表包含的列有：id（学号）、name（姓名）、gender（性别）、birthday（出生日期）、phone（手机号码），把 id 列设置为主键，除 phone 列外，其他列均不能为空。

分析：在 student_info.db 数据库中创建表使用 CREATE TABLE 语句，调用游标对象或连接对象的 execute()方法执行该 SQL 语句。在该语句中加入 IF NOT EXISTS，执行时可判断所指定的表是否存在，若不存在则创建该表，若已存在则不创建该表。

```
from sqlite3 import *   # 导入 sqlite3 模块
conn=connect("d:\\student_info.db")   # 创建数据库连接对象
cur=conn.cursor()   # 创建游标对象
# 创建表的 SQL 语句
sql="""
CREATE TABLE IF NOT EXISTS student(
    id TEXT(10) PRIMARY KEY NOT NULL,
    name TEXT(10) NOT NULL,
    gender TEXT(1) NOT NULL,
    birthday DATE NOT NULL,
    phone TEXT(20)
)
"""
cur.execute(sql)   # 执行 SQL 语句创建数据表
conn.commit()   # 提交事务
cur.close()   # 关闭游标对象
conn.close()   # 关闭连接对象
```

运行程序后发现看不到运行结果。由于 SQLite 3 不是可视化的，通常借助于第三方数据库管理工具来查看数据库，例如使用 SQLiteManager、Navicat Premium 等。例如，在 SQLiteManager 中打开 student_info.db 数据库，查看其表记录，如图 8-2 所示。

2. 添加记录

使用 INSERT INTO 语句向数据库的指定表中添加新的记录行，其基本语法格式如下：

```
INSERT INTO 表名[(列1, 列2, …, 列n)]
    VALUES(值1, 值2, …, 值n)
```

如果要为表中的所有列添加值，可以不在语句中指定列名，但要确保值顺序与表中列的顺序一致，此时 INSERT INTO 语句写成以下形式：

```
INSERT INTO 表名 VALUES(值1, 值2, …, 值n)
```

【例8-3】 连接到 SQLite 数据库 student_info.db，在 student 表中输入记录。

```
from sqlite3 import *   # 导入 sqlite3 模块
conn=connect("D:\\student_info.db")   # 创建数据库连接对象
cur=conn.cursor()   # 创建游标对象
sql="INSERT INTO student VALUES('2020010108', '张三', '男', '2001-1-3', '13501024455')"
```

```
        cur.execute(sql)    # 执行 SQL 语句
        sql="INSERT INTO student VALUES('2020010107', '李四', '女', '2000-10-21',
'13502031234')"
        cur.execute(sql)    # 执行 SQL 语句
        sql="INSERT INTO student VALUES('2020010121', '王五', '男', '2001-8-12',
'13503782363')"
        cur.execute(sql)    # 执行 SQL 语句
        conn.commit()    # 提交事务
        cur.close()    # 关闭游标对象
        conn.close()    # 关闭连接对象
```

运行程序，在 SQLiteManager 中打开 student_info.db 数据库，查看表的记录，如图 8-3 所示。

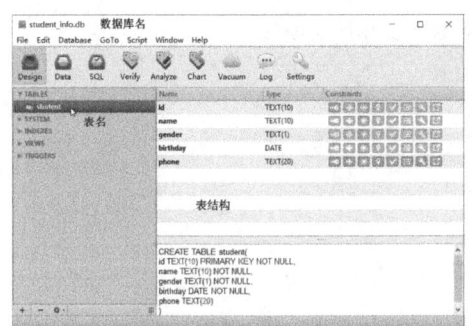
图 8-2　查看例 8-2 表的记录

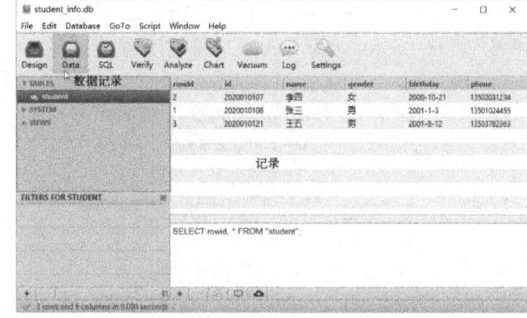
图 8-3　查看例 8-3 表的记录

【例 8-4】 连接到 SQLite 数据库 student_info.db，在 student 表中输入 3 条记录。

使用 cur.execute()方法一次只能执行一条 SQL 语句，使用 cur.executemany()方法一次可以执行多条 SQL 语句，实现批量添加记录。

```
        from sqlite3 import *    # 导入 sqlite3 模块
        conn=connect("D:\\student_info.db")    # 创建数据库连接对象
        cur=conn.cursor()    # 创建游标对象
        sql="INSERT INTO student VALUES(?, ?, ?, ?, ?)"
        data=[("2020010132","钱七","男","2001-4-17","13102026655"),
              ("2020010133","孙八","女","2000-9-25","13013023344"),
              ("2020010134","周九","女","2001-6-29","13701337788")]
        cur.executemany(sql, data)    # 重复执行 SQL 语句
        print('添加的记录条数：', cur.rowcount)    # 通过 rowcount 属性获取添加的记录条数
        conn.commit()    # 提交事务
        cur.close()    # 关闭游标对象
        conn.close()    # 关闭连接对象
```

运行结果如下：

添加的记录条数： 3

在 SQLiteManager 中打开 student_info.db 数据库，查看表的记录，如图 8-4 所示。

【例 8-5】 连接到 SQLite 数据库 student_info.db，用交互方式输入记录。

对例 8-3 的 SQL 语句中用到的参数使用问号占位符（?）表示，有几个问号占位符就必须有几个参数。

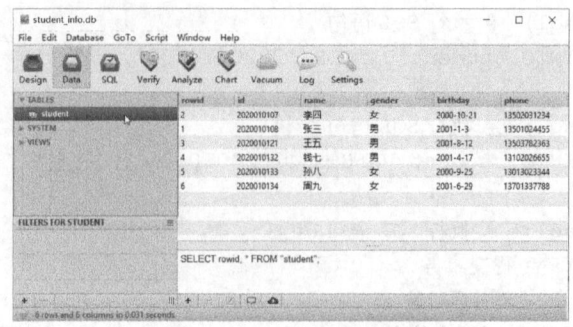

图 8-4　例 8-4 运行结果

```
from sqlite3 import *    # 导入SQLite模块
conn=connect("D:\\student_info.db")    # 创建数据库连接对象
cur=conn.cursor()    # 创建游标对象
while 1:
    id=input("输入学号（0=退出）：")
    if id=="0": break
    name=input("姓名：")
    gender=input("性别：")
    birthday=input("出生日期：")
    phone=input("手机号码：")
    cur.execute("INSERT INTO student VALUES(?, ?, ?, ?, ?)", (id, name, gender, birthday, phone))
    conn.commit()    # 提交事务
cur.close()    # 关闭游标对象
conn.close()    # 关闭连接对象
```

运行程序，显示如下，输入学生信息：

```
输入学号（0=退出）：2020010131
姓名：赵六
性别：男
出生日期：2001-10-22
手机号码：13022027755
输入学号（0=退出）：0
```

在 SQLiteManager 中打开 student_info.db 数据库，查看表的记录。

3. 修改记录

使用 UPDATE 语句修改表中的已有记录，其基本语法格式如下：

```
UPDATE 表名 SET 列1=值1, 列2=值2, …, 列n=值n
    WHERE 条件
```

用 WHERE 子句可以选择要更新的行，不使用 WHERE 子句时将更新所有的行。也可以使用 AND 或 OR 运算符组合多个条件。

【例 8-6】　连接到 SQLite 数据库 student_info.db，用交互方式修改指定学号学生的电话号码。

```
from sqlite3 import *    # 导入SQLite模块
conn=connect("D:\\student_info.db")    # 创建数据库连接对象
cur=conn.cursor()    # 创建游标对象
while 1:
```

```
        id=input("指定一个学号（0=退出）: ")
        if id=="0": break
        phone=input("输入新的电话号码: ")
        cur.execute("UPDATE student SET phone=? WHERE id=?", (phone, id))
# 执行 SQL 语句
        conn.commit()   # 提交事务
    cur.close()    # 关闭游标对象
    conn.close()   # 关闭连接对象
```

运行程序，显示如下，输入学生信息：

```
指定一个学号（0=退出）: 2020010131
输入新的电话号码: 13501234242
指定一个学号（0=退出）: 0
```

在 SQLiteManager 中打开 student_info.db 数据库，查看表的记录，如图 8-5 所示。

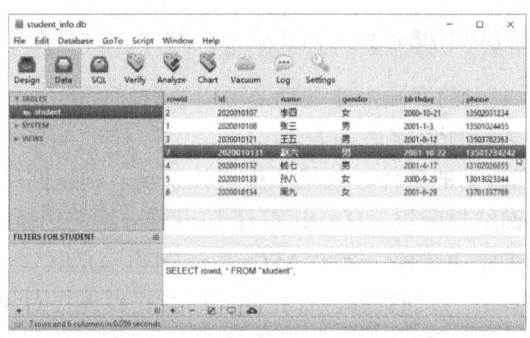

图 8-5　查看例 8-6 表的记录

4．删除记录

使用 DELETE 语句从表中删除已有的记录，其基本语法格式如下：

```
DELETE FROM 表名
    WHERE 条件
```

用 WHERE 子句可以选定要删除的记录，如果不使用 WHERE 子句，则会删除所有记录。通过使用 AND 或 OR 运算符可以组合多个条件。

【例 8-7】　连接到 SQLite 数据库 student_info.db，用交互方式输入学号，删除该学号的记录。

```
from sqlite3 import *    # 导入 SQLite 模块
conn=connect("D:\\student_info.db")    # 创建数据库连接对象
cur=conn.cursor()    # 创建游标对象
while 1:
    id=input("输入要删除的学号（0=退出）: ")
    if id=="0": break
    cur.execute("DELETE FROM student WHERE id=?", (id,))    # 执行 SQL 语句
    conn.commit()    # 提交事务
cur.close()    # 关闭游标对象
conn.close()    # 关闭连接对象
```

如果只有一个问号占位符，则对应的这个参数后要有一个逗号（,），因为该逗号表示这是

一个元组。

运行程序,显示如下,输入学生信息:

```
输入要删除的学号(0=退出):2020010131
输入要删除的学号(0=退出):0
```

在 SQLiteManager 中打开 student_info.db 数据库,查看表的记录。

5. 查询记录

使用 SELECT 查询语句从数据库表中获取数据,并以结果表的形式返回数据,该结果表也称为结果集。SELECT 语句的基本语法格式如下:

```
SELECT 列1, 列2, …, 列n
    FROM 表名
    WHERE 条件
    GROUP BY 列名
    HAVING 条件
    ORDER BY 列表[ASC|DESC]
```

列1、列2……列n 是表中的字段,通过查询可以获取它们的值。如果想获取所有可用的字段,则可以使用星号(*)表示所有字段列表。

WHERE 子句指定查询数据的条件,如果不提供该子句,则返回所有记录。

GROUP BY 子句对查询结果分组,HAVING 子句设置分组筛选条件。

ORDER BY 子句对查询结果排序,其中 ASC 表示升序,DESC 表示降序。

如果要从 SQLite 数据库中查询数据,首先要调用数据库连接对象的 cursor()方法创建一个游标对象,然后调用 cur.execute()方法执行一个 SELECT 查询语句。通过 cur.execute()方法执行 SELECT 查询后,调用游标对象的以下方法获取记录。

1)使用游标对象的 fetchone()方法从结果集中返回一条记录,其语法格式如下:

```
row=cur.fetchone()
```

cur.fetchone()方法返回的结果集是一个元组,对应一行记录。该元组中包含 SELECT 语句中指定字段的值,通过索引获取指定字段的值,例如第一个列(字段)用 row[0]表示,第二个列用 row[1]表示,依此类推。如果没有查询到任何记录,则 fetchone()方法返回 None。

【例 8-8】 连接到 SQLite 数据库 student_info.db,查询表中的记录数。如果执行的 SQL 语句有一个返回值,可以采用下面的方法获得。

```
from sqlite3 import *   # 导入sqlite3模块
conn=connect("c:\\student_info.db")  # 创建数据库连接对象
cur=conn.cursor()  # 创建游标对象
cur.execute("SELECT COUNT(*) FROM student")  # 查询表中的记录数
count=cur.fetchone()
print("返回的结果元组:",count,"    表中的记录数:",count[0])
cur.close()  # 关闭游标对象
conn.close()  # 关闭连接对象
```

运行结果如下:

```
返回的结果元组: (6,)     表中的记录数: 6
```

【例 8-9】 连接到 SQLite 数据库 student_info.db,查询表中的记录。如果返回多条记录,可以用下面的方法遍历所有记录。

```
from sqlite3 import *   # 导入sqlite3模块
conn=connect("D:\\student_info.db")   # 创建数据库连接对象
cur=conn.cursor()   # 创建游标对象
cur.execute("SELECT * FROM student")   # 查询表中的记录
row=cur.fetchone()
while row:   # 遍历所有记录
    print("ID=%s, Name=%s" % (row[0], row[1]))
    row=cur.fetchone()
# 或者使用下面语句遍历记录
cur.execute("SELECT * FROM student")   # 必须重新执行查询语句，因为游标对象只能有一个
row=cur.fetchone()
print('row=%r' % (row,))   # 显示第1条
for row in cur:
    print('row=%r' % (row,))
cur.close()   # 关闭游标对象
conn.close()   # 关闭连接对象
```

运行结果如下：

```
ID=2020010108, Name=张三
ID=2020010107, Name=李四
ID=2020010121, Name=王五
ID=2020010132, Name=钱七
ID=2020010133, Name=孙八
ID=2020010134, Name=周九
row=('2020010108', '张三', '男', '2001-1-3', '13501024455')
row=('2020010107', '李四', '女', '2000-10-21', '13502031234')
row=('2020010121', '王五', '男', '2001-8-12', '13503782363')
row=('2020010132', '钱七', '男', '2001-4-17', '13102026655')
row=('2020010133', '孙八', '女', '2000-9-25', '13013023344')
row=('2020010134', '周九', '女', '2001-6-29', '13701337788')
```

2）使用游标对象的 fetchmany() 方法从结果集中返回多条记录，其语法格式如下：

```
rows=cur.fetchmany(size)
```

cur.fetchmany() 方法返回的结果也是一个列表，该列表中的每个元素都是一个元组，代表从数据库中查询到的一条记录。参数 size 是一个正整数，指定要获取的记录行数，该参数决定了元组的长度。

3）使用游标对象的 fetchall() 方法从结果集中返回所有记录，其语法格式如下：

```
rows=cur.fetchall()
```

cur.fetchall() 方法返回的结果也是一个列表，该列表中的每个元素都是一个元组，代表从数据库中查询到的一条记录，元组的长度由记录集包含的记录行数决定。

使用游标对象完成数据查询后，应调用 cur.close() 方法关闭游标。

【例 8-10】 分别查询表中的所有记录和指定姓名的记录。

一个连接对象只有一个游标对象处于查询状态，当进行一个新的查询时，上一个查询将被清除。

```
from sqlite3 import *   # 导入sqlite3模块
conn=connect("D:\\student_info.db")   # 创建数据库连接对象
cur1=conn.cursor()   # 创建游标对象
cur1.execute("SELECT * FROM student")   # 查询表中的记录
print("所有记录cur1.fetchall():", cur1.fetchall())
cur2=conn.cursor()   # 创建游标对象
cur2.execute("SELECT * FROM student WHERE Name='李四'")   # 必须重新执行查询语句，因为游标对象只能有一个
print('李四记录cur2.fetchall():',cur2.fetchall())
print("所有记录cur1.fetchall():",cur1.fetchall())   # 没有任何结果，显示[]
cur2.close()   # 关闭游标对象
conn.close()   # 关闭连接对象
```

运行结果如下：

```
所有记录cur1.fetchall(): [('2020010108', '张三', '男', '2001-1-3', '13501024455'),
('2020010107', '李四', '女', '2000-10-21', '13502031234'), ('2020010121', '王五', '男',
'2001-8-12', '13503782363'), ('2020010132', '钱七', '男', '2001-4-17', '13102026655'),
('2020010133', '孙八', '女', '2000-9-25', '13013023344'), ('2020010134', '周九',
'女', '2001-6-29', '13701337788')]
    李四记录cur2.fetchall(): [('2020010107', '李四', '女', '2000-10-21', '13502031234')]
    所有记录cur1.fetchall(): []
```

由于一个连接对象只有一个处于查询状态的游标对象，如果要实现多个查询，有两种解决方案：

1）另外建一个连接对象，由于每个连接对象都有一个正在进行的查询，这样就可以有多个查询同步进行。

2）进行下一次查询前先使用fetchall()方法把获取的结果赋值给变量。例如：

```
cur1.execute("SELECT")
row1=cur1.fetchall()
cur2.execute("SELECT")
row2=cur2.fetchall()
```

【例8-11】 连接到SQLite数据库student_info.db，按照输入的性别查询学生信息，分别按不同方式显示。

```
from sqlite3 import *   # 导入SQLite模块
conn=connect("D:\\student_info.db")   # 创建数据库连接对象
cur=conn.cursor()   # 创建游标对象
gender=input("输入要查询的学生性别：")
cur.execute("SELECT * FROM student WHERE gender=?", (gender,))
rows=cur.fetchall()   # cur.fetchall()方法返回的结果是一个列表
print("按列表显示查询结果：")
print(rows)
print("按元组显示查询结果：")
for row in rows:
    print(row)
print("按列（字段）显示查询结果：")
for row in rows:
    for item in row:
        print(item, " ", end="")
```

```
        print()
    cur.close()   # 关闭Cursor对象
    conn.close()  # 关闭Connection对象
```

运行程序，输入性别后，显示查询结果：

```
输入要查询的学生性别：女
按列表显示查询结果：
[('2020010107', '李四', '女', '2000-10-21', '13502031234'), ('2020010133',
'孙八', '女', '2000-9-25', '13013023344'), ('2020010134', '周九', '女', '2001-6-
29', '13701337788')]
按元组显示查询结果：
('2020010107', '李四', '女', '2000-10-21', '13502031234')
('2020010133', '孙八', '女', '2000-9-25', '13013023344')
('2020010134', '周九', '女', '2001-6-29', '13701337788')
按列（字段）显示查询结果：
2020010107    李四    女    2000-10-21    13502031234
2020010133    孙八    女    2000-9-25     13013023344
2020010134    周九    女    2001-6-29     13701337788
```

8.3 访问 SQL Server 数据库

Python 连接微软的 SQL Server 数据库第三方模块有多种，常用的是 pymssql 模块。在 Python 中用 Python DB-API 编写连接 SQL Server 数据库的程序，前提是当前 Windows 系统安装了 Microsoft SQL Server，并且在 Python 中安装了 pymssql 模块。

8.3.1 安装 pymssql 模块

Python 连接 SQL Server 数据库前需要先把 pymssql 模块安装到 Python 中。如果没有安装 pymssql 模块，需要使用 pip 工具安装。使用 pip 工具安装 Python 扩展模块，需要保证计算机连入互联网。

安装 pymssql 模块最方便的方法是在"命令提示符"窗口中输入下面的命令：

```
pip install pymssql
```

然后显示下载和安装进度，等待安装完成，重新出现系统提示符。

8.3.2 访问数据库

1．导入 pymssql 模块

安装 pymssql 模块后，在程序中导入 pymssql 模块，其语法格式如下：

```
import pymssql   #导入pymssql模块
```

2．连接 SQL Server 数据库

导入 pymssql 模块后，使用 pymssql 模块的 connect()方法创建连接，返回连接对象。其语法格式如下：

```
conn=pymssql.connect(host='服务器名或IP',user='账户名',password='密码',
database='数据库名')
```

对于本地安装的 SQL Server，服务器名可以写为"(local)"或"127.0.0.1"。账户名一般为 sa，密码是登录 sa 的密码，也就是按"SQL Server 身份验证"方式登录 SQL Server 时"连接到服务器"对话框中显示的信息，如图 8-6 所示。

数据库名是要打开和连接的数据库。例如：

```
conn=pymssql.connect(host='(local)',user='sa',password='123',database='test')  #服务器,账户,密码,数据库名
```

【例 8-12】 测试 Python 程序是否可以连接到 SQL Server。

1）首先在 SQL Server Management Studio 中执行如下代码：

```
CREATE DATABASE Test;
GO
USE Test;
GO
CREATE TABLE Person(Id INT, Name NVARCHAR(20), Age INT);
INSERT INTO Person(Id, Name, Age)
    VALUES(1,'张三',17), (2,'李四',18), (3,'王五',18), (4,'赵六',19), (5,'钱七',17);
```

创建数据库和表，如图 8-7 所示。

图 8-6 "连接到服务器"对话框

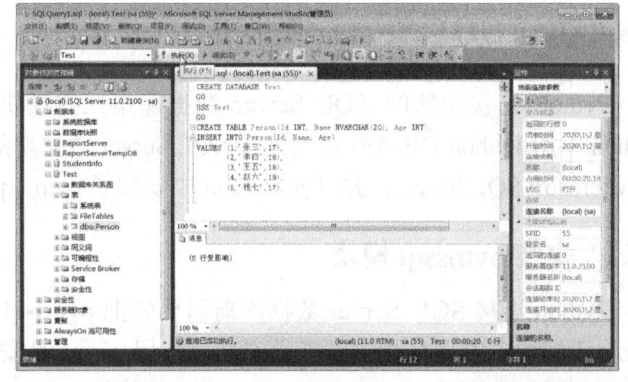

图 8-7 在 SQL Server Management Studio 中创建数据库和表

2）当前 Python 程序连接到本机"(local)"，用户名是 sa，密码为 123，数据库为 test。在 IDLE 中，输入如下代码：

```
import pymssql
conn=pymssql.connect(host='(local)', user='sa', password='123',database='Test')
if conn:
    print("连接成功!")
cur=conn.cursor()
sql='SELECT * FROM Person'
cur.execute(sql)
result=cur.fetchall()
print(type(result),type(result[0]))  # result 是 list, 而其中的每个元素是 tuple
print(result)   # 显示 list
cur.close()     # 关闭 Cursor 对象
conn.close()    # 关闭 Connection 对象
```

运行程序，当连接上数据库后显示如下：

```
连接成功!
<class 'list'> <class 'tuple'>
 [(1, '张三', 17), (2, '李四', 18), (3, '王五', 18), (4, '赵六', 19), (5,
'钱七', 17)]
```

3．创建游标对象

游标对象是 Python DB-API 的核心对象，使用 Python DB-API 的标准方法调用数据库连接对象的 cursor()方法创建游标对象，其语法格式如下：

```
cur=conn.cursor()
```

conn 是已经创建的连接对象名，cur 是执行 conn.cursor()方法返回的游标对象。游标对象的方法和属性见表 8-1 和表 8-2。

4．执行 SQL 语句

调用游标对象的 execute()方法执行一个 SQL 语句，其语法格式如下：

```
cur.execute(sql [, params])
```

1）sql 是要执行 SQL 语句的一个字符串。使用 pymssql 模块访问 SQL Server 数据库时，如果在 SQL 语句中包含参数，则必须使用格式符（例如%s、%d、%f 等）表示参数，并且要使用百分号连接语句和参数元组。

2）params 是一个参数元组，指定参数列表。切记不可像在 sqlite3 模块中访问 SQLite 数据库那样，在 SQL 查询语句中使用问号占位符表示参数，否则会引发 TypeError 错误，显示"not all arguments converted during string formatting"。

3）游标对象的 execute()方法执行 insert、update、delete 语句时，执行结果由游标对象的 rowcount 属性返回影响的行数。

4）游标对象的 execute()方法执行 select 语句时，执行结果通过游标对象的 featchall()、fetchone()、fetchmany()得到结果集。

5）执行多条 SQL 语句用 executemany(sql, seq_of_parameters)方法。

5．提交数据库事务

如果没有指定 autocommit 属性为 True，当 SQL 语句是修改数据的操作时，执行完 SQL 语句后要提交数据库事物，其语法格式如下：

```
conn.commit()
```

6．关闭游标对象

所有数据库操作完成后，应关闭游标对象，其语法格式如下：

```
cur.close()
```

7．关闭数据库连接对象

如果不再使用该数据库，应关闭数据库连接，其语法格式如下：

```
conn.close()
```

8.3.3 应用实例

【例 8-13】 在 Test 数据库中创建一个 St 表。

```
import pymssql
conn=pymssql.connect(host='(local)', user='sa', password='123',database=
'Test')  # 创建连接对象
cur=conn.cursor()     # 创建一个游标对象，Python 中的 SQL 语句都要通过游标对象来执行
sql="create table St(Id int, Name nvarchar(10), Gender nchar(1))"
cur.execute(sql)     # 执行 SQL 语句
conn.commit()   # 提交事物
cur.close()     # 关闭游标对象
conn.close()    # 关闭连接对象
```

【例 8-14】在 St 表中添加几条记录。

```
import pymssql
conn=pymssql.connect(host='(local)', user='sa', password='123',database=
'Test')  # 创建连接对象
cur=conn.cursor()     # 创建一个游标对象
sql="INSERT INTO St(Id,Name,Gender) VALUES (11, '张三', '男')"  # 添加一条记录
cur.execute(sql)
print('添加的记录条数：', cur.rowcount)    # 通过 rowcount 属性获取添加的记录条数
sql="INSERT INTO St(Id,Name,Gender) VALUES (%d, %s, %s)"  # 使用%格式符作为占位符
data=[(12,"李四","男"), (13,"王五","女"), (15,"赵六","女")]
cur.executemany(sql, data)    # 重复执行 SQL 语句
print('添加的记录条数：', cur.rowcount)    # 通过 rowcount 属性获取添加的记录条数
conn.commit()   # 提交事务
cur.close()     # 关闭游标对象
conn.close()    # 关闭连接对象
```

运行结果如下：

```
添加的记录条数： 1
添加的记录条数： 3
```

【例 8-15】在 St 表中查询记录。

```
import pymssql
conn=pymssql.connect(host='(local)', user='sa', password='123',database=
'Test')  # 创建连接对象
cur=conn.cursor()     # 创建一个游标对象
cur.execute("select * from St")    #执行一条 SQL 语句
row = cur.fetchone()    #读取查询结果
while row:    #循环读取所有结果
    print("Name=%s, Gender=%s" % (row[1],row[2]))    #输出结果
    row = cur.fetchone()
gender="男"    # 查询条件
cur.execute("SELECT * FROM St WHERE Gender=%s", (gender,))    # 执行 SQL 语句
rows=cur.fetchall()    # cur.fetchall()方法返回的结果是一个列表
print("按列表显示查询结果：",rows)
cur.close()     # 关闭游标对象
conn.close()    # 关闭连接对象
```

运行结果如下：

```
Name=张三, Gender=男
Name=李四, Gender=男
```

```
Name=王五, Gender=女
Name=赵六, Gender=女
按列表显示查询结果: [(11, '张三', '男'), (12, '李四', '男')]
```

【例 8-16】 在 St 表中修改记录。

```
import pymssql
conn=pymssql.connect(host='(local)', user='sa', password='123',database='Test')   # 创建连接对象
cur=conn.cursor()    # 创建一个游标对象
id=11  # 要修改记录的 id, 即修改的条件
sql="update St set Gender=%s where Id=%d"
data=('女', id)  # '女'是修改后的
cur.execute(sql, data)   # 执行 SQL 语句
conn.commit()  # 提交事务
cur.execute("select * from St")   # 显示删除记录后的所有记录
rows=cur.fetchall()
print("修改后的记录: ",rows)
cur.close()  # 关闭游标对象
conn.close()   # 关闭连接对象
```

运行结果如下:

```
修改后的记录: [(11, '张三', '女'), (12, '李四', '男'), (13, '王五', '女'), (15, '赵六', '女')]
```

【例 8-17】 在 St 表中删除记录。

```
import pymssql
conn=pymssql.connect(host='(local)', user='sa', password='123',database='Test')   # 创建连接对象
cur=conn.cursor()    # 创建一个游标对象
id=11  # 要删除记录的 id, 即删除记录的条件
sql="delete St where Id=%d"
cur.execute(sql, (id,))  # 执行 SQL 语句
conn.commit()  # 提交事务
cur.execute("select * from St")    # 显示删除记录后的所有记录
rows=cur.fetchall()
print("删除后的记录: ",rows)
cur.close()  # 关闭游标对象
conn.close()   # 关闭连接对象
```

运行结果如下:

```
删除后的记录: [(12, '李四', '男'), (13, '王五', '女'), (15, '赵六', '女')]
```

【例 8-18】 如果执行的 SQL 语句有一个返回值,可以采用下面的方法获得。

```
import pymssql
conn=pymssql.connect(host='(local)', user='sa', password='123',database='Test')   # 创建连接对象
cur=conn.cursor()  # 创建游标对象
cur.execute("SELECT AVG(Age) FROM Person")   # 计算平均年龄
aver=cur.fetchone()
```

```
            print("返回的结果元祖: ",aver,"    平均年龄: ",aver[0])
            cur.close()     # 关闭游标对象
            conn.close()    # 关闭连接对象
```

运行结果如下:

```
返回的结果元祖: (17,)    平均年龄: 17
```

【例 8-19】 如果返回多条记录，可以用下面的方法遍历所有记录。

```
        import pymssql
        conn=pymssql.connect(host='(local)', user='sa', password='123',database=
'Test')  # 创建连接对象
        cur=conn.cursor()    # 创建游标对象
        cur.execute("SELECT * FROM Person")    # 查询表中的记录
        row=cur.fetchone()
        while row:    # 遍历所有记录
            print("ID=%s, Name=%s" % (row[0], row[1]))
            row=cur.fetchone()
        # 或者使用下面的语句遍历记录
        cur.execute("SELECT * FROM student")   # 必须重新执行查询语句，因为游标对象只能有一个
        row=cur.fetchone()
        print('row=%r' % (row,))    # 显示第 1 条
        for row in cur:
            print('row=%r' % (row,))
        cur.close()     # 关闭游标对象
        conn.close()    # 关闭连接对象
```

8.4 习题

1. 在 IDLE 交互方式下输入下面的代码，观察操作过程和显示结果。

```
        >>> import sqlite3   # 导入 sqlite3 模块
        # 连接到 SQLite 数据库，数据库文件是 test.db，如果文件不存在，会在 D:\目录自动创建
        >>> conn = sqlite3.connect('d:\\test.db')    # 创建一个连接对象 conn
        >>> cur = conn.cursor()    # 创建一个游标对象 cur
        # 执行一条 SQL 语句，创建 user 表
        >>> cur.execute('create table user(id text(10) primary key, name text(10))')
        <sqlite3.Cursor object at 0x023386E0>
        # 执行一条 SQL 语句，插入一条记录
        >>> cur.execute("insert into user(id, name) values('20201', 'Jack')")
        <sqlite3.Cursor object at 0x023386E0>
        # 执行一条 SQL 语句，再插入一条记录
        >>> cur.execute("insert into user(id, name) values('20203', 'Tom')")
        <sqlite3.Cursor object at 0x01E1D160>
        >>> cur.rowcount   # 通过 rowcount 获得插入的行数
        1
        >>> cur.close()    # 关闭游标对象
        >>> conn.commit()  # 提交事务
        >>> conn.close()   # 关闭连接对象
```

2. 在内存中创建一个临时数据库，然后在该数据库中创建一个表 user，分别用问号（?）

和命名变量作为占位符添加记录，再用不同的方式显示记录。请运行程序，写出执行结果。

```python
from sqlite3 import *
conn= connect(":memory:")  # 在内存中创建临时数据库，并创建连接对象
cur=conn.cursor()  # 创建游标对象
# 创建表 user
cur.execute("CREATE TABLE user(user_no text(4), user_name text(10))")  # 执行 SQL 语句创建表
# 添加记录，使用问号占位符
no="0001"
name="Jerry"
cur.execute("INSERT INTO user VALUES(?, ?)", (no, name))  # 添加记录，占位符的值用元组提供
# 执行查询，使用命名变量作为占位符
cur.execute("SELECT * FROM user WHERE user_no=:no AND user_name=:name", {"no":no, "name":name})
row = cur.fetchone()  # 获得查询到的一条记录
print("获得查询到的一条记录：user_no=%s, user_name=%s" % (row[0], row[1]))  # 输出结果
# 添加记录，使用命名变量
no1="0002"
name1="Tom"
sql="INSERT INTO user VALUES(:no1, :name1)"  # SQL 语句中的命名变量
var={"no1":no1, "name1":name1}  # 用字典提供命名变量和对应的值
cur.execute(sql, var)  # 执行 SQL 语句
# 添加记录，用问号占位符传递参数
sql="INSERT INTO user VALUES(?, ?)"
params=("0003", "Alisa")  # 用元组提供占位符的值
cur.execute(sql, params)  # 执行 SQL 语句
conn.commit()  # 提交事务
# 查询所有记录，使用 cur.fetchone()方法循环
cur.execute("SELECT * FROM user")
row = cur.fetchone()  # 获得查询到的第一条记录
print("获得查询到的记录：")
while row:  # 循环读取所有记录行
    print(row)  # 按元组显示
    row = cur.fetchone()  # 获得查询到的下一条记录
# 查询所有记录，必须重新执行 SQL 语句
cur.execute("SELECT * FROM user")
row = cur.fetchone()  # 获得查询到的第一条记录
while row:
    print("user_no=%s, user_name=%s" % (row[0], row[1]))  # 使用字段输出结果
    row = cur.fetchone()  # 获得查询到的下一条记录
cur.close()  # 关闭游标对象
conn.close()  # 关闭连接对象
```

3．在 IDLE 交互方式下输入下面的代码，观察操作过程和显示结果。

```
>>> from sqlite3 import *  # 导入 sqlite3 模块
>>> conn = connect('D:\\student_info.db')  # 创建连接对象，打开例 8-3 中创建的数据库
>>> cur = conn.cursor()  # 创建游标对象
>>> cur.execute('select * from user where id=?', ('20201',))  # 执行查询语句
```

```
<sqlite3.Cursor object at 0x01E722E0>
>>> rows = cur.fetchall()    # 获得查询结果集
>>> rows
[('20201', 'Jack')]
>>> cur.execute('select * from user')    # 执行查询语句,查询所有记录
<sqlite3.Cursor object at 0x01E722E0>
>>> rows = cur.fetchall()    # 获得查询结果集,是一个列表,列表的每个元素是一个元组
>>> rows
[('20201', 'Jack'), ('20203', 'Tom')]
>>> cur.close()    # 关闭游标对象
>>> conn.commit()    # 提交事务
>>> conn.close()    # 关闭连接对象
```

4. 学生信息包括学号、姓名、性别、出生日期、专业等。请用 SQL Server 创建数据库,实现学生信息的增、删、改、查功能。

第 9 章　tkinter GUI 编程

前面介绍的所有程序都是基于命令行的，只能输入文本和返回文本，命令行程序主要用于调试程序。当前计算机桌面应用程序都采用图形用户界面（Graphical User Interface，GUI），例如 Windows 操作系统的程序。对于 GUI 程序，用户使用鼠标、键盘、触屏等输入设备，对屏幕上的按钮、菜单等图形界面对象，通过拖动、单击、双击等动作操作应用程序，完成启动程序、选择文件等工作任务，从而让用户在人机对话过程中获取更好的用户体验。本章将介绍使用 Python 自带的 tkinter 模块进行 Windows 下 GUI 应用程序的设计，主要包括 GUI 编程步骤、tkinter 控件应用、对话框、绘制图形以及事件处理等内容。

9.1　GUI 编程步骤

GUI 是程序与用户交互的一种方式，使用 GUI 开发的程序，与命令行程序一样，都具有输入数据、处理数据和输出数据这 3 个基本要素，只不过使用 GUI 开发的程序，用户看到的程序是窗口、按钮、文本框、对话框等组件，程序的输入和输出是通过鼠标和键盘操作来实现的。当前 Windows、Mac OS X 操作系统下的应用程序都是采用 GUI 开发的。

Python 的 GUI 库有很多，包括 tkinter、wxPython、Jython、PyQt、Flexx 等，每个 GUI 库都有优缺点，因此 GUI 库的选择取决于要应用的场景。本章介绍 tkinter 库。

tkinter 是 Python 的标准 GUI 库，tkinter 内置在 Python 的安装包中，只要安装好 Pytbon，就可以导入 tkinter 库。在 Python 中使用 tkinter 库可以快速地创建 GUI 应用程序。

在 Python 中，利用 tkinter 库创建一个 GUI 应用程序的主要步骤如下。
1）导入 tkinter 库模块。
2）创建根窗体，即创建 GUI 应用程序的根窗体。
3）添加控件，即在根窗体中添加所需要的控件，并设置窗体相应的属性。
4）设置控件的属性，包括调整控件的大小、位置等。
5）设置控件的布局方式。
6）为控件添加事件处理程序。
7）调用根窗体的主事件循环方法。

9.1.1　导入 tkinter 库模块

tkinter 库模块是 Python 提供的标准 GUI 开发工具包，创建 GUI 程序首先要导入该模块，导入 tkinter 模块的方式有两种。

1．直接导入

导入 tkinter 模块的语句为：

```
from tkinter import *
```

使用本语句创建根窗体和控件时，直接写类名。

例如：

```
from tkinter import *
root = Tk()
label2 = Label(root, text='Hello, Wold!')
```

2. 导入时使用别名

导入 tkinter 模块的语句为：

import tkinter as tk

使用本语句创建根窗体和控件时，要把 tk 别名写在类名前。

tk.类名(参数表)

例如：

```
import tkinter as tk
root = tk.Tk()
label2 = tk.Label(root, text='Hello, Wold!')
```

9.1.2 创建根窗体

9.1.2 创建根窗体

1. 窗体的概念

窗体（Form）是 GUI 应用程序的基本单位，它就像画布或白板，一个窗体就是一个窗口或对话框，是存放各种控件的容器，各种控件对象必须建立在窗体上。通过向窗体添加控件（如文本框、按钮、下拉列表框、单选按钮等）和事件程序（如单击或按键）来构建 Windows 窗体应用程序。

与 Windows 环境下的应用程序窗口一样，窗体也具有控制菜单、标题栏、最大化/还原按钮、最小化按钮、关闭按钮和边框。

当用户对一个窗体或窗体控件执行了某个操作，该操作将生成一个事件。应用程序通过使用代码对这些事件做出反应，并在事件发生时对其进行处理。

窗体的操作与 Windows 下的窗口操作一样，例如，通过按住鼠标左键拖动标题栏可以移动窗体，光标对准窗体边框出现双向箭头时按住鼠标左键拖动可以改变窗体的大小。

窗体的控制菜单用来在程序运行时显示控制菜单，通过属性设置，可以在程序运行时将窗体上的标题栏隐藏起来。

在 Python 中，窗体、控件都是对象。

2. 创建根窗体对象

根窗体又称主窗体（Master Window）、顶层窗体，是图像化应用程序的基本容器。根窗体是放置其他容器或者控件（如标签、按钮、文本框等）的容器。窗体容器在设计时称为窗体，在运行时称为窗口，有时不加区分地都称为窗口。

每一个 GUI 程序都有一个根窗体，创建 GUI 应用程序通常都是从根窗体开始的。根窗体是图像化应用程序的根控制器，是 tkinter 顶层控件 Tk 类的对象，通过调用 Tk 类的无参数构造方法 Tk()，初始化并创建一个根窗体实例对象，并赋值给代表窗体的对象变量，调用格式如下：

窗体对象名 = Tk()

【例 9-1】 创建一个空白根窗体。

```
>>>from tkinter import *   # 导入 tkinter 模块
>>>root = Tk()   # 创建 Tk 类的对象,赋值给变量 root
```

运行程序,显示如图 9-1 所示的窗口。

root = Tk()这条语句创建一个空白根窗体,根窗体对象拥有一系列属性和方法,默认窗体的高度和宽度都是 200px,标题文字为"tk",窗口背景颜色呈浅灰色,带有一些默认控件,如窗口标题栏以及窗口最大化和最小化按钮等。在 GUI 程序中一般先创建一个窗体容器,再添加其他控件。

图 9-1 空白窗口

3. tkinter 窗体对象的常用属性

tkinter 的 Tk()对象有一个 keys()方法,调用该方法返回根窗体对象的所有资源名称组成的列表:

```
>>>root.keys()
['bd', 'borderwidth', 'class', 'menu', 'relief', 'screen', 'use', 'background',
'bg', 'colormap', 'container', 'cursor', 'height', 'highlightbackground', 'highlightcolor',
'highlightthickness', 'padx', 'pady', 'takefocus', 'visual', 'width']
```

列表中列出了一些资源名称,通过它们可以对根窗体的相关属性设置,其语法格式如下:

窗体对象名["属性名"] = 属性值

在创建窗体时,可以设置窗体属性。tkinter 窗体对象的常用属性见表 9-1。

表 9-1 tkinter 窗体对象的常用属性

属性名称	说明	属性名称	说明
background 或 bg	设置窗体的背景颜色	relief	设置浮雕样式
colormap	设置位图	padx	设置左间隙
cursor	设置鼠标光标悬停光标	pady	设置下间隙
height	设置窗体的高度	takefocus	获得焦点
width	设置窗体的宽度	visual	设置可见性

【例 9-2】 设置窗体属性示例。

```
from tkinter import *   # 导入 tkinter 模块
root =Tk()   # 窗体实例化,root 表示根窗体
root['background'] = 'yellow'   # 设置窗体背景颜色
root['width'] = 320   # 窗体的宽度,单位为像素
root['height'] = 200   # 窗体的高度
root['cursor'] = 'wait'   # 设置光标形状为"忙"形状
```

程序运行结果如图 9-2 所示,光标形状显示为"忙"形状。

4. tkinter 窗体对象的常用方法

上述程序创建的窗体是非常简陋的,可以通过使用 tkinter 窗口对象的方法,设置标题、窗口大小、窗口是否可变等进一步美化。

(1)设置窗体标题的 title()方法

默认根窗体的标题文字为"tk",通过调用窗体对象的 title()方法

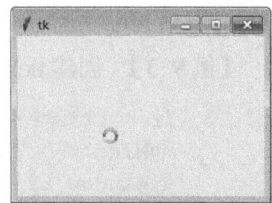

图 9-2 窗口属性设置

可修改根窗体的标题文字，调用格式如下：

> 窗体对象名.title("标题字符串")

"标题字符串"是显示在窗口标题栏上的标题文字。如果省略标题字符串参数，则标题文字为"tk"。

（2）设置窗体大小和显示位置的 geometry()方法

使用窗体的 geometry()方法对其大小和显示位置进行设置，调用格式如下：

> 窗体对象名.geometry("宽度x高度+|-x坐标+|-y坐标")

宽度和高度用于指定根窗体的大小，以像素为单位，它们之间用字母 x（必须是小写字母）连接。x 坐标和 y 坐标用于设置窗体在屏幕上的位置。对于 x 坐标值，+号表示根窗体距屏幕左边缘的距离，-号表示根窗体距屏幕右边缘的距离。对于 y 坐标值，+号表示根窗体距屏幕上边缘的距离，-号表示根窗体距屏幕下边缘的距离。

例如，下面的语句设置主窗体的宽为 450，高为 350，把根窗体定位在屏幕左上角：

root.geometry("450x350+0+0")

（3）设置窗体是否可以改变的 resizable()方法

默认情况下，根窗体的大小是可以调整的。通过调用根窗体对象的 resizable()方法，可以设置窗口的宽度和高度是否可以调整，调用格式如下：

> 窗体对象名.resizable(width=True, height=True)

width 和 height 都是关键字参数，默认值均为 True。如果将某个参数设置为 False，则不允许对相应的尺寸调整。

（4）调用根窗体的主事件循环的 mainloop()方法

默认情况下，使用 tkinter.Tk()方法创建的根窗体在显示之后程序就运行结束，IDLE 显示">>>"提示符，例如，例 9-2 的运行。如果希望窗口一直处于运行且等待用户操作的状态，直到单击"关闭"按钮才关闭窗口，应用程序才会结束运行，IDLE 显示">>>"提示符，则要调用根窗体对象的主事件 mainloop()方法来实现，调用格式如下：

> 窗体对象名.mainloop()

根窗体对象调用主事件 mainloop()方法后，应用程序一直处于窗口的事件循环过程，可持续呈现窗口中的其他可视化控件对象，在主事件循环中等待用户触发事件响应，监测事件的发生并执行相应的处理程序，直到单击"关闭"按钮关闭窗口，应用程序才会结束运行。另外，调用窗体对象的 destoy()方法也可以关闭窗口。

事件循环不仅处理来自用户的事件（如鼠标单击和按键按下）或者窗口系统事件（重绘事件和窗口配置消息），而且处理来自 tkinter 自身的任务等待队列，如由 pack()方法产生的任务和显示更新。

【例 9-3】 创建 tkinter 根窗体并设置其大小、颜色和标题文字。

```
from tkinter import *   # 导入 tkinter 模块
myWindow = Tk()   # 创建对象，初始化 Tk()，myWindow 表示根窗体
myWindow.title("我的第一个窗口程序")   # 设置标题
myWindow['background'] = 'lightyellow'   # 设置背景颜色为浅黄色
myWindow['cursor'] = 'coffee_mug'   # 设置光标形状为咖啡杯形状
```

```
        myWindow.geometry("350x250-0-100")    # 设置根窗体的大小和
显示位置，显示在右下方
        myWindow.resizable(width=False, height=True)   # 设置根
窗体的宽不可变，高可变
        myWindow.mainloop()   #调用根窗体的主事件循环
```

图 9-3　设置窗口属性

geometry()方法中的乘号是小写英文字母 x。运行程序，显示 tkinter 根窗体，如图 9-3 所示，光标形状为咖啡杯形状。

【例 9-4】 将窗口放置于屏幕中央。

```
from tkinter import *   # 导入 tkinter 模块
root = Tk()     # 创建对象，初始化 Tk()
root.title('窗口居中显示示例')   # 设置标题
width = 380    # 窗体大小
height = 300
screenwidth = root.winfo_screenwidth()    # 获取屏幕尺寸以计算布局参数，使窗口位于屏幕中央
screenheight = root.winfo_screenheight()
alignstr = '%dx%d+%d+%d' % (width, height, (screenwidth-width)/2, (screenheight-height)/2)
root.geometry(alignstr)    # 设置窗体大小和位置
root.resizable(width=False, height=False)    # 设置窗口不可改变大小
root.mainloop()    # 调用根窗体的主事件循环
```

9.1.3　添加控件

9.1.3　添加控件

控件是离散的用户界面（UI）元素，用于显示数据或接收输入的数据。用控件在窗体上创建用户界面，并借助代码操纵数据。开发 GUI 程序就像搭积木，其中控件就像是各种形状的积木。控件是预先定义好的能够直接使用的对象，例如按钮、文本框等。每个控件都有大量的属性、事件和方法，可在设计时或在代码中修改。程序员通过使用不同的控件组合，并且设置其内部的联系，就可以很方便地编写程序。

1．tkinter 库中提供的常用控件

使用 tkiner 模块中的 Tk 类的构造方法创建的根窗体，只是为 GUI 提供了一个容器，并不能实现交互，必须向根窗体中添加控件，才能构成应用程序的图形用户界面。

tkinter 库提供用于构建 GUI 程序的控件类，包括按钮、标签、文本框等，表 9-2 列出了 tkinter 库中提供的一些常用的控件类名。

表 9-2　tkinter 库中的常用控件类名

控件名称	说　明
Button	按钮控件，用于显示按钮
Canvas	画布控件，用于显示图形元素，如线条或文本
Checkbutton	复选框控件，用于提供多项选择框，可供用户勾选的复选框
Entry	单行输入框控件，用于显示简单的文本内容
Frame	容器框架控件，在屏幕上显示一个矩形区域，多用来作为容器装载其他 GUI 组件
Label	标签控件，用于显示不可编辑的文本或图标
Listbox	列表框控件，列出多个选项，供用户选择

(续)

控件名称	说明
Menu	菜单组件，用于显示菜单栏、下拉菜单和弹出菜单
Menubutton	菜单按钮控件，用于显示菜单项，包含菜单的按钮（包括下拉式、层叠式等）
OptionMenu	菜单子项控件，Menubutton 的子类，也代表菜单按钮，可通过按钮打开一个菜单
Radiobutton	单选按钮控件，用于显示一个单选的按钮状态，可供用户单选
Scale	范围控件，用于显示一个数值刻度，为输出限定数字区间范围
Scrollbar	滚动条控件，在内容超过可视化区域时添加滚动条，为其他控件添加滚动条
Text	多行文本框控件，显示多行文本
Toplevel	容器类控件，可用于为其他组件提供单独的容器，提供一个单独的对话框，和 Frame 类似
PanedWindow	分区窗口，该容器会被划分成多个区域，可以包含一个或者多个子控件，每添加一个组件占一个区域，用户可通过拖动分隔线来改变各区域的大小
Spinbox	微调选择器控件，用户可通过该组件的向上、向下按钮选择不同的值，与 Entry 类似
LabelFrame	简单的容器控件，用于复杂的窗口布局
tkMessageBox	消息框控件，用于显示应用程序的消息框

2．添加控件

在根窗体中添加 tkinter 控件对象的步骤如下。

1）调用相应控件类的构造方法创建控件对象。

2）对该控件对象调用某种布局方法。

即，在创建根窗体对象与调用根窗体的主事件循环之间添加控件，并设置其属性。创建控件对象的语法格式和对该控件对象调用布局方法的语法格式如下：

> 控件对象名 = 控件类名(父容器对象名，属性 1 = 值 1，属性 2 = 值 2，…)
> 控件对象名.布局方法名()

说明：

1）控件类名是由 tkinter 模块提供的，常用的 tkinter 控件见表 9-2。

2）父容器对象可以是根窗体或其他容器控件对象，是容纳控件的容器。

例如，在根窗体中添加两个 Label 控件，代码如下：

```
label1 = Label(root)      # 在根窗体中添加一个标签控件 label1
label2 = Label(root, text='你好，世界！')  # 添加 label2 控件，并设置 label2 中显示的文本
```

3）创建控件对象后，还必须通过调用某种布局方式将控件对象注册到根窗口系统，并将其呈现在桌面上。tkinter 控件有 3 种布局方式，即 pack()、grid()和 place()。这 3 种布局方式将在后面详细介绍。

【例 9-5】 在根窗体中添加两个 Label 控件对象，构成一个欢迎窗口。

首先创建一个根窗体，然后调用 tkinter 控件类构造方法创建 Label 标签对象，接着调用 pack()布局方式将这些控件放置在一个网格中，构成欢迎窗口。

```
from tkinter import *
root = Tk()
root.title("欢迎")   # 设置窗体标题
```

```
        label1 = Label(root)    # 在根窗体中添加一个标签控件 label1 对象
        label1['text'] = 'Hello, world!'    # 设置标签控件 label1 中显示的文本
        label2 = Label(root, text='你好，世界！')    # 添加 label2 控件对象，并设置
label2 中显示的文本
        label1.pack()    # 调用 pack() 布局方法
        label2.pack()
        root.mainloop()
```

程序运行结果如图 9-4 所示。

图 9-4　添加控件

9.1.4　设置控件的属性

9.1.4　设置控件的属性

1．tkinter 控件的通用属性

tkinter 控件拥有许多属性，每种控件除拥有自己独有的属性外，还有一些通用属性。通用属性就是所有控件的共同属性，如大小、字体和颜色等。tkinter 控件的通用属性见表 9-3。

表 9-3　tkinter 控件的通用属性

功　能	说　明
anchor	设置文本的起始位置，取值为：center（默认）、nw、n、ne、e、se、s、sw、w
bg	设置背景颜色，取值为英文颜色名称或十六进制颜色值，例如 "red" 或 "#0000ff"
bd	设置边框粗细
bitmap	设置黑白二值图标，取值为：error、hourglass、info、questhead、question、warning 等
cursor	设置悬停光标，可取值：arrow、circle、clock、cross、heart、man、mouse、pirate、plus、spider 等
font	设置字体，取值为一个元组，其中包含 3 个元素，分别指定字体名称、字体大小和字体样式
fg	设置文本颜色，取值为英文颜色名称或十六进制颜色值，例如 "blue" 或 "#ff0000"
height	设置高度，文本控件的高度以行为单位
image	设置要显示的图像，取值为通过调用 PhotoImage(file=…)函数创建的图像对象的引用
justify	设置文本的对齐方式，取值为：center（默认）、left、right、top、bottom
padx	设置水平扩展像素
pady	设置垂直扩展像素
relief	设置 3D 浮雕样式，取值为：flat（平的，默认）、raised（凸起的）、sunken（凹陷的）、groove（沟槽状边缘）和 ridge（脊状边缘）
state	设置控件实例状态是否可用，取值为：active、disabled 或 normal（默认）
sticky	设置控件与哪一边对齐，取值为：n（上）、e（右）、s（下）、w（左）、center（居中，默认）、ne（右上）、se（右下）、nw（左上）、sw（左下）
text	设置控件显示的文本
width	设置宽度，文本控件的宽度以列为单位

 **注意：**

表 9-3 中的属性值必须是小写字母，并且放在引号中。

许多控件有位置属性，例如 anchor（锚点）、justify、sticky 属性，这些属性都是为了说明位置。图 9-5 所示是位置图，方位为上北下南。例如，若设置控件的 anchor='se'，则它位于父窗口的右下方。

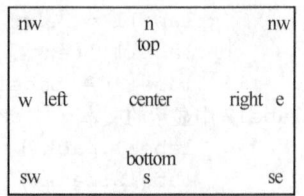

图 9-5　位置属性

2．显示控件对象的属性

每种控件除拥有通用的属性外，还拥有独特的属性，tkinter 控件对象的 keys()方法可以用来获取控件拥有的资源名称列表。其调用格式如下：

  控件对象名.keys()

【例 9-6】　获取 Label 控件的资源名称列表。

```
>>>from tkinter import *
>>>root = Tk()
>>>lb = Label(root)
>>>lb.keys()
['activebackground', 'activeforeground', 'anchor', 'background', 'bd', 'bg',
'bitmap', 'borderwidth', 'compound', 'cursor', 'disabledforeground', 'fg', 'font',
'foreground', 'height', 'highlightbackground', 'highlightcolor', 'highlightthic-
kness', 'image', 'justify', 'padx', 'pady', 'relief', 'state', 'takefocus',
'text', 'textvariable', 'underline', 'width', 'wraplength']
```

资源列表中包含的各个资源名称就是控件的属性名称。例如，对于 Label 控件，text 属性设置显示的文本，bg 属性设置 Label 的背景颜色，fg 属性设置 Label 的文本颜色，font 属性设置标签的文本字体、字号和字型，width 和 height 属性分别设置 Label 的宽度和高度。

3．设置控件对象的属性

设置控件对象的属性有以下几种方式。

（1）创建控件对象时设置控件的属性

在向根窗体添加控件时，可以在创建控件对象时，通过向该控件类的构造方法中传递关键字参数来设置控件的属性，即在创建该控件对象时进行初始化，其语法格式见添加控件。

例如，在创建 Label 对象时设置标签的文本内容、文本颜色、文本字体和字号，代码如下：

```
lb=Label(root, text="标签文本内容", bg="#FFF5EE", fg="red", font=("黑体",16))
lb.pack()   # 调用pack()布局方法后，标签显示在根窗体中
```

（2）创建控件对象后设置控件的属性

创建控件对象后，通过资源名称获取或设置控件的属性，这种方式在程序运行期间修改控件属性。设置控件属性的语法格式如下：

  控件对象名["属性名"] = 属性值

例如，修改 Label 对象 lb 的 text 属性的内容，代码如下：

lb["text"]="修改后的标签文本内容"

（3）通过调用控件对象的 config()或 configure()方法修改控件的属性

config()或 configure()方法的调用格式如下：

  控件对象名.config(属性1=值1，属性2=值2，…)
  控件对象名.configure(属性1=值1，属性2=值2，…)

例如，更改 Label 控件对象 lb 的 text 属性内容和文本颜色，代码如下：

```
lb.config(text="新文本内容", fg="blue")
```

【例 9-7】 设置控件对象的属性示例。

```
from tkinter import *   # 导入 tkinter 模块
root = Tk(className='属性设置方法示例')
root.geometry('350x220+0+300')   # 改变 root 的大小为 350x220，停靠在屏幕左边中部
# 创建控件对象的同时设置控件对象的属性
label1 = Label(root, text='Label One', width=10, height=1, bg='red')   # 高 1 行
label1.pack()
label2 = Label(root)
# 创建控件对象后，设置控件对象的属性
label2['text'] = "Label Two"
label2['width'] = 20
label2['height'] = 2   # 高 2 行
label2['bg'] = 'green'
label2.pack()
label3 = Label(root)
# 创建控件对象后，用 configure 方法设置控件对象的属性
label3.configure(text='Label Three', bg='yellow', width=30, height=3)   # 高 3 行
label3.pack()
label4 = Label(root)
# 创建控件对象后，用 config 方法设置控件对象的属性
label4.config(text='Label Four', bg='gray', width=40, height=4)   # 高 4 行
label4.pack()
root.mainloop()
```

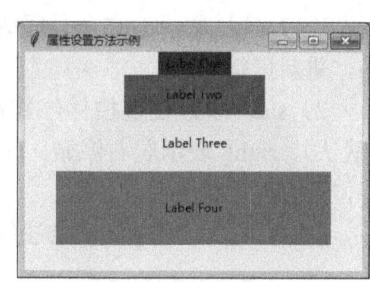

图 9-6　例 9-7 运行结果

程序运行结果如图 9-6 所示。

9.1.5　tkinter 窗体布局管理

9.1.5　tkinter 窗体布局管理

创建控件对象后，还必须通过布局管理将控件对象注册到根窗体系统，并将其呈现在桌面上。布局管理有以下功能：

1）将控件放置在屏幕上，包括控件的位置及控件的大小。
2）将控件注册到根窗体系统中。
3）管理控件在屏幕上的显示

虽然控件自己也可以指定大小和对齐方式等信息，但最终的控件大小及位置还是由布局管理决定。tkinter 模块为控件提供了 3 种布局方式，即 pack（流式布局）、grid（网格布局）和 place（绝对布局）。设计时可以根据实际需要选择适当的布局方式。注意，这三种布局方式不能在同一个主窗体中混用。

1．pack 布局方式

pack 布局方式通过调用 pack()方法实现，pack()方法的功能是调整控件布局并显示控件。其特点是根据控件创建和生成的顺序添加到父控件中去（称为流式布局），也可以通过设置锚点（anchor）调整控件的位置。如果希望对控件布局进行控制，则需要将一些关键字参数传入

pack()方法,其具体调用格式如下:

```
控件对象名.pack(side=值1, fill=值2, expand=值3, ipadx=值4, ipady=值5, padx=值6, pady=值7, anchor=值)
```

💡 说明:

1)如果 pack()方法未提供任何参数,则按照默认值布局控件,控件按先后顺序添加到根窗体或容器控件中。这些控件会依次向后排列,排列方向既可是水平的,也可是垂直的,它会给控件一个合适的位置和大小,这就是称 pack 为弹性容器的原因。

【例 9-8】 在主窗口中添加多个 Label 控件,pack()方法使用默认的设置。

```
from tkinter import *
root = Tk()
root.geometry('100x110+0+0')  # 去掉本行语句,执行程序,窗口将自动适应控件
for i in range(5):
    lb = Label(root, text = 'Label' + str(i))
    lb.pack()  # 调用 pack()布局
root.mainloop()  # 启动根窗体的事件循环
```

程序运行结果如图 9-7 所示。pack()方法使用默认的设置时,布局的控件自上而下排列。最后一个 Label 显示不完全是因为根窗体的高度设置得有些小。请注释掉设置根窗体大小的语句,重新运行程序。

2)side 参数设置控件停靠在根窗体或父容器控件中的哪一边。取值:top 表示居上停靠(默认),right 表示居右停靠,bottom 表示居下停靠,left 表示居左停靠。属性值必须是小写字母,并且要用引号引起来。

【例 9-9】 使用 pack()方法的靠边参数 side 设置 Label 的摆放位置。

```
from tkinter import *
root = Tk()
root.title('my window')
root.geometry('200x200')
Label(root,text='top').pack(side='top')      #摆放在顶部
Label(root,text='bottom').pack(side='bottom')  # 摆放在底部
Label(root,text='left').pack(side='left')    # 摆放在左边
Label(root,text='right').pack(side='right')  # 摆放在右边
root.mainloop()
```

程序运行结果如图 9-8 所示。

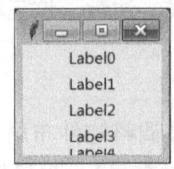

图 9-7 例 9-8 运行结果

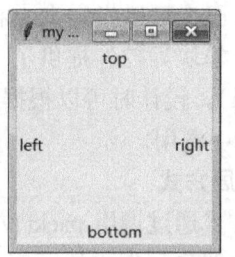

图 9-8 例 9-9 运行结果

3）fill 参数设置控件所占的空间有剩余时，在 x 或 y 方向上填充空间。取值：x 表示在水平方向填充，y 表示在垂直方向填充，both 表示在水平方向和垂直方向填充，none 表示不填充。

【例 9-10】 设置 Label 控件在不同方向上填充。

```
from tkinter import *
root = Tk()
root.geometry('250x200+0+0')
# 创建 5 个 Label 分别使用不同的 fill 属性
Label(root, text = 'Label1, fill="y"', bg = 'red').pack(fill = y)    # 在 y 方向上填充
Label(root, text = 'Label2, fill="both"', bg = 'yellow').pack(fill = "both")    # 在 x、y 方向上填充
Label(root, text = 'Label3, fill="x"', bg = 'gray').pack(fill = 'x')    # 在 x 方向上填充
Label(root, text = 'Label4, fill="none"', bg = 'green').pack(fill = "none")    # 不填充
Label(root, text = 'Label5', bg = 'pink').pack()    # 无参数，默认值
root.mainloop()
```

程序运行结果如图 9-9 所示。pack 只给出可以容纳控件的最小区域，它不使用剩余的空间，故窗口下方留有空白。

4）expand 参数设置父容器如果有额外空间，是否把空间分配给控件。取值：1 或 True、YES 表示父容器的空间分配给控件，控件随父容器的大小变化，填充父组件的剩余空间；0 或 False、NO 表示控件不随父容器的大小变化，控件大小不能扩展。属性值可以不加引号，大小写必须正确。

【例 9-11】 使用 expand 参数控制控件的布局。

```
from tkinter import *
root = Tk()
root.geometry('250x200+0+0')
# 创建 5 个 Label 分别使用不同的 fill 属性
Label(root, text = '1 fill="y", expand = 1 ', bg = 'red').pack(fill = Y, expand = True)
Label(root, text = '2 fill="both", expand = 1', bg = 'yellow').pack(fill = 'both', expand = 1)
Label(root, text = '3 fill="x", expand = 0', bg = 'gray').pack(fill = X, expand = False)
Label(root, text = '4 fill="none", expand = 0', bg = 'green').pack(fill = 'none', expand = 0)
Label(root, text = '5', bg = 'pink').pack()    # 无参数，默认值
root.mainloop()
```

程序运行结果如图 9-10 所示。拖动窗口的边框改变 root 的大小，可以看到第 1、2 个 Label 是随着 root 的大小变化而变化，第 1 个 Label 在 y 方向扩展可用空间，第 2 个 Label 在两个方向扩展可用空间，第 3 个 Label 只在 x 方向上填充，不使用额外的空间。

5）参数 ipadx 和 ipady 设置控件在水平方向和垂直方向的内边距间隙。

6）参数 padx 和 pady 设置控件在水平方向和垂直方向的外边距间隙。

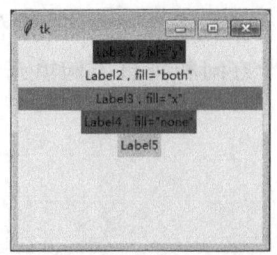
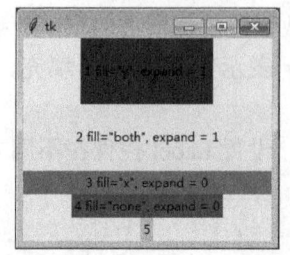

图 9-9　例 9-10 运行结果　　　　　图 9-10　例 9-11 运行结果

7）参数 anchor（锚点）设置控件的对齐方式，取值：n（上）、s（下）、w（左）、e（右）、center（居中）。属性值必须是小写字母，并且要用引号引起来。

当程序界面比较复杂时，pack 布局通常与 Frame 结合使用，需要使用多个容器（Frame）分开布局，然后再将 Frame 添加到根窗体中。

【例 9-12】 设置控件之间的间隙大小。为了演示 ipadx/padx，创建一个 LabelFrame 容器，设置它的 ipadx 为 30，即内部间隔值为 30，若有子控件，则留出 30 的空白，将其放置在上方。lb1 和 lb2 分别设置 x 和 y 方向上的外部间隔值为 20、60，所有与之排列的组件会与之保留 20、60 个单位值的距离。

```
from tkinter import *
root = Tk()
# root.geometry('250x200+0+0')   # 先注释本行，不设置 root 的大小，使用默认
# 下面创建 3 个 Label，分别使用不同的 fill 属性，采用水平放置
lf = LabelFrame(root, text='pack1', bg='red')   # 创建一个 LabelFrame，居左放置
lf.pack(side='left', ipadx=30 , anchor='n')   # 设置内边距间隙 ipadx 属性为
30，设置控件在上北
Label(lf, text='inside', bg='yellow').pack(expand=1, side='left')   # 在父
容器 lf 中创建 Label 控件
# 在父容器 root 中创建两个 Label 控件
lb1 = Label(root, text='pack2', bg='gray').pack(fill='both', expand=1, side=
'left', padx=20)
lb2 = Label(root, text='pack3', bg='green').pack(fill='x', expand=0, side=
'left', pady=60)
root.mainloop()
```

程序运行结果如图 9-11 所示。先注释设置根窗体大小的语句，运行；然后取消注释再运行，或者拖动窗口的边框改变 root 的大小，查看填充和间隙。

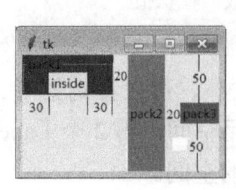
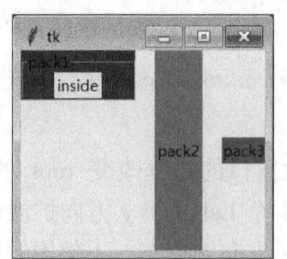
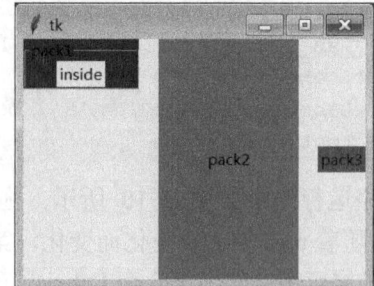

图 9-11　例 9-12 运行结果

如果要使用 pack 布局，首先要把窗口中的控件分解成水平排列的控件和垂直排列的控件，

然后通过多个容器组合或嵌套，使用多个 pack 布局把容器和控件组合在一起。

2．grid 布局方式

pack 布局使用起来烦琐而且难以控制，使用 grid（网格）布局则非常容易，在大多数情况下，只需要将所有控件放置到容器中，然后调用 grid()方法，就可以把控件布局到目标位置。grid 布局方式用来设计对话框和带有滚动条的窗体效果较好。

grid 布局方式的特点是将容器看成一个由行和列组成的二维表格，表格中的每个单元都可以放置一个控件，在每一列中，列宽由该列最宽的控件决定。在每一行中，行高由该行中最高的控件决定。控件也可以不充满整个单元格，而在水平或垂直方向填满空余空间。也允许跨行或跨列放置某个控件。控件位置由行号和列号决定。使用 grid 布局的过程就是为各个控件指定行号和列号的过程，不用事先指定每个网格的大小，grid 布局会根据里面的控件自动调节大小。grid()方法的调用格式如下：

> 控件对象名.grid(row=值，rowspan=值，column=值，columnspan=值，ipadx=值，ipady=值，padx=值，pady=值，sticky=值)

说明：

1）参数 row 设置控件的起始行号，最上边的行为第 0 行。默认值为未放置行的下一行。

2）参数 column 设置控件的起始列号，最左边的列为第 0 列。如果不指定 column 参数值，则默认从 0 开始。

【**例 9-13**】 显示一个登录窗口。设想有一个 2 行 2 列的表格，将 Label 分别放置在第 0 行、第 1 行的第 0 列；把 Entry 分别放置在第 0 行、第 1 行的第 1 列。

```
from tkinter import *
root = Tk()
Label(root, text="用户名：").grid(row=0)    # Label1 占据 0 行 0 列
Label(root, text=" 密 码：").grid(row=1)    # Label2 占据 1 行 0 列
e1 = Entry(root).grid(row=0, column=1)     # Entry1 占据 0 行 1 列
e2 = Entry(root).grid(row=1, column=1)     # Entry2 占据 1 行 1 列
mainloop()
```

程序运行结果如图 9-12 所示。

3）sticky 参数设置控件在网格中的对齐方式（前提是有额外的空间），默认居中，取值：n（上）、s（下）、w（左）、e（右）、ne（右上）、se（右下）、sw（左下）、nw（左上），属性值要放在引号中。

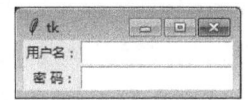

图 9-12　例 9-13 运行结果

【**例 9-14**】 制作更复杂的登录窗口。

```
from tkinter import *
root = Tk()
#root.geometry("230x130+100+100")   # 设置根窗体的大小和显示位置，显示在右边下方附近
Label(root, text="用户登录").grid(row=0,column=1)    # Label1 占据 0 行 1 列
Label(root, text="用户名：").grid(row=1,column=0,sticky='e')   # Label2 占据 1 行 0 列
Label(root, text="密码：").grid(row=2,column=0,sticky='e')    # Label3 占据 2 行 0 列
e1 = Entry(root).grid(row=1, column=1)    # Entry1 占据 1 行 1 列
e2 = Entry(root).grid(row=2, column=1)    # Entry2 占据 2 行 1 列
Label(root, text="用户名必须为字母与数字").grid(row=1,column=2,sticky='w')
# Label4 占据 1 行 2 列
```

```
            Label(root, text="密码必须是 6 位数字").grid(row=2,column=2,sticky='w')
# Label5 占据 2 行 2 列
            bt = Button(root, text='登录').grid(row=3, column=1)   # Botton 占据 3 行 1 列
            mainloop()
```

程序运行结果如图 9-13 所示。

4)参数 rowspan 设置控件跨越的行数,默认为 1 行。即一个控件只占一个单元格。本参数合并一列中的多个相邻行单元格。例如,b.grid(row=1,column=2,rowspan=3)把控件 b 的第 1 行第 2 列的 1~3 行合并。

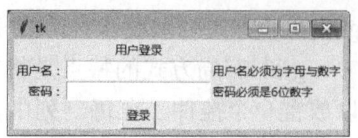

图 9-13 例 9-14 运行结果

5)参数 columnspan 设置控件跨越的列数,默认为 1 列,即一个控件只占一个单元格。该参数合并一行中的多个相邻的多列单元格。例如,b.grid(row=0,column=2,columnspan=3)把控件 b 布置在第 0 行的 2、3、4 列合并后的单元格中。

6)参数 ipadx 和 ipady 分别设置控件对象内部在水平方向和垂直方向的大小。

7)参数 padx 和 pady 分别设置控件对象外部在水平方向和垂直方向的边距,用来设置控件所在单元格的大小。

【例 9-15】 设置更美观的登录窗口,如图 9-14 所示。

```
            from tkinter import *
            root = Tk()
            Label(root, text="用户登录").grid(row=0,column=1, pady=10)   # Label 居 0 行 1 列
            Label(root, text="用户名:").grid(sticky='e', padx=10)   # Label 居 0 行 0 列
            Label(root, text=" 密码:").grid(sticky='e', padx=10)   # Label 居 1 行 0 列
            e1 = Entry(root).grid(row=1, column=1)   # Entry1 居 0 行 1 列
            e2 = Entry(root).grid(row=2, column=1)   # Entry2 居 1 行 1 列
            # Label 居 1 行 2 列,1 与 2 行合并,x 方向外边距为 10,y 方向外边距为 10
            Label(root,text=" 请 输 入 ").grid(row=1, column=2, rowspan=2, padx=10,
pady=10)
            # Button 居 4 行 1 列,居右边,x 方向外边距为 10,y 方向外边距为 10,x 方向内边距为 10
            button1 = Button(root, text=' 登录 ').grid(row=4, column=1, sticky='e',
padx=10, pady=10, ipadx=10)
            button2 = Button(root, text=' 取消 ').grid(row=4, column=2, padx=10,
ipadx=10)
            mainloop()
```

【例 9-16】 使用循环显示 Label 组成的二维列表,如图 9-15 所示。

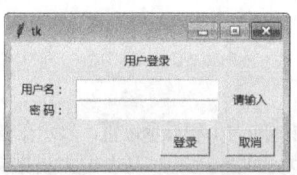

图 9-14 例 9-15 运行结果

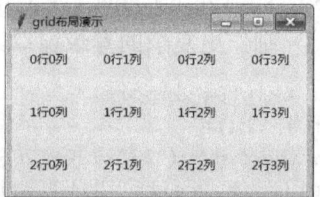

图 9-15 例 9-16 运行结果

```
            from tkinter import *
            root = Tk()
            root.title('grid 布局演示')
            # root.geometry('400x200')
```

```
for i in range(3):
    for j in range(4):
        lb = Label(root,text=str(i)+'行'+str(j)+'列',bg='yellow')
        lb.grid(row=i,column=j,ipadx=10,ipady=10,padx=10,pady=10)
root.mainloop()
```

3. place 布局方式

place（位置）布局是"绝对布局"，其特点是设置控件在根窗体或父框架中的绝对坐标位置或相对于其他控件的位置实现布局。采用 place 布局管理器可以明确地设置每个控件的位置和大小。place 布局方式通过调用 place()方法实现，所有 tkinter 的标准控件都可以调用 place()方法。place()方法的调用格式如下：

> 控件对象名.place(anchor=值 1, x=坐标值 1, y=坐标值 2, relx=值 2, rely=值, width=值, height=值, relwidth=值, relheight=值)

🔊 说明：

1）参数 anchor 设置控件对象的锚点在父容器中的位置，可取值：nw（左上角，这是默认值）、n（上）、ne（右上）、e（右）、se（右下）、s（下）、sw（左下）、w（左）、center（居中），如图 9-16 所示。

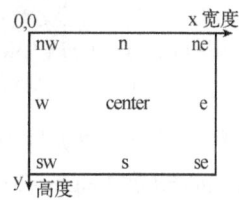

图 9-16 place 布局方式的位置

2）参数 x 和 y 分别设置控件对象的左上角在父容器中的绝对坐标，父容器的左上角坐标为(0, 0)，单位是 px（像素），x 水平向右为正方向，y 垂直向下为正方向。

【例 9-17】 使用绝对坐标将 Label 放置到(50,10)位置上。

```
from tkinter import *
root = Tk()
lb = Label(root, text='绝对位置x=50, y=10px')
lb.place(x=20, y=40)   # 使用绝对坐标将 Label 放置到(20,40)位置上
root.mainloop()
```

程序运行结果如图 9-17 所示。

3）参数 relx 和 rely 设置控件对象在父容器中水平和垂直方向上起始布局的相对位置，即相对于根窗体宽和高的比例，以父容器总宽度为 1 个单位，取值在 0.0～1.0 之间。例如，relx=0.5 表示该控件在父容器 x 方向上 1/2 处的位置。

【例 9-18】 使用相对坐标(0.5, 0.5)将 Label 放置到父容器水平和垂直 0.5 位置处。

```
from tkinter import *
root = Tk()
lb = Label(root, text='显示到根窗口的中部')
lb.place(relx=0.5, rely=0.5, anchor='center')
root.mainloop()
```

程序运行结果如图 9-18 所示。

4）参数 width 和 height 分别设置控件对象本身的宽度和高度，单位是 px。

【例 9-19】 利用 place()方法排列多行标签。

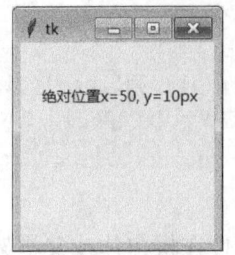

图 9-17　例 9-17 运行结果　　　　　图 9-18　例 9-18 运行结果

```
from tkinter import *
root = Tk()
root.geometry('400x180')
lb = Label(root, text='显示 Place 列表').place(relx=0.3, y=10, width=100)
for i in range(5):
    for j in range(5):
        Label(root,text=str(j)+"行"+str(i)+"列", bg="yellow").place(x=70*i+20, y=25*j+40, anchor='nw', width=60, height=20)
root.mainloop()
```

程序运行结果如图 9-19 所示。绝对位置坐标由 x=70*i+20 和 y=25*j+40 决定，控件的大小由 width=60 和 height=20 设置。

5）参数 relwidth 和 relheight 分别设置控件相对于父容器的宽度和高度的比例，以父容器总宽度为 1 个单位，取值在 0.0~1.0 之间。

6）参数 in_设置把控件放置到该选项指定的组件中，指定的组件必须是该控件的父组件。

【例 9-20】　把 Button1 放置到 Label1 中。

```
from tkinter import *
root = Tk()
root.geometry('300x200')
lb1 = Label(root, text=' Label1 显示在窗口中间', fg='green')   # 在 root 中创建一个 Label1
bt1 = Button(root, text='Button1', fg='red')   # 在 root 中创建一个 Button1
lb1.place(relx=0.5, rely=0.5, anchor="center")   # Label1 显示在窗口中间
bt1.place(in_=lb1, anchor='w')   # 在 Label1 中显示 Button1
bt2 = Button(root, text='Button2', fg='blue')   # 在 root 中创建一个 Button2，目的是与 Button1 相比较
bt2.place(x=10, y=150, anchor='w')   # Button2 显示在 root 中
root.mainloop()
```

程序运行结果如图 9-20 所示。bt2 放置在 root 的(10, 150)处，Button1 放置在 lb1 的(0,0)处，因为 bt1 使用了 in_来指定放置的窗口为 lb1（root 窗口中间）。

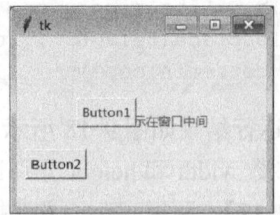

图 9-19　例 9-19 运行结果　　　　　图 9-20　例 9-20 运行结果

利用 place()方法配合 relx、rely 和 relheight、relwidth 参数得到的界面可自适应根窗体尺寸的大小。对控件进行布局时，place()方法与 grid()方法可以混合使用。

9.2 tkinter 控件应用

对于一个简单的 GUI 程序设计来说，其三个要素是：widget（部件）、layout（布局）和 event（事件的响应）。

tkinter 模块中的 widget 主要有 Label（标签）、Button（按钮）、Entry（文本框）、Checkbutton（复选按钮）、Canvas（画布）、Frame（框架）等。tkinter 模块提供了丰富的控件类，为 GUI 应用程序开发带来很大便利。下面介绍常用的 tkinter 控件及其应用。

9.2.1 Label 控件

Label（标签）控件在窗口中显示一行只读性文字或图片，通常用来为其他控件（如文本框）提供说明信息，而不是与用户交互。虽然 Label 控件也可以绑定事件，但是很少这样用。Label 最终呈现的是由背景和前景叠加构成的内容。Label 控件通过调用 Label 类的构造方法来创建，创建 Label 控件对象的语法格式如下：

```
lb = Label(root, text=字符串，其他参数列表)
```

其中，root 表示根窗体对象或父容器控件的名称；text 是一个字符串，用于指定按钮上显示的文本信息。Label 控件的属性有许多是通用的，常用属性见表 9-3。

创建 Label 对象后，还需要调用某种布局方法将标签注册到本地窗口中，并通过某种布局方式呈现在桌面上。

标签控件还可以显示图像文件。如果要用 Label 控件显示图像，首先要调用 tkintecr 模块中的 PhotoImage 类构造方法创建一个图像对象。创建图像对象的语式格式如下：

```
img = PhotoImage(file=文件路径)
```

其中，file 指定要显示的图像文件的路径，图像文件的格式是 png、gif、bmp 等。
然后，通过标签控件的 image 属性设置要显示的图像文件，语法格式如下：

```
标签对象名["image"] = img
```

其中，img 为使用 PhotoImage 方法创建的图像对象。

另外，还可以通过 bitmap 属性设置在标签控件中显示的内置黑白图标，可用的图标名称有 error、hourglass、info、questhead、question、warning 等。

当图像与文本在标签中共存时，通过 compoumd 属性设置文本与图像（bitmap/image）在标签上的显示方式。compoumd 属性的可用值有：none（默认值，文本被覆盖，仅在标签上显示图像）left（图像居左）、right（图像居右）、top（图像居上）、bottom（图像居下）、center（文字覆盖在图像上）。

【例 9-21】 在标签中显示图像和文字。

```
from tkinter import *
root = Tk()  # 初始化 Tk()
root.title("图文并茂")  # 设置窗口标题
```

```
        img = PhotoImage(file= "D:\Python 练习\瀑布.png")
        lb = Label(root, text= " 瀑 布 ", compound="top", font=(" 黑 体 ", 14),
image=img)
        lb.pack()
        # lb["image"] = img
        root.mainloop()
```

程序运行结果如图 9-21 所示。

【例 9-22】 在窗口中显示一个数字式时钟。

在主窗口中添加一个标签控件用来显示当前系统时间。调用主窗口对象的 after()方法实现每 1 秒钟更新一次时间。

```
from tkinter import *
from time import *  # 导入时间模块
def gettime():
    s = strftime("%H:%M:%S", localtime())
    lb.config(text=s)
    root.after(1000, gettime)
if __name__ =='__main__':
    root = Tk()
    root.title("数字式时钟")
    root.resizable(width=False, height=False)
    # fm = Frame(root, relief=GROOVE, bd=3)
    # fm.pack(padx=10, pady=10)
    lb = Label(root, font=("STENCIL", 60), relief=GROOVE, bd=3)
    lb.pack(padx=10, pady=10)
    gettime()
    root.mainloop()
```

程序运行结果如图 9-22 所示。

图 9-21　例 9-21 运行结果

图 9-22　例 9-22 运行结果

9.2.2　Message 控件

Message（消息）控件与 Label（标签）控件的用法基本相同，但 Message 控件会自动按多行显示文本。Message 控件对象调用 tkinter 模块中的 Message 类构造方法创建，其语法格式如下：

```
msg = Message(root, text=字符串，其他参数列表)
```

其中，root 表示根窗体对象或父容器控件的名称，表示在该窗口或容器中显示 Message 控件对象；text 设置消息控件中显示的字符串。消息框中的字符串根据消息框的宽度来分行显示，如果不想让字符串换行显示，可以设置 Message 控件的宽度足够宽。Message 控件的默认宽度是 150，使用 width 属性设置其宽度。

【例 9-23】 创建一个消息控件对象，其中的字符串内容分成两行显示，如图 9-23 所示。

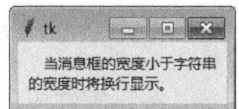

图 9-23 例 9-23 运行结果

```
from tkinter import *
root = Tk()
msg = Message(root, width=200, text="  当消息框的宽度小于字符串的宽度时将换行显示。", padx=10, pady=10)
# msg["width"]=300
msg.pack()
```

9.2.3 Button 控件

Button（按钮）控件是最常用的控件之一，在 GUI 程序中通过单击按钮发出执行某项操作的命令。按钮控件可以通过调用 tkinter 模块中 Button 控件类的构造函数来创建。创建 Button 控件的语法格式如下：

```
btn =Button(root, text=字符串, command=函数名, …)
```

其中，参数 command 设置单击按钮时执行的函数，该函数也被称为按钮的事件处理函数。设置参数 command 时应指定一个函数名，函数名后面不要带括号，也不能传递参数。

设置参数 command 时，也可以利用匿名函数来调用函数并传递参数，其语法格式如下：

```
command=lambda:函数名(参数列表)
```

创建按钮对象后，还需要调用某种布局方法将按钮注册到本地窗口中，并通过某种布局方式呈现在桌面上。

【例 9-24】 通过 lambda 函数向按钮的事件处理函数传递参数示例。

```
from tkinter import *
def fun(s):
    lb2["text"]="你单击了【{0}】按钮".format(s)
if __name__ =="__main__":
    root=Tk()
    root.geometry("300x200")
    root.title("按钮控件应用示例")
    lb1=Label(text="按钮控件应用示例", width=32, font=("黑体", 18))
    lb1.place(relx=0.5, rely=0.3, anchor=CENTER)
    btn1=Button(text="确定", width=6, font=("宋体", 11), command=lambda:fun("确定"))
    btn1.place(relx=0.25, rely=0.6, anchor=CENTER)
    btn2=Button(text="取消", width=6, font=("宋体",11), command=lambda:fun("取消"))
    btn2.place(relx=0.75, rely=0.6, anchor=CENTER)
    lb2=Label(text="请单击按钮", fg="blue", width=32, font=(18))
    lb2.place(relx=0.5, rely=0.8, anchor=CENTER)
    root.mainloop()
```

运行程序，在主窗口中单击按钮将显示相应的提示信息，如图 9-24 所示。

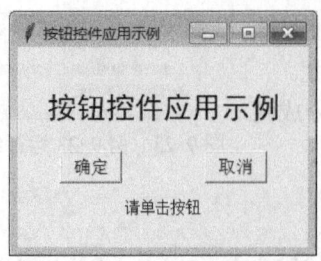 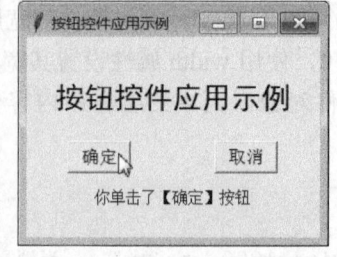 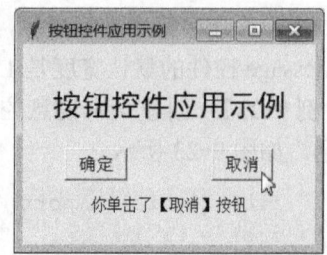

图 9-24　例 9-24 运行结果

9.2.4　Entry 控件

文本框控件分为单行文本框（Entry）和多行文本框（Text），它们都用于输入和编辑文本，所不同的是，前者只能输入单行文本，不接受换行符，后者则允许输入多行文本。

Entry 控件对象通过调用 Entry 类的构造方法来创建，其语法格式如下：

```
ety = Entry(root, 参数列表)
```

创建 Entry 对象后，还要使用某种布局方式将其呈现在桌面上。单行文本框呈现为一行空白的输入区域，它本身不带说明性文字，通常要用 Label 控件说明其用途或功能。

show 属性屏蔽用户输入的文本。例如，输入的登录密码，可以将 show 属性设置为 "*"。

Entry 控件用于输入和编辑文本，通过调用该控件的以下方法来实现文本的获取、插入、替换和删除功能。

1）ety.get(indexl, index2)：获取从 indexl 到 index2 范围内的文本，序号从 0 开始。

2）ety.insert(start, string)：在 start 位置插入 string 文本。

3）ety.replace(index1, index2, string)：用 string 替换 index1 到 index2 范围内的文本，不替换 index2 处的字符。

4）ety.delete(indexl, index2)：删除 indexl 到 index2 范围内的文本，不删除 index2 处的字符。

如果窗口中有多个文本框，调用 focus()方法将焦点移到指定的文本框中，调用格式如下：

```
文本框对象.focus()
```

【例 9-25】 制作一个用户注册窗体，用文本框输入用户名和密码，并再次确认密码。注册成功后，在标签中显示相应提示。

分析：创建用户界面时，在主窗口中添加标签、文本框和按钮控件，在文本框中输入用户名和密码，按钮提交数据或重置。设置按钮的 command 属性指定事件处理函数，在事件处理函数中对输入的内容检查，如果符合要求，在标签中显示注册成功的提示信息，如果不符合要求，则给出操作提示。

```
from tkinter import *
def register():  # 单击"注册"按钮时执行的函数
    if ety_username.get() == "":  # 检查用户名是否为空
        lb_msg["text"] = "请输入用户名！"  # 通过标签显示提示信息
        ety_username.focus()  # 将焦点移到该文本框
        return
    if ety_password.get() == "":
        lb_msg["text"] = "请输入密码！"
```

```python
            ety_password.focus()
            return
        if ety_password2.get() == "":
            lb_msg["text"] = "请再次输入密码！"
            ety_password2.focus()
        if ety_password.get() != ety_password2.get():
            lb_msg["text"] = "两次输入的密码不一致！"
            return
        username = ety_username.get()    # 获取输入的用户名
        password = ety_password.get()    # 获取输入的密码
        lb_msg["text"] = "恭喜您注册成功！"    # 显示提示信息
    def reset():    # 单击"重置"按钮时执行的函数
        ety_username.delete(0, END)    # 清空文本框的内容
        ety_password.delete(0, END)
        ety_password2.delete(0, END)
        lb_msg["text"] = ""
if __name__ == '__main__':
    root=Tk()    # 创建主窗口并设置其属性
    root.title("新用户注册")
    root.geometry("400x280")    # 窗体大小
    root.resizable(width=False,height=False)    # 不能更改窗口大小
    lb_title = Label(root, text="新用户注册")    # 创建标签对象,用于显示标题文字
    lb_title.place(relx=0.5, rely=0.1, anchor=N)
    lb_username = Label(root, text="用户名：")    # 创建标签,用于显示"用户名"文字
    lb_username.place(relx=0.135, rely=0.2, anchor=NW)
    ety_username = Entry(root, width=26)    # 创建文本框,用于输入用户名
    ety_username.place(relx=0.3, rely=0.2, anchor=NW)
    lb_password = Label(root, text="密码：")    #创建标签,用于显示"密码"文字
    lb_password.place(relx=0.17, rely=0.3, anchor=NW)
    ety_password = Entry(root, width=26, show="*")    # 创建文本框,用于输入密码
    ety_password.place(relx=0.3, rely=0.3, anchor=NW)
    lb_password2 = Label(root, text="确认密码：")    # 创建标签,用于显示"确认密码"文字
    lb_password2.place(relx=0.1, rely=0.4, anchor=NW)
    ety_password2 = Entry(root, width=26, show="*")    # 创建文本框,用于输入再次输入密码
    ety_password2.place(relx=0.3, rely=0.4, anchor=NW)
    btnOk = Button(root, text="注册", width=6)    # 创建注册按钮
    btnOk.place(relx=0.3, rely=0.57, anchor=W)
    btnOk["command"] = register
    btnReset = Button(root, text="重置", width=6)    # 创建重置按钮
    btnReset["command"] = reset
    btnReset.place(relx=0.55, rely=0.57, anchor=W)
    lb_msg = Label(root, fg="red")    # 创建标签,用于显示提示信息
    lb_msg.place(relx=0.5, rely=0.8, anchor=S)
    root.mainloop()    # 进入主窗口的循环
```

运行程序,如果输入的内容符合要求,显示"恭喜您注册成功！";如果两次输入的密码不匹配,或者未输入相关内容,给出相应的提示信息,如图9-25所示。

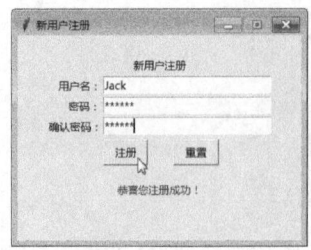 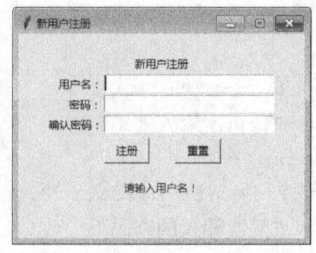 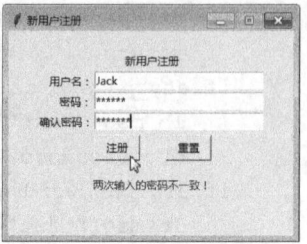

图 9-25　例 9-25 运行结果

9.2.5　Text 控件

Text（多行文本框）控件与 Entry（单行文本框）控件用法基本相同，不同的是，多行文本框可以接受换行符，用于输入多行文本。Text 控件对象通过调用 tkinter 模块的 Text 类的构造方法创建，其语法格式如下：

```
txt = Text(root, 参数列表)
```

创建 Text 控件对象后，还要用某种布局方式将其呈现在桌面上。多行文本框呈现为一个空白的矩形输入区域，它本身不带说明性文字，通常要使用标签说明其用途或功能。

Text 控件是用于输入和编辑文本，通过调用该控件的相关方法实现文本的获取、插入、替换和删除功能。这些方法与单行文本框的方法相同。

虽然 Text 控件的主要功能是显示、输入和编辑多行文本，但它也经常被作为简单的文本编辑器和网页浏览器使用。在多行文本框中还可以插入按钮和图像。

在 Text 控件对象中插入按钮的方法是调用该控件对象的 window_create()方法，语法格式如下：

```
txt.window_create(index, window=btn)
```

其中，txt 表示 Text 控件对象，参数 index 表示要插入按钮的索引值，btn 表示按钮对象。

在 Text 控件对象中嵌入图像的方法是调用该控件对象的 image_create()方法，语法格式如下：

```
txt.image_create(index, image=img)
```

其中，txt 表示 Text 控件对象，参数 index 表示要嵌入图像的索引值，img 表示使用 PhotoImage()方法创建的图像对象。

【例 9-26】　在多行文本框中插入按钮和显示图像。

```
from tkinter import *
def showImage():
    txt.image_create(END, image=img)
    btn["state"] = DISABLED
if __name__ == "__main__":
    root = Tk()
    #root.geometry("400x350")   # 窗体大小
    root.title("在文本框中插入按钮和图像")
    fm = Frame(root, relief=GROOVE, bd=3)
    fm.pack(padx=5, pady=5)
    txt=Text(fm, width=40, height=18, padx=10, pady=10)   # 在创建对象时设置属性
    txt.insert(INSERT, "如果要显示图片，请单击")
    txt.pack()
```

```
img = PhotoImage(file="D:\Python 练习\金字塔.png")
btn = Button(txt, text="显示图片")
btn["padx"]=6; btn["cursor"]="arrow"   # 创建对象后设置属性
btn["command"] = showImage
txt.window_create(INSERT, window=btn)
txt.insert(INSERT, "按钮在文本框中插入一幅图片。\n")
root.mainloop()
```

运行程序，显示如图 9-26 所示的主窗口，单击"显示图片"按钮后显示图片，如图 9-27 所示。

9.2.6 Frame 控件

Frame（框架）控件是作为容器来容纳其他控件的控件，可对其他控件分组。Frame 控件对象调用 tkinter 模块中的 Frame 类构造方法创建。创建 Frame 控件对象的语法格式如下：

fm = Frame(root, width=宽, height=高, relief=边框样式, bd=边框粗细,…)

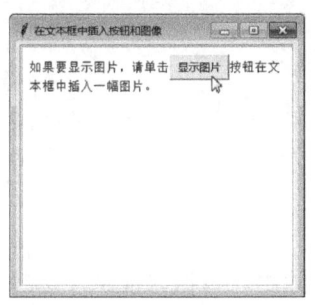

图 9-26　例 9-26 运行结果——显示主窗口　　图 9-27　例 9-26 运行结果——在文本框中显示图片

其中，width 设置框架宽度，height 设置框架高度，relief 设置框架的 3D 边框样式，bd 设置边框粗细。

【例 9-27】 在主窗口中添加一个框架，然后向该框架中添加两个标签，如图 9-28 所示。

```
from tkinter import *
root = Tk()
fm = Frame(root, relief=GROOVE, bd=3)
fm.pack(padx=60, pady=20)
lb1 = Label(fm, text="Label 标签 1", relief=SUNKEN, bd=1)
lb1.pack(padx=20, pady=10)
lb2 = Label(fm, text="标签 2", relief=RAISED, bd=1)
lb2.pack(padx=20, pady=10)
```

9.2.7 LabelFrame 控件

LabelFrame（标签框架）控件是一个带标签文字的矩形框，是一个容器控件，可以容纳其他控件。当窗口上控件比较多时，可以使用标签框架控件对其他控件分组。标签框架控件对象通过调用 tkinter 模块中 LabelFrame 类构造方法来创建，其语法格式如下：

lf = LabelFrame(root, 参数列表)

【例 9-28】 创建两个标签框架，分别向其添加两个标签，如图 9-29 所示。

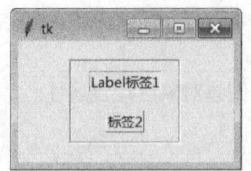
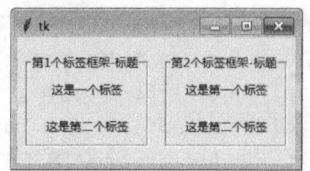

图 9-28　例 9-27 运行结果　　　　　　图 9-29　例 9-28 运行结果

```
from tkinter import *
root = Tk()
lf1 = LabelFrame(root, text="第 1 个标签框架-标题", relief=GROOVE, bd=3)
lf1.pack(padx=10, pady=20, side='left')
lb11 = Label(lf1, text="这是一个标签")
lb11.pack(padx=20, pady=10)
lb12 = Label(lf1, text="这是第二个标签")
lb12.pack(padx=20, pady=10)
lf2 = LabelFrame(root, text="第 2 个标签框架-标题", relief=GROOVE, bd=3)
lf2.pack(padx=10, pady=20, side='right')
lb21 = Label(lf2, text="这是第一个标签")
lb21.pack(padx=20, pady=10)
lb22 = Label(lf2, text="这是第二个标签")
lb22.pack(padx=20, pady=10)
```

9.2.8　Radiobutton 控件

Radiobutton（单选按钮）控件给出一组相关的选项，让用户每次只能从中选择一个选项，即提供单项选择功能。单选按钮呈现为一个小圆圈和一个相邻的描述性标题，单击小圆圈或标题均可选中单选按钮。未选中时小圆圈内是空白的，选中时小圆圈内出现一个圆点。单选按钮通常是以控件组的形式使用，在同一组内各个单选按钮之间相互排斥，即只能选中一个单选按钮，每当选中组内的一个单选按钮时，组内的其他单选按钮会自动更改为非选中状态。但是，在不同的单选按钮组之间，各个单选按钮相互独立、互不影响。

Radiobutton 控件对象调用 tkinter 模块的 Radiobutton 控件类构造方法创建，语法格式如下：

```
rb = Radiobuton(root, 参数列表)
```

Radiobutton 控件的常用参数有：
1）text 设置单选按钮旁边显示的文本。
2）varaible 设置 IntVar 或 StringVar 控制变量。
3）value 设置单选按钮的取值，是一个整数或字符串。
4）command 设置单选按钮的事件处理函数。

如果要把若干个单选按钮组成一个控件组，需要将这些单选按钮的 varaible 属性绑定到同一个控制变量上，通过该控制变量设置默认选项，并为每个单选按钮设置不同的 value 属性值。如果不指定绑定变量，则每一个单选按钮将自成一组。

当同一个窗口中存在多个单选按钮组时，通常将同一个组中的单选按钮放置在一个标签框架或框架控件中，从而从视觉上加以区分。

在程序中，通过控制变量的 get()方法获取当前选中的单选按钮的值，或通过 set()方法设置单选按钮的状态。当从单选按钮组中选择某个单选按钮时，控制变量的值就是当前选中的单选按钮的 value 属性值。

【例 9-29】 用 Label 控件显示一行文本，用一组 Radiobutton 控件设置文本的字号大小，用另一组 Radiobutton 控件设置文本的颜色，如图 9-30 所示。

图 9-30 例 9-29 运行结果

```python
from tkinter import *
def setFontSize():
    lb["font"] =("黑体", fontsize.get())
def setColor():
    lb["fg"] = color.get()
if __name__ == "__main__" :
    root = Tk(className='单选按钮控件示例')
    root.geometry("400x220+200+200")
    fm = Frame(root)
    fm.pack(pady=10, side=BOTTOM)
    lb = Label(fm, text="Python GUI 设计", font=("宋体", 18), fg="red")
    lb.pack()
    lf1 = LabelFrame(root, text="字号", relief=GROOVE, bd=3)
    lf1.pack(padx=10, pady=20, side='left')
    fontsize = IntVar()
    fontsize.set(16)
    rb11 = Radiobutton(lf1, text="小", variable=fontsize, value=16, command=setFontSize)
    rb12 = Radiobutton(lf1, text="中", variable=fontsize, value=20, command=setFontSize)
    rb13 = Radiobutton(lf1, text="大", variable=fontsize, value=24, command=setFontSize)
    rb11.pack(padx=10, ipadx=5)
    rb12.pack(padx=10, ipadx=5)
    rb13.pack(padx=10, ipadx=5)
    lf2 = LabelFrame(root, text="颜色", relief=GROOVE, bd=3)
    lf2.pack(padx=10, pady=20, side='right')
    color = StringVar()
    color.set("red")
    rb21 = Radiobutton(lf2, text="红", variable=color, value="red", command=setColor)
    rb22 = Radiobutton(lf2, text="绿", variable=color, value="green", command=setColor)
    rb23 = Radiobutton(lf2, text="蓝", variable=color, value="blue", command=setColor)
    rb21.pack(side=LEFT, padx=10, ipadx=5)
    rb22.pack(side=LEFT, padx=10, ipadx=5)
```

```
rb23.pack(side=LEFT, padx=10, ipadx=5)
root.mainloop()
```

9.2.9 Checkbutton 控件

Checkbutton（复选框）控件给出一个或多个选项，允许用户从中选择任意多项，可以一项不选，也可以全部选中，即提供多项选择功能。复选框呈现为一个小方框和一个相邻的描述性标题，单击小方框或标题均可选中复选框，再次单击则取消选中。当未选中时小方框内是空白的，当选中时小方框内会出现一个对勾。

Checkbutton 控件对象通过调用 tkinter 模块的 Checkbutton 控件类构造方法创建，其语法格式如下：

```
cb = Checkbutton(root, 参数列表)
```

Checkbutton 控件常用的参数有：
1）text 设置复选框旁边显示的标题文本。
2）varaible 设置要绑定的 IntVar 或 StringVar 控制变量。
3）command 设置复选框的事件处理函数。

在程序中，通过控制变量的 get()方法获取复选框的状态，或通过 set()方法设置复选框的状态。当复选框处于选中状态时，控制变量的值为数字 1 或字符 1；当其处于未选中状态时，控制变量的值为数字 0 或字符 0。

通常将一组相关的复选框放置在一个框架或标签框架内，以便从视觉上加以区分。但是，即使放在同一个框架或标签框架内，各个复选框之间仍然是相互独立的，可以选择任意多个复选框。在实际应用中，也会单独使用一个复选框。

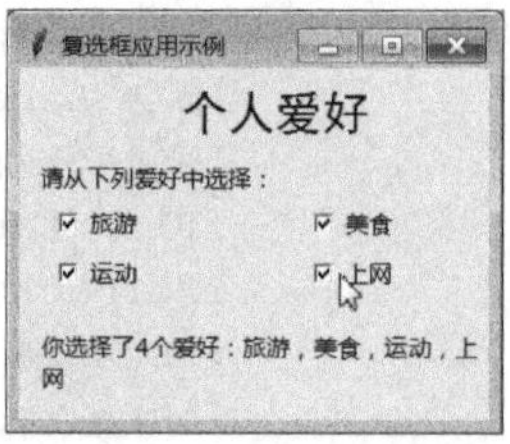

【例 9-30】 用复选框列出一组课程，选择课程后通过标签显示选择结果，单击复选框选中，再次单击复选框则取消选中，如图 9-31 所示。

图 9-31 例 9-30 运行结果

```
from tkinter import *
def choice():
    hobbies = []
    if hobby1.get() == 1:
        hobbies.append(cb1["text"])
    if hobby2.get() ==1:
        hobbies.append(cb2["text"])
    if hobby3.get() == 1:
        hobbies.append(cb3["text"])
    if hobby4.get() == 1:
        hobbies.append(cb4["text"])
    n = len(hobbies)
    if n == 0:
        msg["text"] = "你未选择任何爱好"
        return
    msg["text"] = "你选择了{0}个爱好：".format(n) + ", ".join(hobbies)
if __name__ == "__main__":
    root = Tk(className="复选框应用示例")
```

```
root.geometry("300x220")
lb1 = Label(root, text="个人爱好", width=20, font=("黑体", 18))
lb2 = Label(root, text="请从下列爱好中选择：")
hobby1 = IntVar()
hobby1.set(0)
hobby2 = IntVar()
hobby2.set(0)
hobby3 = IntVar()
hobby3.set(0)
hobby4 = IntVar()
hobby4.set(0)
cb1 = Checkbutton(root, text="旅游", variable=hobby1, command=choice)
cb2 = Checkbutton(root, text="美食", variable=hobby2, command=choice)
cb3 = Checkbutton(root, text="运动", variable=hobby3, command=choice)
cb4 = Checkbutton(root, text="上网", variable=hobby4, command=choice)
msg = Message(root, text="你未选择任何爱好",width=280)
lb1.grid(row=0, column=0, columnspan=2, padx=10, pady=10, sticky=E+W)
lb2.grid(row=1, column=0, columnspan=2, padx=10, sticky=W)
cb1.grid(row=2, column=0, padx=20, sticky=W)
cb2.grid(row=2, column=1, sticky=W)
cb3.grid(row=3, column=0, padx=20, sticky=W)
cb4.grid(row=3, column=1, sticky=W)
msg.grid(row=5, column=0, columnspan=2, padx=5, pady=15,sticky=W)
root.mainloop()
```

9.3 对话框

在图形用户界面中，对话框是一种特殊的窗口，用于向用户展示一些信息，或者在需要时获得用户的输入，从而在计算机与用户之间构成一种对话。对话框通常是模式窗口，在弹出对话框时用户必须进行应答，对话框关闭之前系统将无法进行后续操作。常用的对话框包括消息对话框、输入对话框、文件对话框以及颜色对话框等。

9.3.1 消息对话框

消息对话框是显示消息文本的对话框。此类对话框通常包含一个图标、一段文本和一些按钮，让用户通过单击相应的按钮做出不同的响应。tkinter.messagebox 子模块提供了一些函数，用来创建模式消息对话框。这些函数的调用格式如下：

变量名 = 消息对话框函数名(title=标题, message=消息文本, 其他参数列表)

参数 title 设置对话框的标题，message 指定消息文本。

消息对话框常用的函数如下。

1）askokcancel()显示一个确认和取消对话框。该对话框包含问号图标、消息文本、"确定"按钮和"取消"按钮，单击"确定"按钮时返回 True，单击"取消"按钮时返回 False。

2）askquestion()显示一个是和否对话框。该对话框包含问号图标、消息文本、"是"按钮和"否"按钮，单击"是"按钮时返回"yes"，单击"取消"按钮时返回"no"。

3）askyesno()显示一个是和否对话框。该对话框包含问号图标、消息文本、"是"按钮和"否"按钮，单击"是"按钮时返回 True，单击"否"按钮时返回 False。

4) askretrycancel()显示一个重试和取消对话框。该对话框包含警告图标、消息文本、"重试"按钮和"取消"按钮,单击"重试"按钮时返回 True,单击"取消"按钮时返回 False。

5) askyesnocance()显示一个是、否和取消对话框。该对话框包含问号图标、消息文本、"是"按钮、"否"按钮以及"取消"按钮,单击"是"按钮时返回 True,单击"否"按钮时返回 False,单击"取消"按钮时返回 None。

6) showerror()显示一个错误信息提示框。该对话框包含错误图标、消息文本和"确定"按钮,单击"确定"按钮时返回字符串"ok"。

7) showinfo()显示一个信息提示框。该对话框包含信息图标、消息文本和"确定"按钮,单击"确定"按钮时返回字符串"ok"。

8) showwarning()显示一个警告框。该对话框包含警告图标、消息文本和"确定"按钮,单击"确定"按钮时返回字符串"ok"。

【例 9-31】 在主窗口中添加一个"退出"按钮,单击"退出"按钮时,弹出一个确定和取消对话框,若单击"确定"按钮则退出应用程序,如图 9-32 所示。

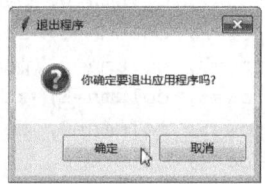

图 9-32 例 9-31 运行结果

```
from tkinter import *
from tkinter.messagebox import *
def exit():
    answer = askokcancel("退出程序","你确定要退出应用程序吗?")
    if answer:
        root.destroy()
if __name__ == "__main__":
    root=Tk()
    root.title("对话框测试")
    root.geometry("300x200")
    mainmenu = Menu(root)
    Button(root, text="退出", command=exit).place(relx=0.5, rely=0.5, anchor=CENTER)
    root.bind_all("<Control-q>", lambda event:exit())
    root.mainloop()
```

【例 9-32】 各种对话框应用示例。

```
from tkinter import *
from tkinter.messagebox import *    # 引入MessageBox模块
dlg1=askokcancel("Askokcancel Demo",'是否继续查找?')
print('Askokcancel Demo 的返回结果是{0}'.format(dlg1))
dlg2=askquestion("Askquestion Demo","确定要删除吗?")
print('Askquestion Demo 的返回结果是{0}'.format(dlg2))
dlg3=askretrycancel("Askretrycancel Demo","登录失败,重试吗?")
print('Askretrycancel Demo 的返回结果是{0}'.format(dlg3))
```

```
        dlg4=askyesno("Askyesno Demo","确定继续执行吗?")
        print('Askyesno Demo 的返回结果是{0}'.format(dlg4))
        dlg5=showerror("Showerror Demo","出错啦！")
        print('Showerror Demo 的返回结果是{0}'.format(dlg5))
        dlg6=showinfo("Showinfo Demo","Python 很强大！")
        print('Showinfo Demo 的返回结果是{0}'.format(dlg6))
        dlg7=showwarning("Showwarning Demo","存在木马风险！")
        print('Showwarning Demo 的返回结果是{0}'.format(dlg7))
        dlg8=askyesnocancel("askyesnocancel Demo","继续购物吗？")
        print('askyesnocancel Demo 的返回结果是{0}'.format(dlg8))
```

9.3.2 输入对话框

输入对话框是用于输入数字和字符串的对话框。此类对话框包含一行提示文本、一个文本框和两个按钮，输入内容后单击"OK"按钮确认，或者单击"Cancel"按钮取消输入。tkinter.simpledialog 子模块提供了 3 个创建输入对话框的函数，这些函数的调用格式如下。

> **变量名 = 输入对话框函数名(title=标题, prompt=提示，其他参数列表)**

参数 title 设置输入对话框的标题，prompt 设置文本框的提示文本。

创建输入对话框常用的函数如下。

1）askstring()用于创建字符串输入对话框。在文本框中输入一个字符串后，单击"OK"按钮则返回输入的字符串，单击"Cancel"按钮则返回 None 值。

2）askinteger()用于创建整数输入对话框。在文本框中输入一个整数后，单击"OK"按钮则返回输入的整数，单击"Cancel"按钮则返回 None 值。

3）askfloat()用于创建浮点数输入对话框。在文本框中输入浮点数后，单击"OK"按钮则返回输入的浮点数，单击"Cancel"按钮则返回 None 值。

【例 9-33】 在主窗口中添加一个按钮和一个多行文本框，单击按钮时依次弹出 3 个输入对话框，分别用于输入姓名、年龄和身高，在对话框中单击"OK"按钮后这些数据显示在多行文本框中。

```
from tkinter import *
from tkinter.messagebox import *
from tkinter.simpledialog import *
def input_msg():
    name= askstring(title="姓名", prompt="请输入你的姓名：")
    if name == None:
        showinfo("提示信息", "必须输入姓名！")
        return
    # 输入一个整数，minvalue 指定最小值，maxvalue 指定最大值
    # 如果输入不在两者之间则弹出对话框，要求重新输入
    age = askinteger(title="输入年龄", prompt="请输入你的年龄：", minvalue=1, maxvalue=150)
    if age == None:
        showinfo("提示信息", "必须输入年龄！")
        return
    height =askfloat("输入身高", "请输入你的身高 (M)：", minvalue=0.5, maxvalue=2.5)
    if height == None:
```

```
            showinfo("提示信息", "必须输入身高！")
            return
    txt.insert(END, "你输入的信息如下：\n")
    txt.insert(END, "姓名：{0}\n".format(name))
    txt.insert(END, "年龄：{0}岁\n".format(age))
    txt.insert(END, "身高：{0}M\n".format(height))
if __name__ == "__main__":
    root = Tk(className="输入对话框应用示例")
    root.geometry("350x250")
    btn=Button(text="输入信息....", width=12, command=input_msg)
    btn.pack(pady=3)
    txt = Text()
    txt.pack()
    root.mainloop()
```

运行程序，在主窗口中单击"输入信息"按钮，如图 9-33a 所示弹出"姓名"对话框，输入姓名，单击"OK"按钮，如图 9-33b 所示；依次弹出"年龄""身高"对话框，最后在多行文本框中显示输入的信息，如图 9-33c 所示。

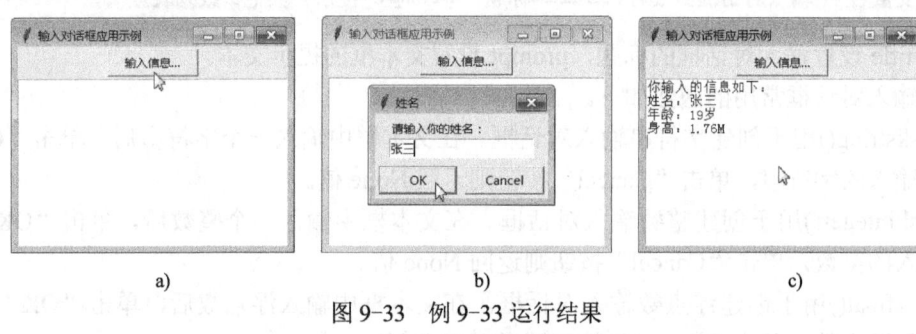

图 9-33　例 9-33 运行结果

a) "输入信息" 按钮　b) 输入姓名　c) 在多行文本框中显示输入信息

【例 9-34】 在对话框中分别输入字符串、整数和浮点数。

```
from tkinter import *
from tkinter.messagebox import *
from tkinter.simpledialog import *
def input_box():
    # 创建一个输入字符串的 SimpleDialog
    mystr = askstring(title='查找关键字', prompt='请输入要查找的关键字')
    # 输入一个整数, minvalue 指定最小值, maxvalue 指定最大值, 如果不在指定范围内则弹出对话框, 要求重新输入
    n= askinteger(title='输入整数', prompt='请输入一个 1-100 之间的整数:', minvalue=1, maxvalue=100)
    # 输入一浮点数
    x= askfloat(title='输入小数', prompt='请输入一个 1000 以内的小数:', maxvalue=1000)
    lb["text"] = "你的输入是：\n" + mystr + "\n" + str(n)+ "\n" + str(x) + "\n"   # 显示在标签中
root = Tk()
root.geometry("250x200")
btn=Button(text="输入信息", width=12, command=input_box)
btn.pack(pady=3)
```

```
        lb = Label()
        lb.pack(pady=20)
        root.mainloop()
```

运行程序，显示如图 9-34 所示，分别单击按钮和在文本框中输入信息。

图 9-34　例 9-34 运行结果

9.3.3　文件对话框

文件对话框用于浏览、打开或保存文件。此类对话框包含目录树、搜索范围下拉列表框、文件名文本框、文件类型下拉列表框、打开或保存按钮以及取消按钮等部件。tkinter.filedialog 子模块提供了一组文件对话框函数，用来创建打开和保存文件对话框。这些文件对话框函数的调用格式如下：

   path = 文件对话框函数(title=标题，initialdir=初始路径，filetypes=文件类型，defaultextension=默认文件扩展名)

🔊 说明：

1）参数 initialdir 指定打开对话框时的初始路径。

2）参数 filetypes 是一个元组，用于指定文件类型，元组中的每个元素都是二元素元组，一个元素表示文件描述，另一个元素指定文件类型，例如文本文件使用元组("文本文件","*.txt")表示。

3）参数 defaultextension 指定默认的文件扩展名。

常用的文件对话框函数如下。

1）askpenfilename()显示一个打开文件对话框，其返回值是一个字符串，表示要打开文件的完整路径。

2）askpenfilenames()显示一个打开文件对话框，其返回值是一个元组，其中包含在该对话框中所选择的一组文件的完整路径。

3）asksaveasfilename()显示一个保存文件对话框，其返回值是一个字符串，表示要保存文件的完整路径。

【例 9-35】编写一个文本文件浏览程序，用于打开和查看文本文件。

```
        from tkinter import *
        from tkinter.messagebox import *
        from tkinter.filedialog import *
        import os
        def openfile():
            filepath=askopenfilename(filetypes=(("文本文件", "*.txt"), ("所有文件", "*.*")))
            if filepath != "":
```

```
            file = open(filepath, "r")
            filecontent = file.read()
            txt.insert(END, filecontent)
            root.title("文本浏览器 -" + os.path.basename(filepath))
            file.close()
    def exit():
        answer = askokcancel(title="文本浏览器", message="确定退出文本浏览器程序吗?")
        if answer:
            root.destroy()
    if __name__ == "__main__":
        root = Tk()
        root.title("文本浏览器")
        root.geometry("400x300")
        mainmenu = Menu(root)
        root["menu"] = mainmenu
        filemenu = Menu(mainmenu, tearoff=False)
        mainmenu.add_cascade(label="文件", menu=filemenu)
        filemenu.add_command(label="打开…", accelerator="Ctrl+O", command=openfile)
        filemenu.add_separator()
        filemenu.add_command(label="退出", accelerator="Ctrl+Q", command=exit)
        root.bind_all("<Control-o>", lambda event: openfile())
        root.bind_all("<Control-q>", lambda event: exit())
        txt = Text(root)
        txt.pack(fill=BOTH, expand=True)
        root.mainloop()
```

运行程序,从"文件"菜单中选择"打开"命令时,显示"打开"对话框,选择要打开的文本文件,单击"打开"按钮,文件内容出现在文本框中,如图 9-35 所示。

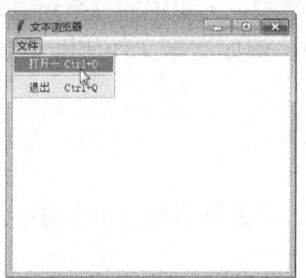 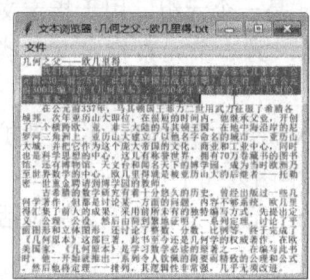

图 9-35 例 9-35 运行结果

9.3.4 颜色对话框

颜色对话框列出一些颜色样本供用户选择,也可以通过设置红、绿、蓝三种颜色的比例创建自定义颜色。kinter.colorchooser 子模块中提供一个 askcolor()函数,显示一个颜色对话框,其调用格式如下:

```
import tkinter.colorchooser
color = tkinter.colorchooser.askcolor(title='标题', color =默认颜色, 其他参数列表)
```

或者

```
from tkinter.colorchooser import *
color = colorchooer.askcolor(title=标题, color=默认颜色，其他参数列表)
```

参数 color 设置打开颜色对话框时的默认颜色，该函数的返回值为元组类型，包含两个元素，第一个元素是 RGB 十进制浮点数元组，第二个元素是十六进制 RGB 颜色的字符串。在函数后写上[1]表示取第二个元素的值，程序中一般需要 RGB 十六进制字符串。

【例 9-36】 运行下面的程序，在 IDLE 调试窗口中查看颜色值，如图 9-36 所示。

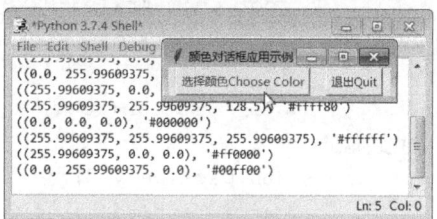

图 9-36　例 9-36 运行结果

```
import tkinter as tk
import tkinter.colorchooser
def callback():
    result = tkinter.colorchooser.askcolor(color="#6A9662", title = "请在对话框中选择颜色")
    print(result)   # 请观察颜色的值
root = tk.Tk(className='颜色对话框应用示例')
tk.Button(root, text='选择颜色Choose Color', fg="darkgreen", command=callback).pack(side='left', padx=10)
tk.Button(root, text='退出 Quit', command=root.quit, fg="red").pack(side='left', padx=10)
root.mainloop()
```

【例 9-37】 在主窗口中添加一个标签和一个"设置背景颜色"按钮，单击按钮弹出颜色对话框，如图 9-37 所示，设置窗口背景颜色，选定一种颜色，单击"确定"按钮。此时多行文本框的背景颜色将变成所选中的颜色，标签内容变为对应的十六进制 RGB 颜色的字符串。

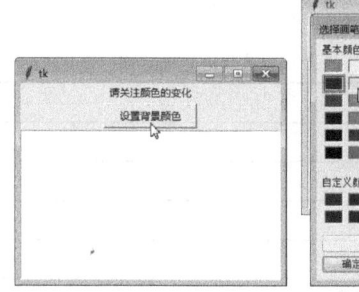 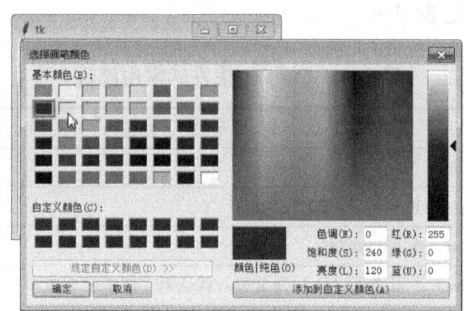 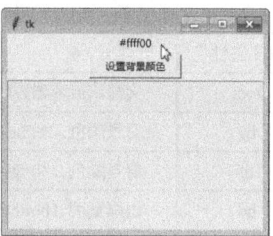

图 9-37　例 9-37 运行结果

```
from tkinter import *
from tkinter.colorchooser import *
#import tkinter.colorchooser
def setColor():
    #color = tkinter.colorchooser.askcolor(title='选择画笔颜色', color = 'red')[1]
    color = askcolor(title='选择画笔颜色', color = 'red')[1]
    txt["bg"] = color   # 设置多行文本框的背景颜色为选定的颜色
    lb.config(text=color, background=color)   # 把标签内容改为颜色名，背景色为选定的颜色
```

```
if __name__ == "__main__":
    root=Tk()
    root.geometry("380x280")
    lb = Label(root, text='请关注颜色的变化')  # 创建一个标签对象
    lb.pack()
    btn = Button(root, text="设置背景颜色", width=14, command=setColor)  # 创建按钮对象
    btn.pack(pady=3)
    txt = Text(root)   # 创建一个多行文本框对象
    txt.pack()
    root.mainloop()
```

9.4 绘制图形

Python 内置了绘图模块和标准的图形库，此外还有大量的第三方图形库。本节介绍 tkinter 画布绘图。

tkinter 模块提供了一个 Canvas（画布）控件，用来在窗口或容器控件中创建画布对象实例，将该画布对象以某种布局方式添加到窗口或容器控件后，通过调用该画布对象的绘图方法绘制各种各样的图形，包括线条、矩形、圆形等。

1. 创建 Canvas 对象

画布是一个用来绘图的矩形区域，绘图之前需要首先创建一块画布。画布对象实例通过调用 tkinter 模块中 Canvas 控件类构造方法来创建，其语法格式如下：

> 画布对象名=Canvas(root, width=宽度, height=高度, bg=背景颜色, …)

Canvas 控件的常用属性见表 9-4。

表 9-4　Canvas 控件的常用属性

属　　性	说　　明
root	父窗口或容器控件名
bg	背景颜色。如 bg='red', bg='#D1D1D1'
fg	前景颜色。如 fg='red', fg='#FF0000'
bd	边框宽度（bordwidth），以像素（px）为单位，默认为 1 像素或 2 像素
width	显示宽度，以像素（px）为单位，如果未设置，其大小适应内容标签
height	显示高度，以像素（px）为单位，如果未设置，其大小适应内容标签
bitmap	背景位图
image	背景图像
relief	指定外观装饰边界附近的标签，默认是平的，可以设置的参数：flat、groove、raised、ridge、solid、sunken
state	设置控件状态：正常（normal）、激活（active）、禁用（disabled）

2. 设置 Canvas 对象的属性

Canvas 对象的属性可以在创建画布对象时设置，也可以在创建画布对象之后用以下两种方法设置。

> 画布对象名.config(属性名 1=值 1, 属性名 2=值 2, …)

```
画布对象名["属性名"]=值
```

创建画布对象后,还需要调用画布的某种布局方法使画布显示出来。

【例 9-38】 在 400px×300px 窗口中创建一块画布,宽度为 300px,高度为 200px,背景颜色为黄;在画布下面的窗口中添加一个"关闭窗口"按钮。

```
from tkinter import *
root=Tk()
root.title("创建画布示例")
root.geometry("400x300")
cv=Canvas(root, width=300, height=200)   # cv 是创建的画布对象名
cv["bg"]="yellow"  # 设置画布的属性
cv.pack()  # 调用画布的布局方法
btn=Button(root, text="关闭窗口", command=root.destroy)
btn.pack(ipadx=10)
root.mainloop()
```

运行程序,在窗口中显示一块黄色画布,画布下面有一个命令按钮,如图 9-38 所示。

3. Canvas 对象的常用绘图方法

当创建画布对象并调用画布的布局方法后,就可以调用画布对象的各种绘图方法绘制图形。调用画布对象的绘图方法可以绘制图形对象,包括圆弧、线条、矩形、多边形、椭圆、文字以及位图和图像。Canvas 对象的常用绘图方法见表 9-5。

图 9-38 例 9-38 运行结果

表 9-5 Canvas 对象的常用绘图方法

绘图方法	说明	绘图方法	说明
create_arc()	绘制弧形和扇形	create_text()	绘制文字
create_images()	绘制图像	create_window()	绘制窗口
create_bitmap()	绘制位图,支持 XBM, bitmap=BitmapImage (file=filepath)	delete()	删除绘制的图形
create_line()	绘制直线	itemconfig()	修改图形属性,第一个参数为图形的 ID,后边为想修改的参数
create_oval()	绘制椭圆	move()	移动图像
create_polygon()	绘制多边形	coords(id)	返回对象的位置的两个坐标(4 个数字元组)
create_rectangle()	绘制矩形		

在画布上绘图时,以画布左上角为坐标系的原点,从原点出发水平向右为 x 轴,垂直向下为 y 轴。如果画布上坐标值用整数表示,则以像素为度量单位。也可以根据不同的需要使用其他度量单位。例如 6c 表示 6cm,60m 表示 60mm,3i 表示 3in 等。

4. 创建图形对象

创建画布对象实例和调用画布的布局方法后,即可调用画布对象的绘图方法在画布上绘制图形,创建一个图形对象并返回图形对象的标识号,其一般语法格式如下:

变量=画布对象名.绘图方法名(绘图参数 1,绘图参数 2,…, tags=图形标签)

1)画布对象名:用 Canvas()构造方法创建画布实例名。
2)绘图方法名:画布对象提供的某种绘图方法,如 create_arc()、create_line()方法等。

3）绘图参数：由绘图方法而定，例如绘制矩形时需要指定左上角坐标和右下角坐标。

4）tags：指定图形的标签，可以是单个字符串，也可以是由多个字符串组成的元组。

在画布上每创建一个图形对象，绘图方法将返回一个唯一的整数来标识图形对象，该整数称为图形对象的标识号（id）。如果设置了 tags 参数，还会使用单个或多个具有一定含义的字符串来命名图形对象，这种字符串称为图形对象的标签。一个图形对象可以有多个标签，一个标签也可以与多个图形对象关联。对图形对象进行操作时既可以使用标识号，也可以使用标签。

【例 9-39】 在主窗口中创建一块 300px×200px 的画布，在该画布上实现以下操作：绘制一个矩形，其左上角坐标为(10, 10)，右下角坐标为(18, 60)，并为该矩形指定一个英文标签和一个中文标签；在该画布上绘制一条直线，起点为（0, 0），终点为（200,200），线宽为 2；在(300,30)处绘制文本，显示的文本内容是"Canvas 绘制直线"，字体字号是 Arial、18。

```
>>> from tkinter import *
>>> root=Tk()
>>> cv=Canvas(root, width=400, height=300)
>>> cv.pack()
>>> id1=cv.create_rectangle(10, 10, 200, 100, tags=("Rectangle", "矩形"))
>>> id2=cv.create_line(100, 100, 200, 200, width=2)
>>> print(id1, id2)
```

在 IDLE 窗口和程序运行窗口显示如图 9-39 所示。

【例 9-40】 创建一个粉红色背景的画布，并在画布上绘制一条直线；然后在(300,30)处绘制文本，显示的文本内容是"Canvas 绘制直线"，字体字号是 Arial、18。

```
from tkinter import *
root=Tk()
root.title("简单绘画")
root.geometry("400x300")    # 设置窗体的宽、高
cv=Canvas(root, width=400, height=300, bg="pink")    # width, height 设置画布的宽和高，bg 设置背景色
cv.create_line((0, 30, 150, 200), width=3)    # 绘制一条线，起点、终点、线宽
cv.create_text(250, 150, text="Canvas 绘制直线", font=("Arial", 16))    # 绘制文字，前两个参数为字的位置
cv.pack()    # 布局方式
root.mainloop()    # 进入消息循环
```

程序运行结果如图 9-40 所示。

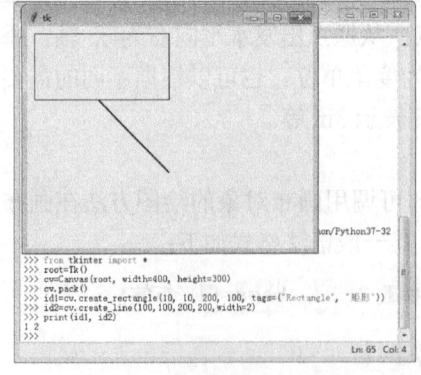

图 9-39　例 9-39 运行结果

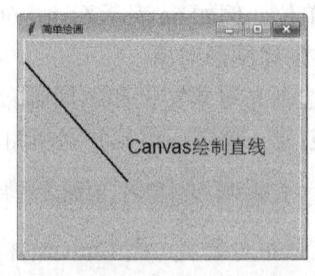

图 9-40　例 9-40 运行结果

5. 绘制矩形对象

使用 create_rectangle() 方法绘制矩形对象的语法格式如下：

> 变量=画布对象.**create_rectangle**(矩形左上角的 x 坐标，矩形左上角的 y 坐标，矩形右下角的 x 坐标，矩形右下角的 y 坐标，属性选项，…)

绘制矩形对象时常用的选项见表 9-6。

表 9-6 绘制矩形对象的常用选项

选 项	说 明	选 项	说 明
outline	边框颜色，默认为黑色	dash	边框为虚线
fill	填充颜色，默认不填充	stipple	使用自定义画刷填充矩形
width	边框宽度，默认为 1 个像素	state	设置矩形的显示状态，默认为 normal，表示正常显示；设置为 hidden，则隐藏矩形

【例 9-41】 在窗体上创建一块画布，在画布上以不同属性绘制 4 个矩形。

```
from tkinter import *
root=Tk()
root.title("绘制矩形")
root.geometry("600x260")   # 设置窗体的宽、高
cv=Canvas(root, width=600, height=200, bg="white")
cv.pack()   # 布局方式
cv.create_rectangle(30, 30, 150, 150)
cv.create_rectangle(170, 30, 290, 150, width=2, outline="blue")   # 边框为红色
cv.create_rectangle(310, 30, 430, 150, width=3, outline="red", fill="orange")
# 填充色为橘黄色
cv.create_rectangle(450, 30, 570, 150, width=4, outline="green", fill="magenta", dash=(20, 10))
Button(text="清除", width=8, command=lambda:cv.delete("all")).pack()
root.mainloop()   # 进入消息循环
```

程序运行结果如图 9-41 所示。

【例 9-42】 创建矩形对象，要求矩形填充色为橘黄色，边框为红色，边框宽度为 2，矩形左上角点的坐标为(20, 20)，右下角坐标为(20, 200)。

```
from tkinter import *
root=Tk()
root.title("创建矩形")
cv=Canvas(root, width=300, height=200)
#绘制矩形，填充色为橘黄色，边框为红色
cv.create_rectangle(50, 30, 250, 150, width=5, fill="orange", outline='red')
cv.pack()   # 布局方式
root.mainloop()   # 进入消息循环
```

程序运行结果如图 9-42 所示。

6. 绘制椭圆对象

使用 create_oval() 方法绘制椭圆对象的语法格式如下：

> 变量=画布对象.**create_oval**(x1, y1, x2, y2, 属性选项，…)

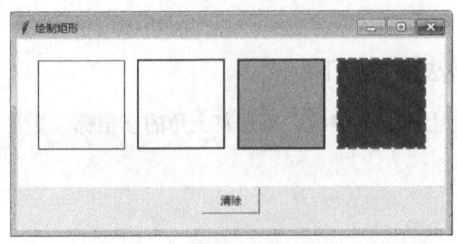
图 9-41 例 9-41 运行结果

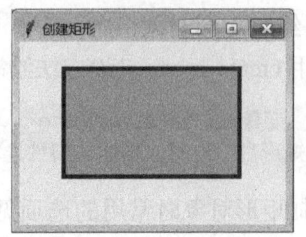
图 9-42 例 9-42 运行结果

其中，x1、x2 表示外接矩形的左上角坐标，x2、y2 表示外接矩形的右下角坐标，该外接矩形决定了椭圆的位置和大小。

其他属性选项与矩形一样，椭圆也有 outline、fill、width、dash、stipple、state 等属性。

【例 9-43】 在窗口中创建一块画布，在画布上绘制一个奥运五环。

```
from tkinter import *
root=Tk()
root.title("绘制椭圆")
root.geometry("500x300")   # 设置窗体的宽、高
cv=Canvas(root, width=600, height=250, bg="white")
cv.pack()   # 布局方式
cv.create_oval(40, 30, 160, 150, outline="blue", width=10)
cv.create_oval(190, 30, 310, 150, outline="black", width=10)
cv.create_oval(340, 30, 460, 150, outline="red", width=10)
cv.create_oval(115, 90, 235, 210, outline="yellow", width=10)
cv.create_oval(265, 90, 385, 210, outline="green", width=10)
Button(text="清除", width=8, command=lambda:cv.delete("all")).pack()
root.mainloop()   # 进入消息循环
```

程序运行结果如图 9-43 所示。

图 9-43 例 9-43 运行结果

9.5 事件处理

在 GUI 应用程序设计中，程序的执行与图形用户界面中的窗口和控件密切相关，通常是在单击按钮或选择菜单命令时才会执行某个函数，这种程序运行模式称为事件驱动模式（Event Driven Programming Model）。创建 GUI 应用程序主要包括两方面的工作，即构建图形用户界面和编写事件处理程序。

9.5.1 事件的概念

1. 事件

对于对象而言，事件（Event）就是发生在该对象上的事情。例如，拖拽窗口边框，该窗口对象就会发生改变窗口大小的动作，"拖拽"就是一个事件；单击"关闭窗口"按钮，该按钮对象就会发生关闭窗口的动作，"单击"就是一个事件。

Python 中提供了许多控件类，用来设计 GUI 应用程序。例如，按钮就是一个对象。在按钮对象上最常发生的事就是"按一下"，这个"按一下"就是按钮对象的一个事件。在按钮上面用鼠标按一下，在 Windows 环境下称为"单击"，于是，按钮就有一个单击（Click）事件。

除了单击事件外，还有双击（DblClick）事件、装载（Load）事件、鼠标移动（MouseMove）事件等。不同的对象能够识别不同的事件，这就像老师可以批评学生，却不能去批评桌椅一样，因为桌椅不能识别"批评"这种事件的发生。

2. 事件过程

当在对象上发生了某个事件后，程序需要做出反应，必须想办法处理这个事件，而处理的步骤就是事件过程（Event Procedure）。例如，单击"打开文件"按钮事件发生后，去执行打开文件的程序，这个程序就是事件过程。事件过程是针对事件而编写的程序代码。

每一个控件对象都设定了该对象可能发生的事件，而每一个事件都会有一个对应的空事件过程。在编写程序时，并不需要编写对象所有的事件过程，只要填入需要的部分就可以了。当对象发生了某一事件，而该事件所对应的事件过程中没有程序代码（也就是没有规定处理步骤）时，表明程序对该事件"不予理会"。

3. 事件驱动

程序执行后，会等待某个事件的发生，当事件发生后再去执行处理此事件的事件过程。事件过程要经过事件的触发才会被执行，也就是说，由事件控制整个程序的执行流程。

9.5.2 事件序列

1. 事件序列

tkinter 使用一种称为事件序列的机制让程序员定义事件，使用 bind() 方法将具体的事件序列与自定义的方法绑定。事件序列是包含一个或多个事件类型的字符串。每一个事件类型指定了一项事件，当有多项事件类型包含于事件序列中时，当且仅当描述中全部事件发生时才调用处理方法。事件序列使用以下语法描述：

```
<[modifier-]…type[-detail]>
```

1）事件序列包含在尖括号（< >）中。

2）type 描述事件的类型，例如鼠标单击、键盘按键。type 部分最重要。

3）modifier 描述组合键，例如〈Ctrl+C〉,〈Shift〉+单击。modifier 部分可以重复多次，即可以描述多个组合键。modifier 部分是可选的。

4）detail 描述具体的按键名，明确定义是哪一个键或按钮的事件，例如 Button-1 表示鼠标左键，<KeyPress-A>表示键盘上的〈A〉键，<Control-Shift-KeyPress-A>表示同时按下〈Ctrl〉、〈Shift〉、〈A〉三个键。detail 部分是可选的。

2. 事件类型 type

当通过鼠标或键盘与图形用户界面交互操作时，会触发一些事件。当事件发生时应用程序需要做出相应的响应或处理，以实现某项功能。tkinter 模块定义了多种类型的事件，为 GUI 应用程序开发提供支持。Python 的事件类型 type 包括鼠标事件、键盘事件和窗体事件，分别见表 9-7、表 9-8 和表 9-9。

表 9-7 Python 的事件类型 type——鼠标事件

type	含义
Button	当用户单击鼠标按键或滚动滚轮时触发该事件。detail 部分指定具体哪个按键：<Button-1>鼠标左键，<Button-2>鼠标中键，<Button-3>鼠标右键，<Button-4>滚轮上滚（Linux），<Button-5>滚轮下滚（Linux）
ButtonRelease	当用户释放鼠标按键时触发该事件。在大多数情况下，ButtonRelease 事件比 Button 事件更好用，因为如果用户不小心按下鼠标，用户可以将鼠标指针移出组件再释放鼠标按键，从而避免不小心触发事件
Motion	当鼠标指针在组件内移动的整个过程均触发该事件
Enter	当鼠标指针进入组件的时候触发该事件。注意：不是指用户按下〈Enter〉键
Leave	当鼠标指针离开组件的时候触发该事件
MouseWheel	当鼠标滚轮滚动的时候触发该事件。目前该事件仅支持 Windows 和 Mac 系统，Linux 系统请参考 Button 事件

表 9-8 Python 的事件类型 type——键盘事件

type	含义
KeyPress	当用户按下键盘按键的时候触发该事件。detail 可以指定具体的按键，例如<KeyPress-H>表示当大写字母 H 被按下的时候触发该事件。KeyPress 可以简写为 Key
KeyRelease	当用户释放键盘按键的时候触发该事件

表 9-9 Python 的事件类型 type——窗体事件

type	含义
Activate	当组件的状态从"未激活"变为"激活"的时候触发该事件。与组件选项中的 state 项有关，表示组件由不可用转为可用。例如按钮由 disabled（灰色）转为 enabled
Configure	当组件的尺寸发生改变的时候触发该事件。例如拖曳窗体边缘
Deactivate	当组件的状态从"激活"变为"未激活"的时候触发该事件。与组件选项中的 state 项有关，表示组件由可用转为不可用。例如按钮由 enabled 转为 disabled（灰色）
Destroy	当组件被销毁的时候触发该事件
Expose	当窗口或组件的某部分不再被覆盖的时候触发该事件，即当组件从原本被其他组件遮盖的状态中暴露出来时触发
FocusIn	当组件获得焦点的时候触发该事件。用户可以用〈Tab〉键将焦点转移到该组件上（需要该组件的 takefocus 选项为 True）。也可以调用 focus_set()方法使该组件获得焦点
FocusOut	当组件失去焦点的时候触发该事件
Map	当组件由隐藏状态变为显示状态时触发。意思是在应用程序中显示该组件的时候，例如调用 grid()方法
Unmap	当组件由显示状态变为隐藏状态时触发。意思是在应用程序中不再显示该组件的时候，例如调用 grid_remove()方法
Visibility	当组件变为可视状态时触发，当应用程序至少有一部分在屏幕中是可见的时候触发该事件

可以用短格式表示事件，例如：<1>等同于<Button-1>，<x>等同于<KeyPress-x>。

对于大多数的单字符按键，还可以忽略"< >"符号。但是空格键和尖括号键不能这样做，正确的表示分别为<space>、<less>。

常用的事件类型如下。

（1）鼠标常用事件

鼠标常用的事件如下。

1）<ButtonPress-1>：单击鼠标左键，简写为<Buton-1>或<1>，其中数字 1 表示鼠标的左键。单击鼠标中键和鼠标右键分别为<ButtonPress-2>和<ButtonPress-3>。

2）<ButtonRelease-1>：释放鼠标左键。释放鼠标中键和鼠标右键分别为<ButtonRelease-2>和<ButtonRelease-3>。

3）<B1-Motion>：按住鼠标左键移动。按住鼠标中键和鼠标右键移动分别为<B2-Motion>和<B3-Motion>。

4）<Double-Button-1>：双击鼠标左键。

5）<MouseWheel>：转动鼠标滚轮。

6）<Enter>：光标进入控件。

7）<Leave>：光标离开控件。

（2）键盘常用事件

键盘常用的事件如下。

1）<Key>：按下键盘任意键。

2）<Key-字符>：按下字母键和数字键。例如，<Key-a>、<Key-A>和<Key-2>，可以简写为a、A和2。按下小于号键用<less>表示。

3）<Return>：按下〈Enter〉键。与此类似，还有<Shift_L>、<Control_R>、<Alt_L>、<Tab>、<Escape>等。

4）<space>：按下空格键。

5）<Up>、<Down>、<Left>、<Right>：按下方向键。

6）<F1>～<F12>：按下功能键。

7）<Control+c>、<Shift+F8>、<Alt+Up>等：按下组合键，键名之间用加号连接。

3．组合键 modifier

在事件序列中，modifier 部分描述组合键，例如<Double-Button-1>表示双击鼠标左键；或组合键，例如〈Ctrl+V〉,〈Shift〉+单击等。modifier 是可选的部分，内容见表 9-10。

表 9-10　modifier 的含义

名称	含义
Alt	当按下〈Alt〉按键的时候
Any	表示任何类型的按键被按下的时候。例如<Any-KeyPress>表示当用户按下任何按键时触发事件
Control	当按下〈Ctrl〉按键的时候
Double	当两个事件被连续触发的时候。例如<Double-Button-1>表示当用户双击鼠标左键时触发事件
Lock	当打开大写字母锁定键〈CapsLock〉的时候
Shift	当按下〈Shift〉按键的时候
Triple	跟 Double 类似，当三个事件被连续触发的时候

4．按键名 detail

事件序列格式中的 detail 部分是指具体的按钮，描述的是 KeyPress 事件和 KeyRelease 事件类型中特指的按键。表 9-11 所示为特殊按键的 keysym 和 keycode。其中，keysym 列用字符串命名按键，它可以从 Event 事件对象中的 keysym 属性中获得。keycode 列用按键码命名按键，但是它不能反映事件前缀：Alt、Control、Shift、Lock，并且它不区分大小写按键，即 a 和 A 是相同的键码。表中的按键码对应美国标准 101 键盘的"Latin-1"字符集。不同键盘标准对应的按键码不同，但按键名是一样的。

表 9-11 特殊按键的 keysym 和 keycode

按键名（keysym）	按键码（keycode）	代表的按键	按键名（keysym）	按键码（keycode）	代表的按键
Alt_L	64	左边的〈Alt〉按键	KP_Add	86	小键盘的〈+〉按键
Alt_R	113	右边的〈Alt〉按键	KP_Begin	84	小键盘的中间按键〈5〉
BackSpace	22	〈Backspace〉（退格）按键	KP_Decimal	91	小键盘的点按键〈.〉
Cancel	110	〈Break〉按键	KP_Delete	91	小键盘的删除键
Caps_Lock	66	〈CapsLock〉（大写字母锁定）按键	KP_Divide	112	小键盘的〈/〉按键
Control_L	37	左边的〈Ctrl〉按键	KP_Down	88	小键盘的〈↓〉按键
Control_R	109	右边的〈Ctrl〉按键	KP_End	87	小键盘的〈End〉按键
Delete	107	〈Delete〉按键	KP_Enter	108	小键盘的〈Enter〉按键
Down	104	〈↓〉按键	KP_Home	79	小键盘的〈Home〉按键
End	103	〈End〉按键	KP_Insert	90	小键盘的〈Insert〉按键
Escape	9	〈Esc〉按键	KP_Left	83	小键盘的〈←〉按键
Execute	111	〈SysReq〉按键	KP_Multiply	63	小键盘的〈*〉按键
F1~F12	67~96	〈F1〉~〈F12〉按键	KP_Next	89	小键盘的〈PageDown〉按键
Home	97	〈Home〉按键	KP_Prior	81	小键盘的〈PageUp〉按键
Insert	106	〈Insert〉按键	KP_Right	85	小键盘的〈→〉按键
Left	100	〈←〉按键	KP_Subtract	82	小键盘的〈-〉按键
Linefeed	54	Linefeed〈Ctrl+J〉	KP_Up	80	小键盘的〈↑〉按键
KP_0	90	小键盘数字键〈0〉	Next	105	〈PageDown〉按键
KP_1	87	小键盘数字键〈1〉	Num_Lock	77	〈NumLock〉（数字锁定）按键
KP_2	88	小键盘数字键〈2〉	Pause	110	〈Pause〉（暂停）按键
KP_3	89	小键盘数字键〈3〉	Print	111	〈PrintScrn〉（打印屏幕）按键
KP_4	83	小键盘数字键〈4〉	Prior	99	〈PageUp〉按键
KP_5	84	小键盘数字键〈5〉	Return	36	〈Enter〉（回车）按键
KP_6	85	小键盘数字键〈6〉	Right	102	〈→〉按键
KP_7	79	小键盘数字键〈7〉	Scroll_Lock	78	〈ScrollLock〉按键
KP_8	80	小键盘数字键〈8〉	Shift_L	50	左边的〈Shift〉按键
KP_9	81	小键盘数字键〈9〉	Shift_R	62	右边的〈Shift〉按键
			Tab	23	〈Tab〉（制表）按键
			Up	98	〈↑〉按键

当事件为<Key>、<KeyPress>、<KeyRelease>的时候，可以通过 detail 设置具体的按键名（keysym）来筛选。例如，<Key-H>表示按下键盘上的大写字母 H 时候触发事件，<Key-Tab>表示按下键盘上的〈Tab〉按键的时候触发事件。

9.5.3 事件对象的属性

发生每个事件 Event 时，系统都会创建一个事件对象，并将其传入事件处理函数（也称回调定义的函数）。当 tkinter 去回调定义的函数时，都会带着 Event（作为参数）去调用。事件对象具有一些属性，用于描述事件的详细情况。常用的事件对象的属性见表 9-12。

表 9-12 常用的事件对象的属性

属 性	含 义
widget	产生该事件的组件
x, y	当前的鼠标指针位置坐标（相对于窗口左上角的坐标，单位为像素）
x_root, y_root	当前的鼠标指针位置坐标（相对于屏幕左上角的坐标，单位为像素）
char	按键对应的字符，如果按下可显示字符键，则该属性表示该字符；如果按下不可显示字符键，则该属性为空字符串（键盘事件中才有）
keysym	按键名，如果按下可显示的字符键，则该属性表示该字符；如果按下不可显示的按键，则此属性表示键名。例如，〈Enter〉键为 Return，〈Del〉键为 Delete，〈↑〉键为 Up 等。见表 9-11 的 keysym（键盘事件中才有）
keycode	按键码，按键的 ASCII 码。见表 9-11 的 keycode（键盘事件中才有）
keysym_num	该属性是 keysym 的数值形式，对于普通字符键而言就是 ASCII 码
num	用鼠标的哪个键单击，1、2、3 分别表示左键、中键和右键（鼠标事件中才有）
width, height	组件的新尺寸（Configure 事件中才有）
type	事件类型

9.5.4 事件处理程序

在 GUI 应用程序中，每当发生某个事件时，系统会自动调用相应的事件处理函数，事件处理程序也称回调函数。定义事件处理函数的一般格式如下：

```
def 函数名(event):
    函数体
```

其中，event 表示事件对象。

在事件处理函数中，可以通过事件对象的相关属性来了解事件的状态和特征。

9.5.5 事件绑定

tkinter 提供的控件通常都包含许多内在行为，例如当按钮被单击时执行特定操作，或当一个文本框成为焦点且敲击了键盘上的某些按键时，所输入的内容就会显示在文本框内。tkinter 的事件处理允许程序员创建、修改或删除这些行为。

构建图形用户界面和编写事件处理程序是 GUI 应用程序设计的两项重要内容。构建图形用户界面时首先要创建主窗口，然后在主窗口中添加各种控件，并对控件进行合理布局，接下来就要编写一些事件处理程序，将这些事件处理程序与用户界面对象的相应事件绑定起来。将事件处理程序与某个事件建立联系，称之为绑定。

GUI 应用程序的大部分时间花费在事件循环中（通过 mainloop()方法进入事件循环）。事件来自于不同的消息，包括用户按下按键和鼠标操作，或来自于窗口管理器的重绘事件（在许多情况下，不是由用户直接触发的）。

Python 中的事件处理程序必须绑定后才能生效，按照绑定的目标对象不同，事件绑定可以分成以下 3 个绑定级别。

1．绑定到特定控件对象

把事件处理函数与窗口或窗口中的某个控件对象绑定，通过调用该控件对象的 bind()方法来实现绑定。其调用格式如下：

```
控件对象名.bind(事件名，事件处理函数名)
```

> **说明：**
>
> 1）"控件对象名"可以是窗口中的一个控件对象（例如 Button 对象），也可以是一个窗口对象（例如 root 对象或其他容器对象）。
>
> 2）参数"事件名"是事件类型，用<modifier-type-detail>方式描述。
>
> 3）"事件处理函数名"是处理事件的方法名，也称回调函数，即当相应的事件发生时自动调用的函数。

当被触发的事件满足该控件绑定的事件时，tkinter 就会带着 Event 去调用 handler()方法。

例如，声明了一个名为 canvas 的 Canvas 控件对象，当在 canvas 上按下鼠标中键时画上一条线，绑定语句为：

```
canvas.bind("<Button-2>", drawline)
```

2．绑定到控件类

把事件处理函数绑定到某一类控件，例如绑定到按钮类，则所有按钮对象都可以处理该事件。通过调用任意控件实例的 bind_class()方法，将事件响应绑定到某个控件类下的全部控件。调用格式如下：

```
控件对象名.bind_class(类名，事件名，事件处理函数名)
```

其中，"类名"是某个控件类。其他参数说明同"1．绑定到特定控件对象"。

例如，假设声明了若干个 Canvas 对象，当在这些对象上按下鼠标中键时都画一条线，绑定语句为：

```
某一个 Canvas 控件对象名.bind_class("Canvas", "<Button-2>", drawline)
```

3．绑定到窗口中所有控件对象

把事件处理函数绑定到窗口中的所有控件对象，无论哪个控件对象触发某个事件，程序都做出相应的处理。例如，将〈PrintScreen〉键与程序中的所有控件对象绑定，则整个程序界面都能处理屏幕截屏事件。通过调用该窗口对象的 bind_all()方法，为程序界面绑定事件。当事件发生时，只要是有焦点的控件，都会响应这个事件。其调用格式如下：

```
窗口对象名.bind_all(事件名，事件处理函数名)
```

例如可以这样实现打印屏幕：

```
窗口对象名.bind_all("<Key-print>", printScreen)
```

在实现事件绑定时，不能向事件传递参数，即事件处理函数名后面不加圆括号。

【例 9-44】 鼠标单击事件应用示例。单击鼠标左键，在单击位置显示单击位置的坐标。

```
from tkinter import*
root = Tk()
root.title("事件关联示例")
def callback(event):    # 定义事件程序
    # 在单击位置显示坐标值
    Label(root, text="x="+str(event.x)+" y="+str(event.y)).place(x=event.x, y=event.y)
frame = Frame(root, width=300, height=200)    # 创建一个容器对象
frame.bind("<Button-1>", callback)    # 绑定对象，单击鼠标左键时，执行事件程序
```

```
callback
        frame.pack()    # 按pack方式显示frame对象
        root.mainloop()
```

程序运行结果如图 9-44 所示。这个例子中使用 Frame 控件的 bind()方法将鼠标单击事件（<Button-1>）与自定义的 callback()方法绑定起来。运行后当在窗口中单击鼠标左键时，会将单击的位置显示出来。

【例 9-45】 键盘事件应用示例。

分析：只有当控件获得焦点的时候才能接收键盘事件（Key），本例用 focus_set()获得焦点，也可以设置 Frame 的 takefocus 选项为 True，然后使用 Tab 将焦点转移上来。

```
from tkinter import*
root = Tk()
root.geometry('200x200')
root.title("捕获键盘事件示例")
def callback(event):
    Label(root, text="按的键盘字符为："+ event.char).place(relx=0.5, rely=0.5, anchor='center')
frame = Frame(root, width = 200, height = 200)
frame.bind("<Key>", callback)
frame.focus_set()
frame.pack()
root.mainloop()
```

程序运行结果如图 9-45 所示。

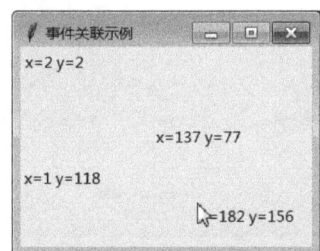

图 9-44　例 9-44 运行结果

图 9-45　例 9-45 运行结果

【例 9-46】 鼠标单击事件与键盘事件应用示例，如图 9-46 所示。

```
from tkinter import*
def click(event):    # 定义事件处理程序，输出鼠标位置
    # 在单击位置显示坐标值
    # Label(root, text="x="+str(event.x)+" y="+str(event.y)).place(x=event.x, y=event.y)
    print("鼠标当前位置是{0},{1}".format(event.x, event.y))    # 调试窗口输出鼠标单击位置的坐标
def keyPress(event):    # 处理键盘事件，输出按下的字符
    print("按下了{0}".format(repr(event.char)))    # 文本框获得焦点后，按键的字符在调试窗口显示
root = Tk()
root.title("事件处理示例")
root.geometry('300x200')
root.title("鼠标、键盘事件示例")
```

```
root.bind("<Button-1>", click)   # 窗口绑定鼠标单击事件,执行事件处理程序click()方法
entry = Entry(root)   # 添加文本框
entry.focus()
entry.bind("<Key>", keyPress)   # 文本框绑定键盘事件,执行键盘处理程序keyPress()方法
entry.pack()   # 按pack方式显示文本框对象entry
root.mainloop()
```

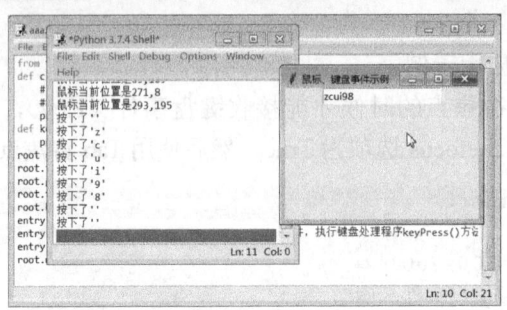

图 9-46　例 9-46 运行结果

9.6　习题

1. 按如图 9-47 所示，添加控件对象。
2. 在主窗体中添加一些标签并通过 pack() 方式布局，如图 9-48 所示。

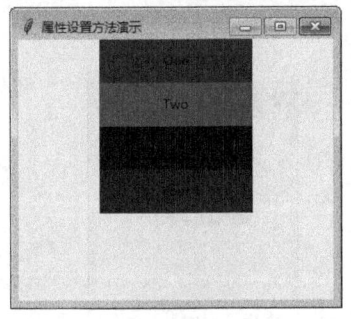

图 9-47　习题 1

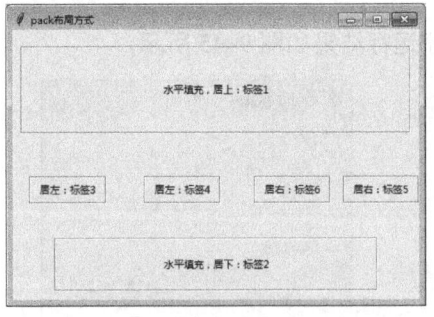

图 9-48　习题 2

3. 使用 Grid 布局实现一个计算器界面，如图 9-49 所示。
4. 使用 circle 画圆形，如图 9-50 所示。

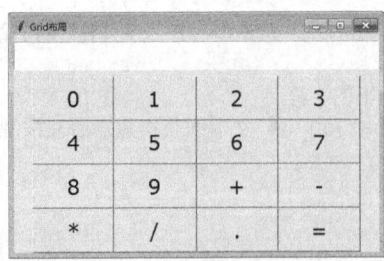

图 9-49　习题 3

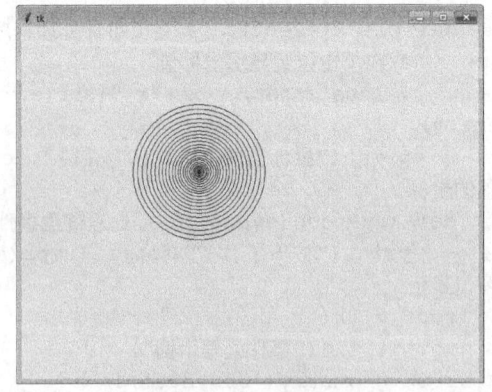

图 9-50　习题 4

5. 使用 rectangle 画方形，如图 9-51 所示。
6. 画椭圆，如图 9-52 所示。

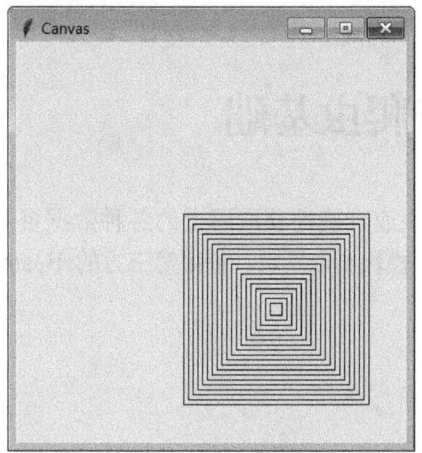
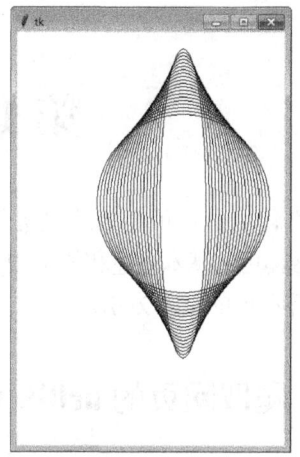

图 9-51　习题 5　　　　　　　　图 9-52　习题 6

第 10 章 网络爬虫基础

网络爬虫是一种高效地采集信息的技术,可以快速准确地获取网上的各种数据资源。本章介绍网络爬虫的基本概述和使用 Python 内置的 urllib 模块爬取网页,使用第三方的 BeautifulSoup 模块解析网页的基本方法。

10.1 爬取网页的 urllib 模块

urllib 模块被称为网页下载器,将 URL 对应的网页爬取并下载到本地,存储成一个文件或字符串。

10.1.1 urllib 模块简介

urllib 模块是 Python 内置的 HTTP 请求库。urllib 模块提供的上层接口,使访问 www 和 ftp 服务器上的数据就像访问本地文件一样。urllib 模块有以下 4 个子模块。

1) urllib.request:请求模块,用来打开和读取 URL。
2) urllib.error:异常处理模块,包含 request 产生的错误,可以使用 try 进行捕捉处理。
3) urllib.parse:URL 解析模块,包含一些解析 URL 的方法(拆分、合并等)。
4) urllib.robotparser:robot.txt 解析模块。

使用 urllib 模块的前提是需要导入 urllib 模块中对应的子模块。例如导入 urllib.request 模块,语句如下:

```
import urllib.request
from urllib import request
```

下面介绍 urllib.request 模块的基本使用。

10.1.2 urllib.request 模块

如果需要模拟浏览器发起一个 HTTP 请求,则可以使用 urllib.request 模块。urllib.request 的作用不仅仅是发起请求,还能获取请求返回结果。它的某些接口能够处理基础认证(Basic Authenticaton)、HTTP 重定向、浏览器 Cookies 等情况。

10.1.2 urllib.request 模块

1. urllib.request.urlopen()方法

urlopen()是一个简单的发送网络请求的方法。导入 urllib.request 模块后,使用模块中的 urlopen()方法打开并爬取网页。

urlopen()方法的语法格式如下:

```
变量=urllib.request.urlopen(url, data, timeout)
```

说明：

1）参数 url 是要打开的网址 URL，是必须传送的参数。

【例10-1】 爬取百度首页（https://www.baidu.com），通过请求百度的 get 请求获得百度首页，获取其页面的源代码，并显示在窗口中。

```
import urllib.request  # 导入urllib.request模块
response = urllib.request.urlopen('https://www.baidu.com/')  # 打开并爬取网页
print("查看response响应信息类型: ", type(response))
page = response.read()  # 读取所有内容，返回二进制类型的数据
html = page.decode('utf-8')  # 转换为UTF-8编码的字符串，显示HTML代码
print(html)
```

程序运行结果如图10-1所示。使用urllib.request模块中的urlopen()方法获取get页面，其中urlopen()返回HTTPResposne类型的对象。对这个对象进行read()操作返回的数据类型为bytes类型的二进制的对象，得到一个包含网页的二进制字符串，然后用decode()解码将其转换成string类型，成为可以被人识别的HTML代码。通过如图10-1所示的输出结果可以看出。

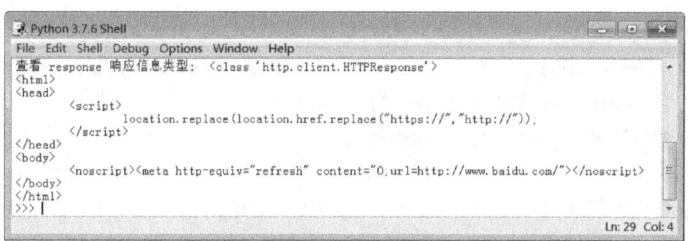

图10-1 显示抓取的网页代码

2）参数 data 是访问 URL 时要提交的数据，如果 data 为 None，则默认发送 get 请求；当提供 data 参数时，则以 post 方式提交表单。其中传递的参数需要转为 bytes 类型，如果是字典，则要通过 urllib.parse.urlencode 转换。例如：

```
response = urllib.request.urlopen(url='https://www.baidu.com/', data=b'username=admin&password=123', timeout=0.1)
```

3）参数 timeout 设置网站访问超时时间，单位是秒。作为网页的访问者，爬虫不能一直等着服务器返回错误信息，因此在爬取网页时可以设置超时异常的值。当网页在设置的时间内无法打开时，判断网页超时。如果省略 timeout，则按默认时间；如果请求超过设置时间，则抛出异常。例如：

```
import urllib.request
response = urllib.request.urlopen('http://httpbin.org/get', timeout=1)
print(response.read().decode("utf-8"))
```

4）执行urlopen()方法后，返回一个 HTTPResposne 类型的对象，返回的网页信息保存在该对象中。

【例10-2】 使用print(response)查看变量response中保存的内容。

```
>>> from urllib import request
>>> response = request.urlopen('http://www.baidu.com')
```

```
>>> print(response)
<http.client.HTTPResponse object at 0x00000246BFC55048>
```

2. Response 对象的方法

用 urlopen()方法爬取网页后返回的结果是 HTTPResposne 类型的对象，是文件类对象。urlopen()返回对象提供的主要方法如下。

1）read()、readline()、readlines()、fileno()、close()：对 HTTPResponse 类型数据进行操作。

2）info()：返回一个 httplib.HTTPMessage 对象，表示远程服务器返回的头信息。

3）getcode()：返回 HTTP 状态码。返回爬取网页时的 HTTP 状态码，如果是 HTTP 请求，200 表示请求成功，403 表示禁止访问，404 表示网址未找到。

4）geturl()：返回请求的 URL。返回获取当时爬取网页的真实 URL 地址。在 urlopen()对象（或 opener 对象）可能带一个重定向时，此方法很有帮助，因为获取的 URL 和真实请求的 URL 不一定相同。

除此以外，还有 readinto()、getheader()、getheaders()等方法，以及 msg、version、status、debuglevel、closed 等属性。

【例 10-3】 通过 urlopen()返回对象提供的方法查看 URL 状态。

```
import urllib.request
response = urllib.request.urlopen('https://www.python.org/')
print("查看 response 的返回类型：", type(response))
print("查看返回地址信息：", response)
print("查看头部信息 1(http header)：\n", response.info())
print("查看头部信息 2(http header)：\n", response.getheaders())
print("输出头部属性信息：", response.getheader("Server"))
print("查看响应状态信息 1(http status)：\n", response.status)
print("查看响应状态信息 2(http status)：\n", response.getcode())
print("查看响应 URL 地址：\n", response.geturl())
page = response.read()
print("输出网页源码：", page.decode('utf-8'))
```

运行程序，查看输出信息。

3. 读取网页内容的三种方式

读取网页内容的 3 种方式及其用法如下。

1）第一种方式，使用 response.read()方法：read()方法返回读取到的网页的全部内容，返回的网页内容是二进制字节流。可以把 read()方法读取的内容赋值给一个字符串变量。如果需要阅读读取的网页内容，可以调用 decode()方法通过 UTF-8 编码方式转换成人类能读懂的网页代码。read()方法只能调用一次。

2）第二种方式，使用 response.readlines()方法：readlines()方法返回读取到的网页的全部内容，可以把 readlines()方法读取的内容赋值给一个列表变量。

3）第三种方式，使用 response.readline()方法：readline()方法返回读取到的网页的一行内容。

【例 10-4】 爬取百度网首页（https://www.baidu.com），保存在变量 response 中，然后用 3 种方式读取 response 变量中的内容，并显示。

```
from urllib import request
response = request.urlopen('https://www.baidu.com')    # 打开并爬取网页
```

```
print("查看 response 响应信息类型：", type(response))
print(response)
page = response.read()   # 读取所有内容（网页代码），赋值给字符串
print("page:",page)
print("page.decode('utf-8'):", page.decode('utf-8'))   # 转换为UTF-8 编码
page_lines = response.readlines()   # 所有内容赋值给列表
print("page_lines:", page_lines)
page_line = response.readline()   # 单行内容
print("page_line:",page_line)
page_line_next = response.readline()
print("page_line_next:", page_line_next)   # 读取下一行
```

运行结果如图10-2所示。

图 10-2　例 10-4 运行结果

page_lines 的输出是"[ ]"，page_line 的输出是"b' '"，是因为执行 response.read()后其指针已经指向尾部，所以是空列表或空字符串。请读者在上面程序中注释掉第 5、6、7 行，然后再运行，输出不会是空字符；然后注释掉第 8、9 行，再运行。

需要注意，urlopen()返回的 HTTP 响应对象通过 read()读取后，可以看到"b' '"形式的字符串，即网页数据类型为 bytes 类型，对应文件写入格式中的 wb、rb 等。Python 中，bytes 类型数据适用于数据的传输和存储。而如果 bytes 类型数据需要处理，则需要经过 decode 解码将其转换为 string 类型数据。

string 类型与 bytes 类型之间的数据转换方式如下。

1）string 类型数据转化为 bytes 类型数据：编码，str.encode('utf-8')，其中 utf-8 为统一码，是一种编码格式。

2）bytes 类型数据转化为 string 类型数据：解码，bytes.decode('utf-8')。

4．把爬取的网页内容写入本地文件

爬取一个网页并将爬取到的内容读取出来赋给一个变量后，如果要将网页保存在本地文件，需要使用文件读写操作，即先使用内置的 open()函数在指定文件夹中找到并打开一个.html 文件（文件操作模式为 wb，表示 bytes 类型，写模式），然后使用文件对象的 write()方法把读取的网页变量写入该文件中，最后调用 close()方法关闭该文件。

【例 10-5】 爬取百度网首页（http://www.baidu.com），写入 C:/test/baidu.html 文件。

```
from urllib import request
response = request.urlopen('http://www.baidu.com')
page = response.read()   # 读取网页代码
fhandle = open('C:/test/baidu.html', 'wb')   # 打开或创建文件，'wb'表示写入 bytes 类型
```

```
            fhandle.write(page)    # 写入文件
            fhandle.close()    # 关闭文件
```

运行程序，在 C:/test/文件夹中可以看到写入的 baidu.html 文件，使用浏览器打开 baidu.html 文件，可以看到未爬取图片的本地版百度首页，如图 10-3 所示。注意，由于百度首页经常改变，不同时期爬取的百度首页可能会不同。

图 10-3　例 10-5 运行结果

【例 10-6】 把 bytes 类型数据转化为 UTF-8 字符后写入文件。

```
            from urllib import request
            response = request.urlopen('http://www.baidu.com')
            html = response.read().decode('utf-8')    # bytes 类型数据转换为 str 类型数据
            fhandle = open('C:/test/baidu8.html', 'w')    # 打开或创建文件，'w'表示写入字符串
            fhandle.write(html)    # 写入文件
            fhandle.close()    # 关闭文件
```

运行程序，显示错误：

```
            fhandle.write(html)    # 写入文件
            UnicodeEncodeError: 'gbk' codec can't encode character '\xbb' in position
29980: illegal multibyte sequence
```

这是因为 print()、write()、open()等方法的默认编码不是 UTF-8，如果将 UFT-8 的编码用 open('文件名', 'w')打开文件，在执行 write()时就会显示上述错误信息。解决方法是在 open()方法中加上编码方式，改为 open('文件名', 'w', encoding='utf8')。程序如下：

```
            from urllib import request
            response = request.urlopen('http://www.baidu.com')
            html = response.read().decode('utf-8')    # bytes 类型数据转换为 UTF-8 字符串
            fhandle = open('C:/test/baidu8.html', 'w', encoding='utf8')    # 写入 UTF-8
编码的字符串
            fhandle.write(html)    # 写入文件
            fhandle.close()    # 关闭文件
```

5．使用 urlretrieve()方法写入本地文件

除了上面使用的方法，还可以使用 urllib.request 中 urlretrieve()方法直接将爬取的网页内容写入本地文件，其语法格式如下：

```
urllib.request.urlretrieve(url, filename = '本地文件地址')
```

使用 urllib.request.urlretrieve()方法把爬取到网页内容保存到本地文件时会产生一些缓存数据，可以使用 urlcleanup()方法清除缓存。其语法格式如下：

```
urllib.request.urlcleanup()
```

【例10-7】 使用 urlretrieve()方法把爬取到的网页内容保存为 baidu-3.html 文件，然后使用 urlcleanup()方法清除缓存数据。

```
import urllib.request
url = 'http://www.baidu.com/'
page = urllib.request.urlretrieve(url, filename='C:/test/baidu-3.html')
urllib.request.urlcleanup()
print(page)
```

找到 C:/test/baidu-3.html 文件，使用浏览器打开，可以看到本地版百度首页。使用 print(html)查看，file 以元组形式存储了本地文件地址和 HTTP 响应消息对象，显示如下：

```
('c:/test/baidu-2.html', <http.client.HTTPMessage object at 0x000000000-31B9B08>)
```

【例10-8】 爬取一张图片并用两种方法写入本地文件。

```
import urllib.request
url = 'http://img.zcool.cn/community/0117e2571b8b246ac72538120dd8a4.jpg@1280w_1l_2o_100sh.jpg'
response = urllib.request.urlopen(url)
page = response.read()
# 用 open()和 write()方法写入文件
fhandle = open('C:/test/wx.jpeg', 'wb')  # 写入 bytes 类型数据
fhandle.write(page)
fhandle.close()  # 关闭文件
# 用 urlretrieve()方法写入文件
response = urllib.request.urlretrieve(url,'C:/test/wx1.jpeg')
```

【例10-9】 前面都是通过请求 get 方式爬取网页，本例使用 urllib 的 post 请求爬取网页。

```
import urllib.parse
import urllib.request
data = bytes(urllib.parse.urlencode({'word': 'hello'}), encoding='utf8')
print(data)
response = urllib.request.urlopen('http://httpbin.org/post', data=data)
print(response.read())
```

上面的代码使用的 http://httpbin.org 网站可以作为练习使用 urllib 的一个站点，它可以提供 HTTP 请求测试。地址 https://httpbin.org/post 可以用来测试 post 请求，它可以输出请求和响应信息，其中就包含传递的 data。

代码中用到 urllib.parse，通过 bytes(urllib.parse.urlencode())可以将 post 数据转换到 urllib.request.urlopen 的 data 参数中，这样就完成了一次 post 请求。

所以，如果添加 data 参数，则以 post 请求方式请求；如果没有 data 参数，则使用 get 请求方式。

10.1.3 使用 urllib.request.Request()方法包装请求

使用 urlopen()方法可以发起简单的请求。但这几个简单的参数并不足以构建一个完整的请求，如果要在请求中加入 headers（请求头）、请求方式等信息，就要利用更强大的 Request 类来构建一个请求。一般使用 Request()方法来包装请求，再通过 urlopen()方法获取页面。Request()方法的语法格式如下：

> 变量=urllib.request.Request(url,data=None,headers={},origin_req_host=None,unverifiable=False,method=None)

📢 说明：

1）参数 url、data 与 urlopen()中的参数 url、data 用法相同。

2）参数 headers 指定发起的 HTTP 请求的头部信息，headers 是一个字典。除了可以在 Request()方法中添加请求头，还可以通过调用 Request 实例的 add_header()方法添加请求头。

3）origin_req_host：请求方的主机名称或者 IP 地址。

4）method：指定请求使用的方法，例如 GET、POST、PUT 等。

【例 10-10】 使用 urllib.request.urlopen()方法将 URL 对应的网页（http://www.baidu.com）下载到本地，存储成一个文件或字符串。

```
import urllib.request
response = urllib.request.urlopen('http://www.baidu.com')
page = response.read()
html = page.decode("utf8")
print(html)
```

使用构造 Request，上面的代码可以修改为：

```
import urllib.request
request = urllib.request.Request('http://www.baidu.com')   #构造Request
response = urllib.request.urlopen(request)
page = response.read()
html = page.decode("utf8")
print(html)
```

上述 urlopen()只能用于一些简单的请求，因为它无法添加一些 headers 信息，很多情况下是需要添加头部信息去访问目标网站的，这时就用到 urllib.Request。

【例 10-11】 有很多网站为了防止程序爬虫造成网站瘫痪，会要求携带一些 headers 信息才能访问，最常用的是 User-Agent 参数。

给请求添加头部信息，从而定制请求网站时的头部信息。

```
from urllib import request, parse
url = 'http://httpbin.org/post'
headers = { 'User-Agent': 'Mozilla/4.0 (compatible; MSIE 5.5; Windows NT)', 'Host': 'httpbin.org' }
dict = { 'name': 'zhaofan' }
data = bytes(parse.urlencode(dict), encoding='utf8')
req = request.Request(url=url, data=data, headers=headers, method='POST')
response = request.urlopen(req)
print(response.read().decode('utf-8'))
```

10.2 解析网页的 BeautifulSoup 模块

BeautifulSoup 是 Python 解析 HTML 非常好用的第三方库，BeautifulSoup 模块，通俗地说是解析、遍历、维护"标签树"（例如 html、xml 等格式的数据对象）的功能库。它基于 HTML DOM，会载入整个文档，解析整个 DOM 树，因此时间和内存开销都很大。BeautifulSoup 用来解析 HTML 比较简单，容易学习和使用，支持 CSS 选择器，利用它不用编写正则表达式即可方便地实现网页信息的提取。

10.2.1 安装与导入 BeautifulSoup

10.2.1 安装与导入 BeautifulSoup

1. 安装 BeautifulSoup

首先要安装 BeautifulSoup，以管理员身份运行"命令提示符"，输入下面的安装命令：

```
pip install beautifulsoup4
```

2. 导入 BeautifulSoup

导入 BeautifulSoup 模块的语句如下：

```
>>> from bs4 import BeautifulSoup    # 导入 BeautifulSoup 库，官方推荐写法
```

3. 解析器

BeautifulSoup 做的工作就是对 HTML 标签进行解释和分类。不同的解析器对相同的 HTML 标签会做出不同解释。BeautifulSoup 常用的解析器见表 10-1。BeautifulSoup 默认支持 Python 的标准 HTML 解析器，还支持一些第三方的解析器。如果不安装第三方解析器，则会使用 Python 标准解析器。

表 10-1 BeautifulSoup 常用的解析器

解析器	使用方法	优势	劣势
Python 标准解析器	BeautifulSoup(html, "html.parser")	Python 的内置标准解析器，执行速度适中	文档容错能力较差
lxml HTML 解析器	BeautifulSoup(html, "lxml")	速度快，文档容错能力强	需要安装 C 语言库
lxml XML 解析器	BeautifulSoup(html, ["lxml", "xml"]) BeautifulSoup(html, "xml")	速度快，唯一支持 XML 的解析器	需要安装 C 语言库
html5lib 解析器	BeautifulSoup(html, "html5lib")	以浏览器的方式解析文档，生成 HTML5 格式的文档，拥有最好的容错性	速度慢

文档的容错能力指的是在 HTML 代码不完整的情况下，使用该模块可以识别该错误。

lxml 解析器更加强大，速度更快，推荐安装。以管理员身份运行"命令提示符"，输入下面的安装命令：

```
pip install lxml
```

BeautifulSoup 自动将输入文档转换为 Unicode 编码，输出文档转换为 UTF-8 编码。所以不需要考虑编码方式，除非文档没有指定编码方式，这时 BeautifulSoup 就无法自动识别编码方式，仅仅需要说明原始编码方式。

241

10.2.2 BeautifulSoup 对象

10.2.2 Beautiful-Soup 对象

1．创建 BeautifulSoup 对象

可通过多种方式对爬虫得到的源码进行解析，一般采用 BeautifilSoup 模块配合特定的解析器解折。创建 BeautifulSoup 对象的语法格式如下：

```
变量=BeautifulSoup(html,"解析器名")
```

创建 BeautifulSoup 对象时，BeautifulSoup 类接收两个参数，第一个参数是爬取到的 HTML 源码文档；第二个参数是 HTML 解析器。

使用 BeautifulSoup 的第一步是把 HTML 文档装载到 BeautifulSoup 对象中，BeautifulSoup 解析 HTML 源码，把 HTML 文档转换生成可定位的树形结构，并提供索引、查找等功能，使其成为一个 BeautifulSoup 对象。一般将该对象赋值给一个指定的变量。

【例 10-12】 获取 https://fanyi.baidu.com 网页中的 title 标签内容，如图 10-4 所示。

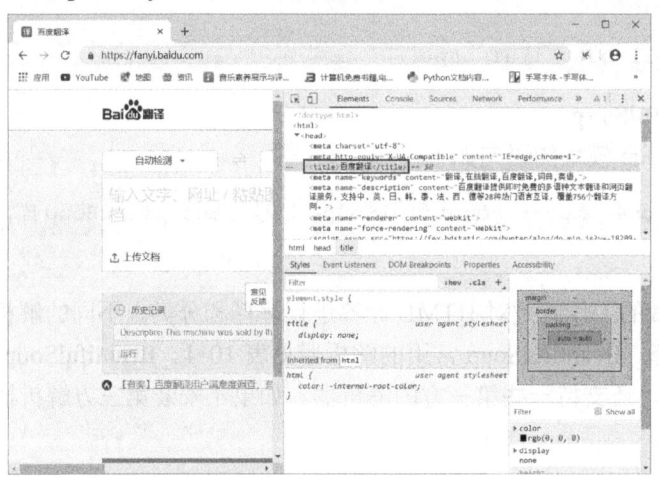

图 10-4 在 Google Chrome 浏览器中查看网页源码

程序代码如下。

```
from bs4 import BeautifulSoup    # 导入bs4 解析库
from urllib.request import urlopen    # 导入urllib爬虫库
response = urlopen("https://fanyi.baidu.com")    # 百度翻译
html = response.read()    # 爬取网页代码
soup=BeautifulSoup(html, "html.parser")    # html.parser 表示解析用的解析器
print(soup.head.title)    # 输出获取的 head.title 标签中的元素内容
```

程序运行结果如图 10-5 所示，可看到使用 BeautifulSoup 可以很轻松地获取到 tag（标签）中的元素内容。

2．基本使用

使用 BeautifulSoup 解析 HTML 代码，能够得到一个 BeautifulSoup 对象，并能按照标准的缩进格式输出。

【例 10-13】 将一个代码不完整、不规范的 HTML 文档，按照标准的缩进格式输出。

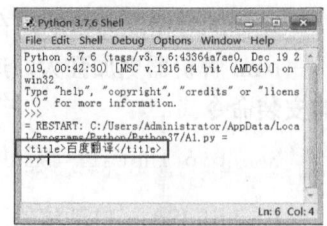

图 10-5 例 10-12 运行结果

```
html = """
        <html><head><title>The is a Python demo page</title></head>
        <body>
        <p class="title" name="dromouse"><b>The Dormouse's story</b></p>
        <p class="story">Once upon a time there were three little sisters;
and their names were
        <a href="http://example.com/elsie" class="sister" id="link1"><!-- Elsie --></a>,
        <a href="http://example.com/lacie" class="sister" id="link2">Lacie</a> and
        <a href="http://example.com/tillie" class="sister" id="link3">Tillie</a>;
        and they lived at the bottom of a well.</p>
        <p class="story">...</p>
"""
from bs4 import BeautifulSoup
soup = BeautifulSoup(html, "html.parser")   # 创建 BeautifulSoup 对象，使用 Python 标准解析器
print(soup.prettify())  # 得到一个整理规范的（补全的，缩进的，结构化的标准 HTML 文档
print(soup.title.string)  # 显示 title 标签中的元素内容
```

运行程序，发现 html 和 body 标签都被补全了，整理后的规范的 HTML 文档如图 10-6 所示。

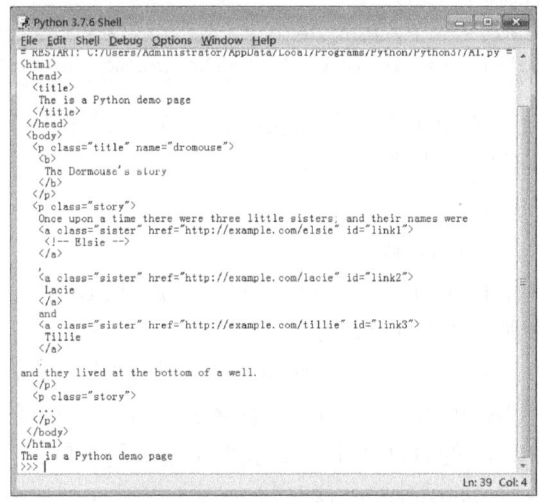

图 10-6　例 10-13 运行结果

3．标签选择器

创建一个 BeautifulSoup 对象后，BeautifulSoup 将复杂的 HTML 文档转换成一个复杂的树形结构，每个节点都是一个对象，一般通过 BeautifulSoup 类的基本元素来提取 HTML 中的内容，见表 10-2。

表 10-2　BeautifulSoup 类的基本元素

基 本 元 素	说　　　　明
Tag	标签，最基本的信息组织单元，分别用<>和</>标明开头和结尾
Name	标签的名称，<p>...</p>的名字是"p"，格式是：tag.name
Attributes	标签的属性，字典形式组织，格式是：tag.attrs.["属性名"]
NavigableString	标签内属性字符串，<>...</>中的字符串，格式是：tag.string
Comment	标签内字符串的注释部分，一种特殊的 Comment 类型

（1）获取标签、标签名

BeautifulSoup 对象的 Tag（标签）类包含该标签的所有内容。HTML 语法中的任何标签都可以用 soup.tag 访问获得。

1）soup.tag：获取 tag 标签的所有内容。

2）soup.tag.name：获取标签名。

【例 10-14】 针对例 10-13 的 HTML 代码，获取标签的所有内容和标签名。

```
html = """..."""  # 使用例 10-13 的 HTML 代码
from bs4 import BeautifulSoup  # 导入 bs4 解析库
soup = BeautifulSoup(html, 'lxml')  # 使用 lxml HTML 解析器
print(soup.title)  # 获取 title 标签
print(type(soup.title))  # 显示 soup.title 的类型
print(soup.head, soup.head.name)  # 获取 head 标签
print(soup.p, soup.p.name)  # 获取 p 标签
```

程序运行结果如下：

```
<title>The is a Python demo page</title>
<class 'bs4.element.Tag'>
<head><title>The is a Python demo page</title></head> head
<p class="title" name="dromouse"><b>The Dormouse's story</b></p> p
```

从结果看出，只输出了一个 p 标签，但是实际有 3 个 p 标签。标签选择器的特性是，当有多个标签的时候，它只返回第一个标签的内容。

（2）获取 HTML 标签的属性

有 4 种方法获取 tag（标签）的属性：

- soup.tag.attrs["属性名"]：以字典形式返回 tag 下的属性值。
- soup.tag.attrs：以字典方式返回 tag 的所有属性。
- soup.tag["属性名"]：根据属性名返回该 tag 对应的属性值，类型为列表。
- soup.tag.get("属性名")：用 get 方法根据属性名返回该 tag 对应的属性值，类型为列表。

【例 10-15】 针对例 10-13 的 HTML 代码，获取标签的属性值。

```
html = """..."""  # 使用例 10-13 的 HTML 代码
from bs4 import BeautifulSoup  # 导入 bs4 解析库
soup = BeautifulSoup(html, 'lxml')  # 创建 BeautifulSoup 对象和解析器
print(soup.p.attrs['name'])  # 获取 p 标签的 name 属性的值
print(soup.p["class"])  # 获取 p 标签的 class 属性的值：['title']
print(soup.p.attrs)  # 以字典方式返回 p 标签的所有属性
print(soup.a['href'])  # 获取 a 标签的 href 属性的值
print(type(soup.name))  # <class 'str'>
print(soup.name)  # [document]
print(soup.attrs)  # 文档本身的属性为空{}
```

程序运行结果如下：

```
dromouse
['title']
{'class': ['title'], 'name': 'dromouse'}
http://example.com/elsie
<class 'str'>
```

```
[document]
{}
```

(3) 获取标签对之间的字符串

1) soup.tag.string：获取 tag 标签对之间的字符串（不包括其子标签的字符串），将每段字符串无缝连接后返回。例如：'<a>A1BBA2<c>CC</c>A3<d>DD</d>A4</a>'使用 a.string 返回的是"A1A2A3A4"。

2) soup.tag.strings：以生成器形式返回 tag 下的每段字符串（不包括标签的字符串），供 for 循环使用。

3) sopu.tag.stripped_strings：先去除空行或空格，再返回生成器。

4) soup.tag.get_text(分隔符,strip=False)：返回该 tag 下的字符串（不包括其子标签的字符串），同一个 tag 下的字符串无缝连接，不同 tag 下的字符串间以指定分隔符连接。strip 默认为 False，改为 True 时自动去除空行或空格。

【例 10-16】 针对例 10-13 的 HTML 代码，获取标签对之间的字符串。

```
html = """..."""  # 使用例 10-13 的 HTML 代码
from bs4 import BeautifulSoup  # 导入 bs4 解析库
soup = BeautifulSoup(html, 'lxml')  # 创建 BeautifulSoup 对象和解析器
print(soup.p.string)
print(type(soup.p.string))
print(soup.a.string)
```

程序运行结果如下：

```
The Dormouse's story
<class 'bs4.element.NavigableString'>
 Elsie
```

(4) 获取嵌套标签的属性或字符串

tag2=soup.tag1.tag2：定位到 tag1 下的 tag2，并将其返回。

tag4=tag2.tag3.tag4：标签对象可以继续向下定位。

【例 10-17】 针对例 10-13 的 HTML 代码，获取子标签的属性或字符串。

```
html = """..."""  # 使用例 10-13 的 HTML 代码
from bs4 import BeautifulSoup
soup = BeautifulSoup(html, 'lxml')
print(soup.head.title.string)
print(soup.body.a.attrs['id'])
```

程序运行结果如下：

```
The is a Python demo page
link1
```

(5) 获取子标签和孙标签

soup.tag.contents：以列表形式输出子标签和孙标签中的内容。

【例 10-18】 获取子标签和孙标签。

```
html = """
<html>
```

```
        <head>
            <title>The Dormouse's story</title>
        </head>
        <body>
            <p class="story">
                Once upon a time there were three little sisters; and their names were
                <a href="http://example.com/elsie" class="sister" id="link1">
                    <span>Elsie</span>
                </a>
                <a href="http://example.com/lacie" class="sister" id="link2">Lacie</a>
                and
                <a href="http://example.com/tillie" class="sister" id="link3">Tillie</a>
                and they lived at the bottom of a well.
            </p>
            <p class="story">...</p>
"""
from bs4 import BeautifulSoup
soup = BeautifulSoup(html, 'lxml')
print(soup.p.contents)    # 获取指定标签的子标签，类型是 list
```

程序运行结果如下：

```
['\n Once upon a time there were three little sisters; and their names were\n', <a class="sister" href="http://example.com/elsie" id="link1">
<span>Elsie</span>
</a>, '\n', <a class="sister" href="http://example.com/lacie" id="link2">Lacie</a>, ' \n and\n', <a class="sister" href="http://example.com/tillie" id="link3">Tillie</a>,'\n and they lived at the bottom of a well.\n']
```

（6）获取父标签和祖先标签

soup.tag.parent：获取指定标签 tag 的父标签。

soup.tag.parents：获取指定标签 tag 的所有祖先标签。

soup.tag.parent.name：返回指定标签 tag 上一层的标签名字。

soup.tag.parent.parent.name：返回 tag 标签上上一层的标签名字。

【例 10-19】针对例 10-18 的 HTML 代码，获取指定标签 tag 的父标签。

```
html = """..."""    # 使用例 10-18 的 HTML 代码
from bs4 import BeautifulSoup
soup = BeautifulSoup(html, 'lxml')
print(soup.a.parent)    # 获取指定标签的父标签
```

程序运行结果如图 10-7 所示。

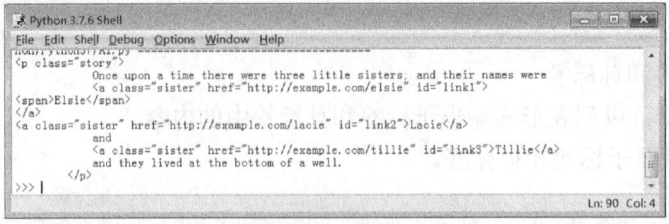

图 10-7　例 10-19 运行结果

（7）兄弟标签

next_sibings 属性：获取指定标签后面的兄弟标签。

previous_sibling 属性：获取指定标签前面的兄弟标签。

【例 10-20】 针对例 10-18 的 HTML 代码，获取兄弟标签。

```
html = """…"""    # 使用例 10-18 的 HTML 代码
from bs4 import BeautifulSoup
soup = BeautifulSoup(html, 'lxml')
print(list(enumerate(soup.a.next_siblings)))      # 获取指定标签后面的兄弟标签
print(list(enumerate(soup.a.previous_siblings)))  # 获取指定标签前面的兄弟标签
```

程序运行结果如图 10-8 所示。

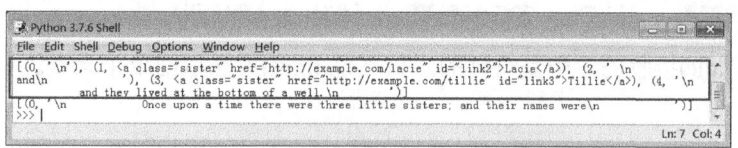

图 10-8　例 10-20 运行结果

上面的标签选择器处理速度很快，但是这种方式不能满足解析 HTML 的实际需求，因此 BeautifulSoup 还提供了一些其他的方法。

4．标准选择器

标准选择器能实现搜索文档树，可根据标签名、属性、内容查找文档。

（1）find_all()方法

find_all()的作用是以可迭代的形式返回范围内多个符合要求的定位，但是要确保这个标签对应的信息具有唯一性。find_all()方法的语法格式如下：

```
tag.find_all(name, attrs, recursive, text, *kwards)
```

 说明：

1）name：查找所有名字为 name 的标签，定位到指定标签，如'a'。如果想匹配多种标签名，可通过列表实现，如['div','a','b']，将与列表中任一元素匹配的内容返回；如果想自定义标签名规则，可通过正则表达式，如 re.compile(规则)。

2）attrs：通过属性进行元素的查找，如 attrs="element"，attrs={'id': 'list-1'}。

3）recursive：默认为 True，检索当前 tag 下的所有子孙标签。设置为 False 时只检索当前 tag 下的直接子标签。

4）text：搜索文档中的字符串内容，返回匹配字符串的列表，可接收字符串，字符串列表和正则表达式（这个极少用到，通常不使用），如.find_all(text="Elsie")，.find_all(text=["Tillie", "Elsie", "Lacie"])，.find_all(text=re.compile("Dormouse"))。

5）**kwards：标签中的属性及其值，定位到有指定属性、属性值的标签，如.find_all(lang='en')，.find_all(id='link2')。

① 如果属性叫 class，为防止与类的"class"冲突，要在后面加下画线，如.find_all(class_= 'sakura')。

② 可以设立多个条件，如.find_all(class_='sakura', lang='en')。

③ 属性值可以用正则表达式，如.find_all(lang=re.compile(r''))。

6）信息有时是分块的，这时定位也应分块，再对每个分块使用单次定位，下面是一个最常用的筛选器。

```
for each in soup.find_all(.......):   # 通常第一句就是用 find_all 进行分块
    string = each.find().string     # 然后在该分块中使用条件定位，再使用索引方法
    id = each.find()['id']
```

（2）find()方法

find()用法与find_all()一样，但是返回的是找到的第一个符合条件的内容。find()方法的语法格式如下：

```
find( name , attrs , recursive , text , kwargs)
```

find()和find_all()接收的参数是一样的，只不过find()方法返回单个元素。

📢 说明：

1）find_parents()，find_parent()：find_parents()返回所有祖先标签，find_parent()返回直接父标签。

2）find_next_siblings()，find_next_sibling()：find_next_siblings()返回后面的所有兄弟标签，find_next_sibling()返回后面的第一个兄弟标签。

3）find_previous_siblings()，find_previous_sibling()：find_previous_siblings()返回前面的所有兄弟标签，find_previous_sibling()返回前面的第一个兄弟标签。

4）find_all_next()，find_next()：find_all_next()返回后面的所有符合条件的标签，find_next()返回后面的第一个符合条件的标签。

5）find_all_previous()，find_previous()：find_all_previous()返回前面的所有符合条件的标签，find_previous()返回前面的第一个符合条件的标签。

【例10-21】根据标签名（name）查找。

```
html='''
<div class="panel">
    <div class="panel-heading">
        <h4>Hello</h4>
    </div>
    <div class="panel-body">
        <ul class="list" id="list-1">
            <li class="element">Foo</li>
            <li class="element">Bar</li>
            <li class="element">Jay</li>
        </ul>
        <ul class="list list-small" id="list-2">
            <li class="element">Foo</li>
            <li class="element">Bar</li>
        </ul>
    </div>
</div>
'''
from bs4 import BeautifulSoup
```

```
soup = BeautifulSoup(html, 'lxml')
print(soup.find_all('ul'))    # 查找所有ul标签及其子标签下的内容
print(type(soup.find_all('ul')[0]))    # 查看其类型
```

运行程序结果如图10-9所示,输出了所有的ul标签。

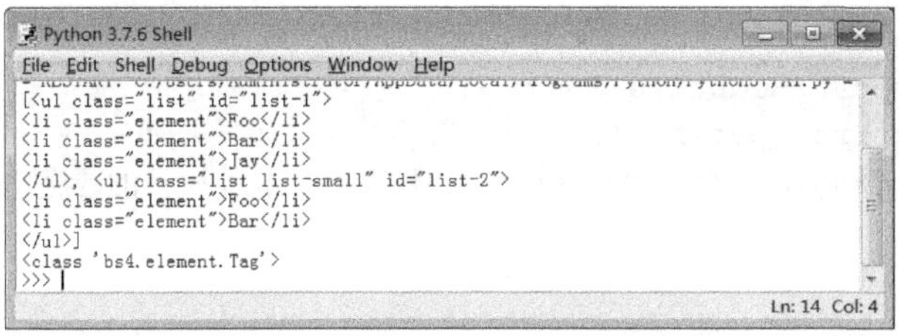

图10-9 例10-21运行结果

【例10-22】 针对例10-21的HTML代码,嵌套地查找所有ul标签下的li标签。

```
html='''...'''
from bs4 import BeautifulSoup
soup = BeautifulSoup(html, 'lxml')
for ul in soup.find_all('ul'):
    print(ul.find_all('li'))
    # 可以更进一步,获取li中的属性值:ul.find_all('li')[0]['class']
```

程序运行结果如下:

```
[<li class="element">Foo</li>, <li class="element">Bar</li>, <li class="element">Jay</li>]
[<li class="element">Foo</li>, <li class="element">Bar</li>]
```

【例10-23】 针对例10-21的HTML代码,通过属性(attrs)进行元素的查找。

```
html='''...'''
from bs4 import BeautifulSoup
soup = BeautifulSoup(html, 'lxml')
print(soup.find_all(attrs={'id': 'list-1'}))    # 传入的是一个字典类型,也就是想要查找的属性
print(soup.find_all(attrs='element'))
```

程序运行结果如下:

```
[<ul class="list" id="list-1">
<li class="element">Foo</li>
<li class="element">Bar</li>
<li class="element">Jay</li>
</ul>]
[<li class="element">Foo</li>, <li class="element">Bar</li>, <li class="element">Jay</li>, <li class="element">Foo</li>, <li class="element">Bar</li>]
```

可以发现,例10-22和例10-23的查找结果一样,因为这两个属性在同一个标签里面。

【例10-24】 针对例10-21的HTML代码,进行特殊类型的参数查找。

```
html='''...'''
from bs4 import BeautifulSoup
soup = BeautifulSoup(html, 'lxml')
```

249

```
print(soup.find_all(id='list-1'))   # id 是特殊的属性,可以直接使用
print(soup.find_all(class_='element'))   # class 是关键字,所以要用 class_
```

程序运行结果与例 10-23 相同。

【例 10-25】 针对例 10-21 的 HTML 代码,根据文本内容来进行查找。

```
html='''…'''
from bs4 import BeautifulSoup
soup = BeautifulSoup(html, 'lxml')
print(soup.find_all(text='Foo'))   # 查找文本为 Foo 的内容,但是返回的不是标签
```

程序运行结果如下:

```
['Foo', 'Foo']
```

返回的结果是文本,而不是标签名。text 在进行内容匹配的时候比较方便,但是在进行内容查找的时候并不是太方便。

5. CSS 选择器

通过 select()直接传入 CSS 选择器即可完成选择。写 CSS 时,标签名不加任何修饰,类名前加".",id 名前加"#"。可以利用类似的 soup.select()方法来筛选元素,返回结果是列表。soup.select_one()返回值是列表的第一个。

(1)通过标签名查找

【例 10-26】 查找标签名。

```
html='''
<div class="panel">
    <div class="panel-heading">
        <h4>Hello</h4>
    </div>
    <div class="panel-body">
        <ul class="list" id="list-1">
            <li class="element">Foo</li>
            <li class="element">Bar</li>
            <li class="element">Jay</li>
        </ul>
        <ul class="list list-small" id="list-2">
            <li class="element">Foo</li>
            <li class="element">Bar</li>
        </ul>
    </div>
</div>
'''
from bs4 import BeautifulSoup
soup = BeautifulSoup(html, 'lxml')
print(soup.select('ul'))
print(soup.select('li'))
```

程序运行结果如下:

```
[<ul class="list" id="list-1">
<li class="element">Foo</li>
<li class="element">Bar</li>
<li class="element">Jay</li>
```

```
        </ul>, <ul class="list list-small" id="list-2">
        <li class="element">Foo</li>
        <li class="element">Bar</li>
        </ul>]
        [<li class="element">Foo</li>, <li class="element">Bar</li>, <li class="element">Jay</li>, <li class="element">Foo</li>, <li class="element">Bar</li>]
```

（2）通过类名查找

【例10-27】 查找类名。

```
        html = """
        <html><head><title>The is a Python demo page</title></head>
        <body>
        <p class="title" name="dromouse"><b>The Dormouse's story</b></p>
        <p class="story">Once upon a time there were three little sisters; and their names were
        <a href="http://example.com/elsie" class="sister" id="link1"><!-- Elsie --></a>,
        <a href="http://example.com/lacie" class="sister" id="link2">Lacie</a> and
        <a href="http://example.com/tillie" class="sister" id="link3">Tillie</a>;
        and they lived at the bottom of a well.</p>
        <p class="story">...</p>
        """
        from bs4 import BeautifulSoup
        soup = BeautifulSoup(html, 'lxml')
        print(soup.select('.sister'))
```

程序运行结果如下：

```
        [<a class="sister" href="http://example.com/elsie" id="link1"><!-- Elsie --></a>, <a class="sister" href="http://example.com/lacie" id="link2">Lacie</a>, <a class="sister" href="http://example.com/tillie" id="link3">Tillie</a>]
```

（3）通过id名查找

【例10-28】 查找id名。

```
        html='''...'''   # 与例10-27相同
        from bs4 import BeautifulSoup
        soup = BeautifulSoup(html, 'lxml')
        print(soup.select('#link1'))
```

程序运行结果如下：

```
        [<a class="sister" href="http://example.com/elsie" id="link1"><!-- Elsie --></a>]
```

（4）组合查找

组合查找和写class文件时，标签名与类名、id名的组合一样，例如查找p标签中id为"link1"的内容，用空格隔开。

【例10-29】 组合查找。

```
        html='''...'''   # 与例10-27相同
        from bs4 import BeautifulSoup
        soup = BeautifulSoup(html, 'lxml')
```

```
print(soup.select('p #link1'))   # 直接子标签查找，则使用 > 分隔
print(soup.select("head > title"))
```

程序运行结果如下：

```
[<a class="sister" href="http://example.com/elsie" id="link1"><!-- Elsie --></a>]
[<title>The is a Python demo page</title>]
```

（5）属性查找

查找时还可以加入属性元素，属性需要用中括号括起来，注意属性和标签属于同一标签，所以中间不能加空格，否则无法匹配到。

【例10-30】 查找属性。

```
html='''...'''   # 与例 10-27 相同
from bs4 import BeautifulSoup
soup = BeautifulSoup(html, 'lxml')
print(soup.select('a[class="sister"]'))
print(soup.select('a[href="http://example.com/elsie"]'))
```

程序运行结果如下：

```
[<a class="sister" href="http://example.com/elsie" id="link1"><!-- Elsie --></a>, <a class="sister" href="http://example.com/lacie" id="link2">Lacie</a>, <a class="sister" href="http://example.com/tillie" id="link3">Tillie</a>]
[<a class="sister" href="http://example.com/elsie" id="link1"><!-- Elsie --></a>]
```

同样，属性仍然可以与上述查找方式组合，不同标签的内容用空格隔开，同一标签的内容不加空格。

（6）获取内容

可以遍历 select 方法返回的结果，然后用 get_text()方法来获取它的内容。

【例10-31】 获取内容。

```
html='''...'''   # 与例 10-27 相同
from bs4 import BeautifulSoup
soup = BeautifulSoup(html, 'lxml')
print(type(soup.select('title')))
print(soup.select('title')[0].get_text())
for title in soup.select('title'):
    print(title.get_text())
```

程序运行结果如下：

```
<class 'bs4.element.ResultSet'>
The is a Python demo page
The is a Python demo page
```

6. 在获取到 HTML 后获取属性和内容

（1）获取属性

【例10-32】 获取属性。

```
html='''...'''   # 与例 10-27 相同
from bs4 import BeautifulSoup
soup = BeautifulSoup(html, 'lxml')
for ul in soup.select('ul'):
    print(ul['id'])   # 用[ ]即可获取属性。或者另一种写法 print(ul.attrs['id'])
```

程序运行结果如下：

```
list-1
list-2
```

（2）获取内容

【例 10-33】 用 get_text()方法获取内容。

```
html='''...'''   # 与例 10-27 相同
from bs4 import BeautifulSoup
soup = BeautifulSoup(html, 'lxml')
for li in soup.select('li'):
    print(li.get_text())
```

程序运行结果如下：

```
Foo
Bar
Jay
Foo
Bar
```

10.3 爬取网络资源示例

【例 10-34】 以下载百度贴吧某作品页（http://tieba.baidu.com/p/6422347387）为例，下载该作品页上的所有指定大小的图片。

1）在 Google Chrome 浏览器中打开该作品页，右击某张图片，弹出快捷菜单，如图 10-10 所示，选择"检查"命令。

图 10-10　右击图片弹出的快捷菜单

2）显示"开发者工具"窗格，该图片的源码为选中状态，如图 10-11 所示。同一页面上的所有照片通常具有某种共性，除了标签都是 img 外，页面上图片的宽度一般都格式化为相同尺寸，这里是 width=560。如果网页中图片的大小不统一，可以不设置尺寸。

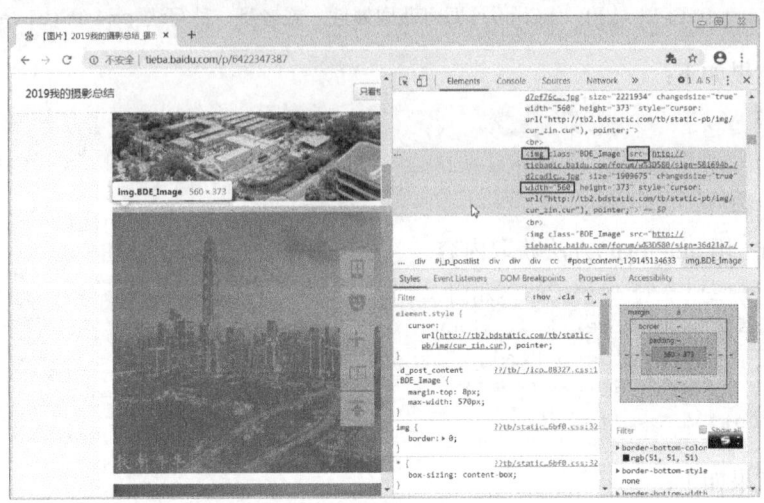

图 10-11　"开发者工具"窗格

3）在硬盘上创建保存图片的文件夹 C:\test。

4）程序代码如下：

```
import urllib, urllib.request
from bs4 import BeautifulSoup
url = 'http://tieba.baidu.com/p/6422347387'   # 要下载图片的网页
html = urllib.request.urlopen(url).read().decode('UTF-8')
print(html)   # 显示网页源码
soup = BeautifulSoup(html, 'html.parser')
imglist = soup.find_all("img", width = "560")   # 查找所有img及width = "560"的标签
print(imglist)   # 显示解析得到的满足要求的img标签列表
count = 0
for photo in imglist:
    imgurl = photo.get('src')   # 获取img标签的src
    photodata = urllib.request.urlopen(imgurl).read()   #
    imgfile = open(r"c:\test\%s.jpg"%imgurl[-9: -4], "wb")   # 打开二进制文件
    imgfile.write(photodata)   # 写入文件
    count += 1
    imgfile.close()   # 关闭文件
print("共抓取 " + str(count) + " 张照片")
```

5）运行程序，结果如图 10-12 所示，程序输出抓取的图片数。用"文件资源管理器"打开 C:\test 文件夹，可以看到抓取到的图片，如图 10-13 所示。

6）由于网页源码中的图片是以图片链接的形式存储的，因此在提取了图片的 URL 后还要用 urllib.request 模块进行二次请求，才能获得图片数据。

【例 10-35】　爬取中国天气网。

1）在 Google Chrome 浏览器中输入网址 http://www.weather.com.cn/weather/101010300.shtml，打开中国天气网，右击"今天"图片，弹出快捷菜单，如图 10-14 所示，选择"检查"命令。

图 10-12　程序运行结果

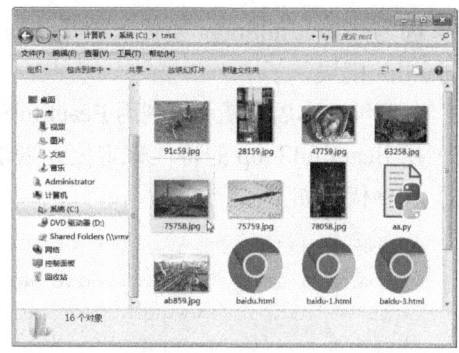

图 10-13　抓取到的图片

图 10-14　中国天气网"今天"的快捷菜单

2）显示"开发者工具"窗格，光标指向"\<ul class="t clearfix"\>"时，天气部分被选中，如图 10-15 所示，说明该标签下保存的是天气数据。在代码中使用 soup.find('ul', class_='t clearfix') 查找该标签和 class，以获取天气数据。

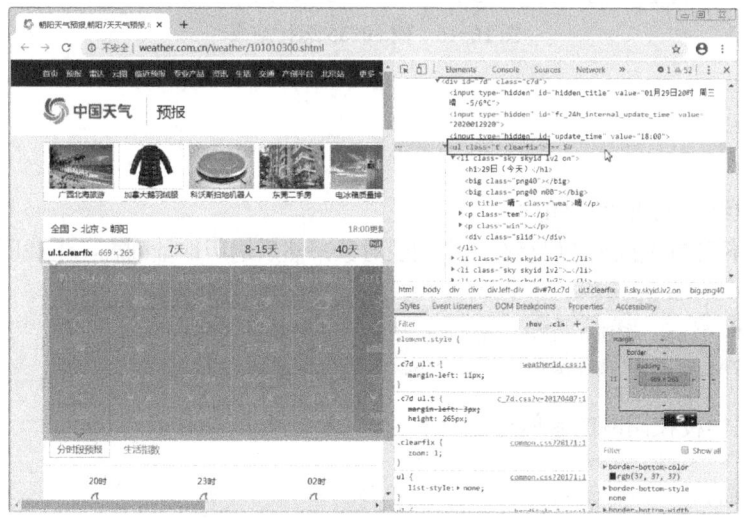

图 10-15　找到保存天气数据的标签

255

3）因为 BeautifulSoup 要传入的是 Unicode 类型数据，所以首先要得到网页的纯文本，需要用到 urllib 模块。

4）得到纯文本后，就可以利用 BeautifulSoup 模块进行解析，这里用的是 lxml XML 解析器。

5）用 BeautifulSoup 的特性来定位元素以及输出一些标签。

6）程序代码如下：

```
import urllib.request
from bs4 import BeautifulSoup
url = 'http://www.weather.com.cn/weather/101010300.shtml'
header = {'User-Agent': 'Mozilla/5.0 (Windows NT 10.0; Win64; x64)'
          'AppleWebKit/537.36 (KHTML, like Gecko)'
          'Chrome/69.0.3486.0 Safari/537.36'}
request = urllib.request.Request(url=url, headers=header)
response = urllib.request.urlopen(request)
html = response.read().decode('utf-8')
print(html)
soup = BeautifulSoup(html, 'lxml')
print(soup)
weather = soup.find('ul', class_='t clearfix')
print(weather)         # 直接输出定位气候的元素
print(weather.text)    # 输出纯文本
print(str(weather.text).replace('\n', ''))   # 去除换行符等
```

7）运行程序，结果如图 10-16 所示，已经爬取到天气数据。

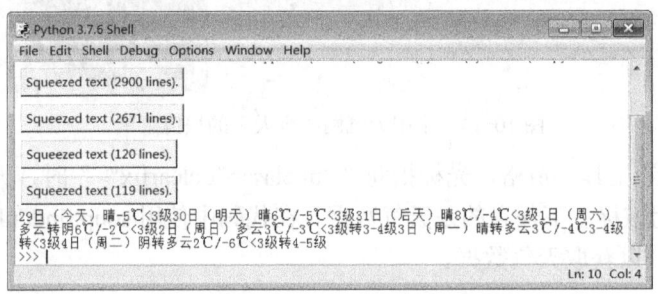

图 10-16　例 10-35 运行结果

10.4　习题

1．批量下载给定网页上的图片。

提示：把要下载图片的地址保存在一个列表对象，然后遍历地址列表，下载所有地址的图片。

```
urlList=[ "https://zhuanlan.zhihu.com/p/73279703",
        "https://zhuanlan.zhihu.com/p/102978190",
        "https://zhuanlan.zhihu.com/p/101058627" ]
```

2．爬取所在学校校园网的新闻标题。

第 11 章 数 据 处 理

数据处理是指对数据（包括数值的和非数值）进行收集、存储、检索、加工、变换和传输等处理的过程。本章介绍 Python 中常用的第三方数据处理模块 NumPy 和 Pandas。

11.1 NumPy 计算模块的使用

NumPy（Numerical Python 的简称）是 Python 中科学计算的基础软件包，它提供了众多数学运算工具，包括线性代数中的矩阵和向量运算、傅里叶变换、多维数组运算、数据统计运算及丰富的数学函数模块。

11.1.1 安装和导入 NumPy 模块

NumPy 是 Python 语言的扩展模块，因此需要额外安装 NumPy 模块。

11.1.1 安装和导入 NumPy 库

1. 安装 NumPy 模块

安装 NumPy 模块最简单的方法就是使用 pip 程序，以管理员身份运行"命令提示符"。输入下面的安装命令：

```
pip install numpy
```

2. 导入 NumPy 模块

使用下面的语句导入 NumPy 模块：

```
import numpy as np    # 业界提倡的模块导入语法
```

11.1.2 创建 ndarray 数组

Python 并没有提供数组功能。虽然列表 List 可以完成基本的数组功能，但它不是真正的数组，而且在数据量比较大时，使用列表的速度会很慢。NumPy 模块提供的最重要的对象是 ndarray（n-dimensional array object，N 维数组类型）。它是一种数组中所有的元素都是相同类型、通过正整数索引的元素集合。

11.1.2 创建 ndarray 数组

1. 数组对象的创建

创建数组的方式有多种。这里先介绍使用 array()方法把序列对象（list、tuple 等格式）转换为数组的方法。array()方法的语法格式如下：

```
arr= np.array(object, dtype="数据类型", order ="C|F|A")
```

 说明：

1）object 是序列对象，如果 array()方法中的参数是嵌套列表，即是由多层等长序列嵌套而成的序列，array()方法将返回一个多维数组。

2）dtype 是数组元素的数据类型，有 int、float、complex、bool、np.int8、np.int32、np.float64、np.float_、np.string_ 等（np.表示采用的是 ndarray 的数据类型）。如果省略 dtype，所创建的数组类型由原序列中的元素类型推导而来。

3）order：C（按行）、F（按列）或 A（任意，默认）。

【例 11-1】 利用 array()方法创建一维数组和二维数组。

```
import numpy as np
a=[1,2,3,4]   # 创建列表对象
na=np.array(a)   # 创建一维数组
b=[[11,22,33],[55,66,77]]   # 创建二维嵌套列表
nb=np.array(b)   # 创建二维数组
print("na:",na)
print("nb:",nb)
```

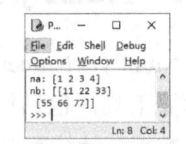

在 IDLE 中的运行结果如图 11-1 所示。

【例 11-2】 利用 array()方法创建一维数组，数组元素是复数 图 11-1 例 11-1 运行结果类型。

```
import numpy as np
array = np.array([1,2,3],dtype=complex)   # dtype 为复数
print(array)
```

在 IDLE 中的运行结果如下：

```
[1.+0.j 2.+0.j 3.+0.j]
```

2. 显示数组纬度的 shape 属性

NumPy 是用来处理矩阵数组的，因此知道一个数组的维度是很有必要的。使用 shape 属性查看数组纬度（也称形状）的大小，其语法格式如下：

```
arr.shape
```

说明：

其中，arr 是一个 NumPy 数组。shape 属性返回一个整数的元组，元组中的每一个元素对应着每一维度的大小。

如果数组是一维数组，则 shape 属性返回值的形式为(n,)，n 表示数组的长度，也就是元素的个数，逗号后为空，表明返回值为元组类型。例如元组(2,)表示一个一维数组，只含有 2 个元素。

如果是二维数组，则返回值形式为(n, m)，是含有两个元素的元组，其中第 1 个值 n 表示行数（第一个维度中元素的个数），第 2 个值 m 表示列数（第二个维度中元素的个数）。例如，元组(3,4)表示一个二维数组，其中第一个维度中有 3 个元素，第二个维度中有 4 个元素。

【例 11-3】 用 shape 属性显示一维数组。

```
import numpy as np
a = np.array([1,2,3])
print(a.shape)   # 输出(3,)
```

元素(3,)表示一个一维数组，其中 3 表示第一个维度中元素的个数为 3。如果元组中只包含一个元素，则该元素后加上逗号，声明它是一个 tuple（元组）类型。如果没有逗号，括号则会

258

变成数学运算中的小括号运算符。

【例 11-4】 用 shape 属性显示二维数组。

```
import numpy as np
b = np.array([[1,2,3],[3,4,5]])
print(b.shape)   # 输出(2,3)
```

元组(2,3)说明这是一个二维数组，其中第一个维度中有 2 个元素，第二个维度中有 3 个元素。

3．数组元素的总个数属性 size

数组元素的总个数属性的语法格式如下：

```
arr.size
```

 说明：

其中，arr 是一个 NumPy 数组。size 属性返回值等于 shape 属性中元组元素的乘积。

【例 11-5】 使用 size 属性显示数组元素的总个数。

```
import numpy as np
a=np.eye(3, 3, 0)   # 3x3 对角为1的float矩阵，dtype默认为float
print("a:",a)
print("a.size:",a.size)   # 显示a.size: 9
print("a.shape:",a.shape)  # 显示a.shape: (3, 3)
```

11.1.3　ndarray 数组的数据类型

1．ndarray 的数据类型

数组的数据类型就是数组中元素的数据类型，ndarray 的数据类型 dtype 与 Python 对象的数据类型相似，包括浮点数、复数、整数、布尔值、字符串等。dtype 类型都可以使用 ndarray 的数据类型，见表 11-1。

表 11-1　ndarray 的数据类型

数 据 类 型	描　　述
int8、uint8	有符号和无符号的 8 位整型（1 个字节）
int16、uint16	有符号和无符号的 16 位整型（2 个字节）
int32、uint32	有符号和无符号的 32 位整型（4 个字节）
int64、uint64	有符号和无符号的 64 位整型（8 个字节）
int_	默认的整数类型（与 C 语言的 long 一样，是 int64 或者 int32）
float16	半精度浮点数，1 位符号，5 位指数，10 位尾数
float32	单精度浮点数，1 位符号，8 位指数，23 位尾数
float64	双精度浮点数，1 位符号，11 位指数，52 位尾数
float_	float64 的简写
complex64	分别用两个 32 位浮点数（实部和虚部）表示的复数
complex128	分别用两个 64 位浮点数（实部和虚部）表示的复数
complex256	分别用两个 128 位浮点数（实部和虚部）表示的复数
complex_	complex128 的简写
bool_	以字节存储的布尔值（True 或 False）

(续)

数据类型	描述
object	Python 对象类型
string_	固定长度字符串类型，每个字符占 1 个字节，Sn 中的 n 表示字符数
unicode_	固定长度的 Unicode 类型，每个字符占的字节数由系统决定，Un 中的 n 表示字符数

numpy 的数值类型是 dtype 对象的实例，并对应唯一的字符，包括 np.bool_、np.int32、np.float32 等。在使用 ndarray 的数据类型时，数据类型前要加上 np，例如 np.float_。

2．数据类型的查看

数组的数据类型保存在 dtype 对象中，dtype 是一个特殊的对象，它含有 ndarray 将一块内存解释为特定数据类型所需的信息，可以使用 dtype 属性查看数组的类型。其语法格式为：

```
arr.dtype
```

说明：

其中，arr 是一个 ndarray 数组对象。

3．转换数据类型

对于已经创建好的 ndarray，可以使用 astype()方法将一个数组的数据类型转换为另一个数据类型。其语法格式如下：

```
arr.astype(np.类型)    或    arr.astype("类型")
```

说明：

其中，"类型"是表 11-1 中的数据类型。进行数据类型转换时，NumPy 会将 Python 的数据类型映射到等价的 NumPy 的数据类型上。所以，书写时须在数据类型符号前加 np，例如 np.int32。

【例 11-6】 创建数组对象，查看数组对象的类型，然后从 int32 数据类型转换为 float64 数据类型。

```
import numpy as np
a = np.array([1,2,3])
print(a.dtype)   # 显示 int32
newa = a.astype(np.float64)   # newa = a.astype("float64")
print(newa.dtype)   # 显示 float64
```

11.1.4　ndarray 数组的索引与切片

索引是 NumPy 数组元素的下标，切片是一种操作，主要是抽取数组的一部分元素生成新数组。ndarray 对象的元素可以通过索引或切片来访问和修改，与 Python 中列表的切片操作一样。

1．一维数组的索引和切片

（1）索引

数组通过方括号运算符和索引对数组中的元素进行访问。索引的语法格式如下：

```
数组名[index]
```

 **说明：**

上面的语法表示获取数组中索引值为 index 的元素。数组索引从 0 开始递增，index 可以是一个值，也可以是一个变量或表达式，其取值是正整数或 0。

（2）切片

切片有两种方法，用冒号切片和用整数列表切片。

1）用冒号切片。

用冒号切片是指通过方括号中的元素位置索引，用冒号分隔索引的区间范围来进行切片操作。其语法格式如下：

> 数组名[start : stop : step]

 **说明：**

上面的语法表示获取从索引值 start 开始，到索引值 stop 结束（不包含 stop 索引值位置的元素），步长为 step 的一段数组元素。step 为负数时表示从后往前索引，这时要求 start 必须大于或等于 stop。从左向右看，如果省略 start，则 start 默认为 0；如果省略 stop，表示到数组末尾；如果省略 step，表示步长为 1。从右向左看，start 默认是最大索引值，stop 默认为 0。-1 代表列表的最后一个位置索引，-2 代表列表倒数第二个，以此类推。

注意，不包括 stop 索引值位置的元素，当 stop 为正时，最后一个元素的索引值是 stop-1；stop 为负数时，最后一个元素的索引值为 stop+1。

Python 列表与 NumPy 数组切片操作最重要的区别是，列表的切片是原始列表的一个副本（指向不同的内存，内存中的值相同）。数组切片是原始数组的一个视图（指向同一块内存），即数据不会被复制，因此改变任何一个数组的元素，另外一个数组都会随之改变。

【例 11-7】 一维数组的索引与使用冒号切片示例。

```
import numpy as np
a=np.arange(10)
print("a=",a)   # a= [0 1 2 3 4 5 6 7 8 9]
print("a[3]=",a[3])   # a[3]= 3
print("a[5:8]=",a[5:8])   # a[5:8]= [5 6 7]
print("a[0:10:2]=",a[0:10:2])   # a[0:10:2]= [0 2 4 6 8]
print("a[:5]=",a[:5])   # a[:5]= [0 1 2 3 4]
print("a[:-1]=",a[:-1])   # a[:-1]= [0 1 2 3 4 5 6 7 8]
print("a[6:1:-2]=",a[6:1:-2])   # a[6:1:-2]= [6 4 2]
print("a[::-1]=",a[::-1])   # a[::-1]= [9 8 7 6 5 4 3 2 1 0]
b=a[1:5]
b[1]=100
print("a=",a)   # a= [  0   1 100   3   4   5   6   7   8   9]
print("b=",b)   # b= [  1 100   3   4]
```

2）整数列表切片。

用整数列表切片可以获取数组中的多个指定索引位置的元素，这些元素可以是不连续的，也可以是重复的。整数列表切片法的语法格式如下：

> 数组名[[n1,n2,…,nx]]

[n1,n2,...,nx]是一个列表对象，因此内层方括号不能省略，n1、n2、...、nx 是 narr 数组中的位置索引。外层方括号是方括号运算符。该语句获取数组 narr 中的第 n1、n2、...、nx 个元素，生成一个新数组，因此，切片后的新数组与原数组不共享存储空间。

【例11-8】 一维数组整数列表切片法示例。

```
>>>import numpy as np
>>>a=np.array(["aa","bb","cc","dd","ee","ff"])
>>>b=a[[0,2,3,5]]
>>>a
array(["aa","bb","cc","dd","ee","ff"],dtype='<U2')
>>>b
array(["aa","cc","dd","ff"],dtype='<U2')
>>>b[2]='22'
>>>a[2]='33'
>>>a
array(["aa","bb","33","dd","ee","ff"],dtype='<U2')
>>>b
array(["aa","cc","22","ff"],dtype='<U2')
```

2．二维数组的索引和切片

（1）索引二维数组

对于二维数组，通过索引可以得到低一级维度的元素，即每个索引位置上对应的元素是一维数组。只须将数组中的每一行每一列分别看作一个列表，参照一维数组的索引、切片的方法。

【例11-9】 二维数组索引与切片示例。

```
import numpy as np
a = np.array([[1,2,3],[4,5,6],[7,8,9]])
print("a=",a)
print("a[1]=",a[1])     # 索引 a[1]，得到一维数组
print("a[1:]=",a[1:])   # 从数组索引a[1:]处开始切片，得到二维数组
```

运行结果如图 11-2 所示。索引序号从 0 开始，索引位置 1 对应的元素是第 2 个列表，即一维数组[4,5,6]。仍然可以使用冒号对二维数组切片。

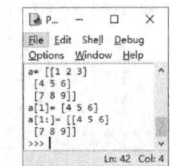

图 11-2　例 11-9 运行结果

（2）访问二维数组的单个元素

对于二维数组，如果要访问数组中的单个元素，可以通过以下两种方法：

数组名[x, y]　或　数组名[x][y]

索引序号都是从 0 开始。行索引 x 是数组中的第 x+1 行的列表，列索引 y 是该行列表中的第 y+1 个元素。

【例11-10】 访问二维数组的单个元素。

```
import numpy as np
a = np.array([[1,2,3],[4,5,6],[7,8,9]])
print("a[0][2]=",a[0][2])    # 显示 3
```

```
print("a[1][2]=",a[1][2])  # 显示 6
```

其中，a[0][2]中的第 1 个数字 0 表示取出第 1 行，即[1,2,3]；第 2 个数字 2 表示取出该列表中的第 3 个元素，即 3。

3．多维数组的索引和切片

（1）索引多维数组

对于多维数组的索引，返回的对象是降低一级纬度之后的 ndarray。

【例 11-11】 针对一个 2×2×3 的三维数组，返回一个 2×3 的二维数组。

```
import numpy as np
a = np.array([[[1,2,3],[4,5,6]],[[7,8,9],[10,11,12]]])  # 创建三维数组
print("a=",a)
print("a[0]=",a[0])   # 索引返回二维数组
print("a[1]=",a[1])   # 索引返回二维数组
print("a[:]=",a[:])   # 切片返回原数组的一部分
print("a[0:1]=",a[0:1])  # 切片
```

运行结果如图 11-3 所示。

（2）访问多维数组的单个元素

在多维数组中，中括号中的索引用逗号分隔。以三维数组为例，可以通过以下两种方法获取数组中的单个元素：

数组名[x，y，z] 或 数组名[x][y][z]

例如，获取三维数组 a 的第 1 个元素，则写为 a[0,0,0]或 a[0][0][0]。

【例 11-12】 三维数组的索引和切片操作示例。创建一个 2×3×4 的三维数组，用来表示一个 2 层楼，每层楼的房间排列为 3 行 4 列，通过索引切片操作获得指定房间。

```
import numpy as np
a = np.arange(24).reshape(2,3,4)   # 创建三维数组
print("a=",a)
print("a[0,0,0]=",a[0,0,0])   # 选取第 1 层楼，第 1 行第 1 列的房间，显示 0
print("a[:,0,0]=",a[:,0,0])   # 选取所有楼层的第 1 行第 1 列的房间，显示[ 0 12]
print("a[0,:,:]=",a[0,:,:])   # 选取第 1 层楼的所有房间
print("a[0,...]=",a[0,...])   # 选取第 1 层楼的所有房间，其中多个连续的 ":" 可以用一个 "..." 代替
print("a[0,1,]=",a[0,1,])   # 选取第 1 层楼的第 1 行的所有房间
print("a[0,1,::2]=",a[0,1,::2])   # 选取第 1 层楼的第 1 行的部分房间，从第 1 个开始到最后（不包括最后一个），间隔 2 个
print("a[...,1]=",a[...,1])   # 选取所有楼层中位于第 2 列的房间
print("a[:,1]=",a[:,1])   # 选取所有楼层中位于第 2 行的房间
print("a[0,:,1]=",a[0,:,1])   # 选取第 1 层楼中位于第 2 列的房间
print("a[0,:,-1]=",a[0,:,-1])   # 选取第 1 层楼中所有位于最后一列的房间
print("a[0,::-1,-1]=",a[0,::-1,-1])   # 反向选取第 1 层楼中所有位于最后一列的房间
print("a[::-1]=",a[::-1])   # 把第 1 层楼和第 2 层楼的房间交换
```

运行结果如图 11-4 所示。

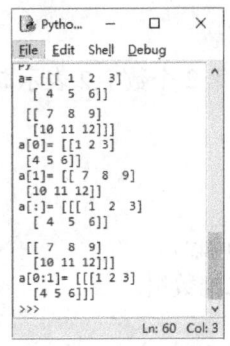

图 11-3　例 11-11 运行结果

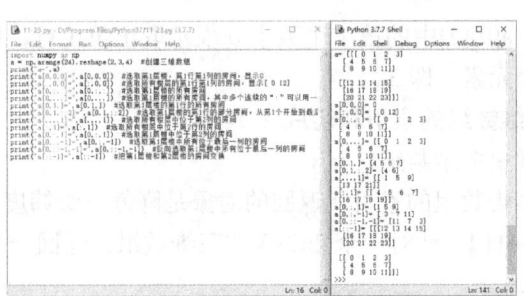

图 11-4　例 11-12 运行结果

11.1.5　ndarray 数组的运算

1. 算术运算

NumPy 的算术运算都是按元素逐个运算，数组运算后将创建含运算结果的新数组。NumPy 还为数组的算术运算定义了各种 ufunc 函数，见表 11-2。

表 11-2　数组的算术运算和对应的 ufunc 函数

表 达 式	对应的 ufunc 函数
y=x1+x2	np.add(x1,x2[,y])，第三个参数 y 用来存放计算结果，y 必须是已经创建的数组
y=x1−x2	np.subtract(x1,x2[,y])
y=x1*x2	np.multiply(x1,x2[,y])
y=x1/x2	np.divide(x1,x2[,y])，如果两个数组的元素为整数，那么用整数除法
y=x1/x2	np.true_divide(x1,x2[,y])，总是返回精确的商
y=x1//x2	np.floor_divide(x1,x2[,y])，总是对返回值取整
y=−x	np.negative(x[,y])
y=x1**x2	np.power(x1,x2[,y])
y=x1%x2	np.remainder(x1,x2[,y])，mod(x1,x2[,y])

需要注意的是，参与运算的数组必须具有相同的 shape（维度或形状）或符合数组广播规则。广播（Broadcast）是 NumPy 对不同维度的数组进行数值计算的方式，对数组的算术运算通常在相应的元素上进行。广播的规则是对两个数组，分别比较它们的每一个维度（若其中一个数组没有当前维度则忽略），是否满足：数组拥有相同形状，当前维度的值相等，当前维度的值有一个是 1。若条件不满足，抛出 "ValueError: frames are not aligned" 异常。

例如，如果两个数组 a 和 b 的维度相同，即满足 a.shape==b.shape，那么 a×b 的结果就是 a 与 b 数组对应位相乘。这要求维数相同，且各维度的长度相同。

【例 11-13】两个数组相乘示例。

```
import numpy as np
a = np.array([1,2,3,4])
b = np.array([10,20,30,40])
c=a*b  # c=np.multiply(a, b)  # 或者用下面两行语句
# c = np.zeros((4,),dtype=np.int32)   # 创建 shape 为 4 的整型数组
# np.multiply(a, b,c)   # c 数组必须已经创建
print(c)
```

运行结果为:

```
[ 10  40  90 160]
```

2. 比较运算

NumPy 提供了比较运算符,例如=、<、>等,用于对数组的比较,比较后的结果是 bool 值或者 bool 数组(它的每个元素值都是两个数组对应元素的比较结果)。NumPy 还为数组的比较运算定义了各种 ufunc 函数,见表 11-3。

表 11-3　数组的比较运算符和对应的 ufunc 函数

表 达 式	对应的 ufunc 函数
y=x1==x2	np.equal(x1,x2[,y])
y=x1!=x2	np.not_equal(x1,x2[,y])
y=x1<x2	np.less(x1,x2[,y])
y=x1<=x2	np.less_equal(x1,x2[,y])
y=x1>x2	np.greater(x1,x2[,y])
y=x1>=x2	np.greater_equal(x1,x2[,y])

【例 11-14】 比较两个数组。

```
import numpy as np
a = np.array([1,2,3,4])
b = np.array([0,5,-2,8])
c = a <b   # c=np.less(a,b)
print(c)
```

运行结果为:

```
[False  True False  True]
```

3. 布尔运算

由于 Python 的布尔(逻辑)运算符是 and、or、not、xor 等,因此 ndarray 数组的布尔运算只能使用相应的 ufunc 函数。这些函数名都以 logical_开头,见表 11-4。

表 11-4　数组的布尔 ufunc 函数

ufunc 函数	描 述
np.logical_and(x1,x2)	x1 和 x2 必须具有相同的维度,x1 与 x2 在对应元素上执行 and 运算,结果与 x1、x2 维度相同。如果 x1 和 x2 都是标量,则也返回标量;否则返回 ndarray
np.logical_or(x1,x2)	x1 与 x2 在对应元素上执行 or 运算,返回 ndarray 或 bool
np.logical_not(x)	在 x 的相应元素上执行 not 运算,结果与 x 形状相同,返回 ndarray 或 bool
np.logical_xor(x1,x2)	x1 与 x2 在对应元素上执行 xor 运算,返回 ndarray 或 bool

【例 11-15】 对数组执行 and 运算。

```
import numpy as np
a = [True, False]
b = [False, False]
c = np.logical_and(a, b)
print(c)   # [False False]
```

```
a = np.arange(5)
print(a)    # [0 1 2 3 4]
b = np.logical_and(a > 1, a < 4)
print(b)    # [False False True True False]
print(np.logical_not([True, False, 0, 1]))    # [False True True False]
```

11.1.6 ndarray 数组的常用数学函数

NumPy 提供了两种基本对象，即 ndarray 和 ufunc 对象。前面几节介绍了 ndarray 数组，本节将介绍 ndarray 数组的常用数学函数 ufunc。ufunc（universal function，通用函数）是一种能对数组的每个元素进行操作的函数。许多 ufunc 函数都是用 C 语言级别实现的，因此它们的计算速度非常快。此外，ufunc 比 math 模块中的函数更灵活。math 模块的输入一般是标量，NumPy 中的函数可以是向量或矩阵，而利用向量或矩阵可以避免使用循环语句，这点在机器学习、深度学习中非常重要。

NumPy 提供了大量的数学函数，常用的数学函数见表 11-5。这些数学函数都只有一个参数。

表 11-5 常用数学函数

函 数 名	描 述	用 法
abs	计算整型、浮点、复数的绝对值	np.abs()
fabs	对于没有复数的快速版本求绝对值	np.fabs()
sqrt	计算元素的平方根，等价于 array**0.5	np.sqrt()
square	计算元素的平方，等价于 array**2	np.squart()
exp	计算以自然常数 e 为底的幂	np.exp()
log log10 log2 log1p	自然对数(e) 基于 10 的对数 基于 2 的对数 基于 log(1+x)的对数	np.log() np.log10() np.log2() np.log1p()
sign	计算元素的符号，正数为1，0是0，负数是-1	np.sign()
ceil	计算大于或等于元素的最小整数	np.ceil()
floor	计算小于或等于元素的最大整数	np.floor()
around	四舍五入	np.around()
rint	对浮点数取整到最近的整数，但不改变浮点数类型	np.rint()
modf	分别返回浮点数的整数和小数部分的数组	np.modf()
isnan	返回布尔数组标识哪些元素是 NaN（不是一个数）	np.isnan()
isfinite isinf	返回布尔数组标识哪些元素是有限的（non-inf, non-NaN）或无限的	np.isfiniter() np.isinf()
cos, cosh, sin, sinh, tan, tanh	三角函数	np.cos()
arccos, arccosh, arcsin, arcsinh, arctan, arctanh	反三角函数	np.arccos()

【例 11-16】 常用数学函数应用示例。

```
import numpy as np
a = np.array([-1.7, 1.5, -0.2, 0.6, 10])
print ('原数组：',a)
print ('修改后的数组：',np.floor(a))
print ('\n')
```

```
a = np.array([1.0,5.55,123,0.567,25.532])
print ('原数组：',a)
print ('舍入后的数组：',np.around(a))
print (np.around(a, decimals = 1))
print (np.around(a, decimals = -1))
```

图 11-5　例 11-16 运行结果

运行结果如图 11-5 所示。

11.2　Pandas 数据分析模块的使用

NumPy 虽然提供了强大的数组处理能力，但它缺少数据处理、分析所需的许多快速工具。Pandas 是一个开源 Python 模块，它是基于 NumPy 开发的，具有强大的数据结构和工具的数据分析模块。Pandas 是专门为处理表格和混杂数据设计的，而 NumPy 更适合处理统一的数值数组数据。

11.2.1　安装和导入 Pandas 模块

Pandas 是 Python 语言的扩展模块，它的安装方法与安装 NumPy 模块类似。

11.2.1　安装和导入 Pandas

1．安装 Pandas 模块

以管理员身份运行"命令提示符"，输入下面的安装命令后等待安装完成即可：

```
pip install pandas
```

2．导入 Pandas 模块

导入 Pandas 模块时通常使用 pd 作为 pandas 的别名，这样代码中的所有 pandas 都用 pd 代替，简化了输入。导入语句如下：

```
import pandas as pd    # 业界提倡的模块导入语法
```

11.2.2　Pandas 的 Series 对象

Series 是 Pandas 中最基本的对象，它定义了 NumPy 的 ndarray 对象的接口 __array__()，因此可以用 NumPy 的数组处理函数直接对 Series 对象进行处理。Series 是一种类似于一维数组的对象，Series 对象除了支持使用下标作为位置存取元素外，还可以通过索引的方式存取 Series 中的单个或一组值，这个功能与字典类似。每个 Series 对象都由两个数组组成，一组数据（各种 NumPy 数据类型）以及一组与之相关的索引数据标签，即 index 和 values 两部分。

11.2.2　Pandas 的 Series 对象

1）index：是从 ndarray 数组继承的 index 索引对象，用于保存索引信息。如果创建 Series 对象时不指定 index，将自动创建一个表示位置的索引。

2）values：是保存元素值的 ndarray 数组，NumPy 中的函数都可以对此数组进行处理。

1．创建 Series 对象

创建 Series 对象的语法格式如下：

```
pd.Series(data, index=索引, dtype="数据类型")
```

> **说明:**
>
> 1) data 是 Series 中的数据,数据采取各种形式,包括列表 list、NumPy 数组 ndarray、字典 dict、另一个 Series 等。
>
> 2) index 是 Series 中数据的索引,索引值必须是唯一的和散列的,与数据的个数相同,可以是 list、ndarray 等,如果省略则默认为 index=range(0,n),自动创建 0~n-1 范围内的整数型索引(n 是元素的个数)。
>
> 3) dtype 是数据的数据类型,如 dtype="float64"等,如果省略,将依据数据推断数据类型。如果数据是浮点型,则不能用 dtype 转换为 dtype="int64",因为转换将损失精度。

(1) 从 list 创建 Series 对象

【例 11-17】 从列表创建 Series 对象示例。

```
import pandas as pd
s1= pd.Series([1,2,3,4,5],dtype='float64')   # 从列表[1,2,3,4,5]创建,若省略索引,则自动创建索引 0~4
# s1= pd.Series([1,2,3,4,5], index=range(0,5))  # 与上一行语句的功能相同
print(s1)
data=[1,2.2,3.3,4,5]   # 用于数据的列表
idx=["a","b","c","d","e"]   # 用于索引的列表
s2= pd.Series(data, index=idx,dtype="float64")   # 不能设置数据类型为 int64
print(s2)
s3 = pd.Series(5,index = [0,1,2,3],dtype="int64")   # 用标量 5,创建 Series 对象
print(s3)
```

运行结果如图 11-6 所示(左边的列为索引,右边的列为值)。

(2) 从 ndarray 创建 Series 对象

除了用列表,还可以用 NumPy 数组生成 Series 对象。

【例 11-18】 从 ndarray 创建 Series 对象示例。

```
import numpy as np, pandas as pd   # 导入 numpy 和 pandas
a1 = np.arange(1,6)   # 用于数据的 ndarray
s1 = pd.Series(a1)   # 省略索引
print(s1)
a2 = np.array(['red','yellow','blue','black'])   # 用于数据的 ndarray
idx=np.arange(101,105)   # 用于索引的 ndarray
s2 = pd.Series(a2, index=idx)   # 指定索引
print(s2)
```

运行结果如图 11-7 所示。

(3) 从字典创建 Series 对象

Series 的表现形式是索引在左边,值在右边,所以可以把字典类型数据转换为 Series 对象。如果没有指定索引,则按排列顺序取得字典中的 key 值作为 Series 索引(index),字典中的 value 值作为数据值(values)。

【例 11-19】 从字典创建 Series 对象示例。

```
import pandas as pd
data={'name':'Cami', 'sex':'girl', 'age':18, 'height':168}   # 字典
s = pd.Series(data)   # 不指定索引
```

```
print(s)
```

运行结果如图 11-8 所示。

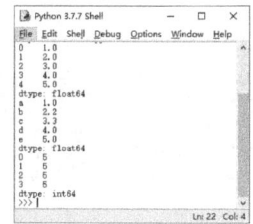 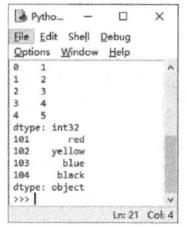 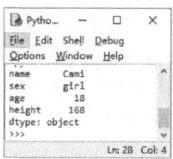

图 11-6　例 11-17 运行结果　　图 11-7　例 11-18 运行结果　　图 11-8　例 11-19 运行结果

如果指定了索引，则按索引中 index 与字典中相同的 key 创建 Series 对象。如果索引中含有 index，但字典中没有相同的 key，则无法匹配成功，未匹配成功的 index 对象的值用 NaN 表示，代表缺失值。如果索引中没有与字典中 key 相同的 index，则字典中的数据被忽略，不会添加到 Series 对象中。

【例 11-20】从字典创建 Series 对象示例。

```
import pandas as pd
data = {'a':1,'c':3,'b':2,'e':4}   # c,e 在 Series 中没有对应的索引,在 Series 中被忽略
s = pd.Series(data,index = ['a','b','d','f'])   # 指定索引,索引 d 和 f 无法对应到字典中的数据,其数据为 NaN
print(s)
```

运行结果如下：

```
a    1.0
b    2.0
d    NaN
f    NaN
dtype: float64
```

2．Series 的 values 和 index 属性

通过 Series 对象的 values 属性获取该对象的所有值，以一维数组的形式返回结果。用"values[下标]"获取该对象指定下标的元素。其语法格式如下：

```
Series 对象名.values
Series 对象名.values[下标]
```

index 属性获取该 Series 对象中的全部索引，以 Series 对象的形式返回。用"index[下标]"获取该对象指定下标的索引元素。其语法格式如下：

```
Series 对象名.index
Series 对象名.index[下标]
```

【例 11-21】查看 Series 中的索引和值。

```
import pandas as pd
s=pd.Series([100,90,80,70,60],index=["Grade1","Grade2","Grade3","Grade3","Grade5"])   # 重复的索引
print("s.values=",s.values)   # 获取所有值,返回一维数组的形式
```

```
    print("s.values[1]=",s.values[1])   # 返回下标是 1 的元素
    print("s.index=",s.index)    # 获取索引，返回 Series 一维数组的形式
    print("s.index[2]=",s.index[2])   # 返回下标是 2 的元素
```

运行结果为：

```
    s.values= [100 90 80 70 60]
    s.values[1]= 90
    s.index= Index(['Grade1', 'Grade2', 'Grade3', 'Grade3', 'Grade5'], dtype='object')
    s.index[2]= Grade3
```

3. Series 的索引和切片

（1）获取单个值

在 Series 中，每一个索引都有与之对应的值，所以可以通过索引的方式获取或修改 Series 的值。Series 获取单个值的方式是通过索引，有以下两种方法。

- 通过"[索引]"的方式读取对应索引的数据，有可能返回多条数据。例如上例中的 Grade3 返回两个值。
- 通过"[下标]"的方式读取对应下标的数据，下标值的取值范围为[0，len(Series.values))。下标值也可以是负数，表示从右往左获取数据。

（2）获取不连续的多个值

获取多个不连续的值要把多个索引或下标组织成列表，有两种方法：

- 通过"[[索引 1,索引 2,…,索引 n,]]"方式获取指定索引的数据。
- 通过"[[下标 1,下标 2,…,下标 n,]]"方式获取指定下标的数据。

（3）获取多个连续值

Series 获取连续多个值的方式类似 NumPy 中的 ndarray 的切片操作，有两种方法：

- 通过"[索引 1:索引 2]"的形式截取 Series 对象中的一部分元素，同时包括起始索引和结束索引的元素。
- 通过"[下标 1:下标 2]"的形式截取 Series 对象中的一部分元素，包括起始下标的元素，但不包括结束下标的元素。

注意，只能修改 Series 的 values，不能修改 index，这样才能保障 index 安全地在多个数据结构中共享。

【例 11-22】Series 的索引示例。

```
    import pandas as pd
    s = pd.Series([100,90,80,70,60],index=["Grade1","Grade2","Grade3","Grade3","Grade5"])
    print("s[index]=")
    print(s["Grade3"])   # 用索引访问
    s['Grade3']=85   # 修改指定索引的值
    print('s[2]=',s[2])   # 用下标访问
    print('s[3]=',s[3])
    s[3]=70   # 修改指定下标的值
    print('多个索引=')
    print(s[["Grade1","Grade3",]])   # 多个索引获取多个值
    print('多个下标=')
    print(s[[1,3,4,]])   # 多个下标获取多个值
```

运行结果如图 11-9 所示。

4. Series 的算术运算

不同的 Series 对象可以做操作符运算，在运算时，不同索引对应的数据会自动对齐元素，也就是说，运算操作符会对索引相同的两个元素进行计算。如果某个 Series 对象没有在另外一个对象中找到相同的索引值，那么该索引的运算结果为 NaN。

【例 11-23】 Series 的运算示例。

```
import pandas as pd
import numpy as np
s = pd.Series({'a':600,'b':200,'c':800})
print(s)     # 输出 Series
print(s[s>500])    # 输出大于 500 的值
print(s*2+10)    # 算术运算
print(np.sqrt(s))    # 计算各个元素的平方根
# 两个对象相加
ser01 = pd.Series([1,2,3,4],index=[101,102,104,105])
ser02 = pd.Series([4,5,6,7,8],index=[101,102,103,105,106])
print(ser01+ser02)
```

运行结果如图 11-10 所示。

图 11-9　例 11-22 运行结果

图 11-10　例 11-23 运行结果

11.2.3　Pandas 的 DataFrame 对象

DataFrame 是二维表格数据结构，既有行索引也有列索引，每一列中元素的数据类型必须相同，不同的列可以是不同的数据类型。

1．创建 DataFrame 对象

DataFrame 的创建方法与 Series 类似，只不过可以同时接受多条一维数据源，每一条都成为单独的一列。创建 DataFrame 对象的语法格式如下：

```
pd.DataFrame(data, index=行索引, columns=列索引)
```

 说明：

1）data 是 DataFrame 对象的数据，数据采取各种形式，包括 list、ndarray、Series、dict、另一个 DataFrame 中的某一行或某一列等。

2）index 是行索引，索引值必须是唯一的和散列的，与数据的个数相同，可以是 list、ndarray 等，如果省略则默认为 index=range(0,n)，n 是元素的行数，index 为 0~n-1。

3）columns 是列索引，要求与行索引相同，如果省略则默认为 columns=range(0,m)，m 是

271

列的个数，columns 为 0~m-1。

DataFrame 对象的创建方法有多种，常用的方法是传入一个等长的列表或者 NumPy 列表。Series 是 DataFrame 的一个特例。

（1）从列表创建 DataFrame 对象

创建 DataFrame 常用的方式是传入一个嵌套列表，将依据列表的内容和纬度创建 DataFrame 对象，即如果是一维列表，将创建一列，如果是二维列表，将按二维列表创建。

【例 11-24】从列表创建 DataFrame 对象示例。

```
import pandas as pd
data=[["101","张三","girl",18],
      ["102","李四","boy",20],
      ["103","王五","girl",19]]  # 创建二维列表
# 从列表创建 DataFrame 对象，省略行索引和列索引
df =pd.DataFrame(data)
# 与上一行的功能相同
# df=pd.DataFrame(data,index=range(0,3),columns=range(0,4))
print(df)
data=["101","张三","girl",18,"102","李四","boy",20,"103","王五","girl",19]
# 创建一维列表
df =pd.DataFrame(data)    # 从列表创建 DataFrame 对象
print(df)
```

运行结果如图 11-11 所示。

（2）从字典创建 DataFrame 对象

创建 DataFrame 最常用的方式是直接传入一个由等长列表组成的字典，字典的 key-value（键值对）的 key 自动变成 DataFrame 的列 columns，而 value 自动变成 DataFrame 的值 values。如果省略行索引，会自动加上行索引。

【例 11-25】从字典创建 DataFrame 对象示例。

```
import pandas as pd
data={"序号":["101","102","103"],
      "姓名":["张三","李四","王五"],
      "性别":["girl","boy","girl"],
      "年龄":[18,20,19]}   # 创建字典
df = pd.DataFrame(data)    # 指定行索引
print(df)
```

运行结果如图 11-12 所示。

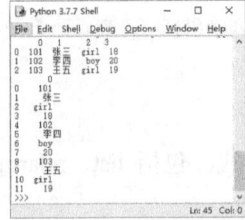
图 11-11　例 11-24 运行结果

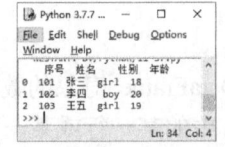
图 11-12　例 11-25 运行结果

如果创建 DataFrame 时指定了 columns 和 index，则按照索引顺序排列，并且如果传入的列

索引 columns 与原字典 key 值不匹配时,则该列的值将被标记为 NaN 列。

【例 11-26】 从字典创建 DataFrame 对象,并指定行索引和列索引。

把例 11-25 的 df 语句改为:

```
df = pd.DataFrame(data,index = ['第1行','第2行','第3行'],columns = ['序号','姓名','年龄','身高','性别'])
print(df)
```

因字典中没有"身高",运行结果如图 11-13 所示。

另一种常用的创建 DataFrame 的方式是使用嵌套字典,外层字典的键作为列索引,内层字典的键作为行索引。

【例 11-27】 用嵌套字典创建 DataFrame 对象。

```
import pandas as pd
data={"工资":{2017:30, 2018:50, 2019:45, 2020:35},
      "奖金":{2018:15, 2019:25, 2020:10},
      "支出":{2017:-30, 2018:-20, 2019:-45, 2020:-35}}
df = pd.DataFrame(data,index=[2020,2019,2018,2017])   # 指定行索引
print(df)
```

运行结果如图 11-14 所示。

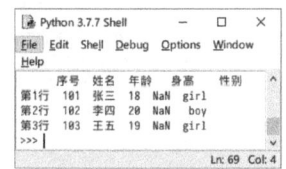

图 11-13 例 11-26 运行结果

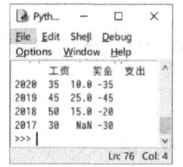

图 11-14 例 11-27 运行结果

2. 获取 DataFrame 的常用属性

使用 DataFrame 对象的 values、index、columns 和 size 属性获取该对象的值、行索引、列索引、元素总数、形状、行数、列数。

(1) 获取值

通过 DataFrame 对象的 values 属性获取该对象中的所有数据,以二维数组的形式返回。通过"values[行下标]"获取该对象在 index 上的一维数组,通过"values[行下标,列下标]"获取该对象在 index 和 columns 上的一个元素。语法格式如下:

```
df.values          # 返回二维数组形式,元素之间用空格分隔
df.values[行下标]   # 返回一维数组形式,元素之间用空格分隔
df.values[行下标,列下标]    # 返回元素,一般是标量
df.mean(0)   # 参数 0 表示求列平均值
df.mean(1)   # 参数 1 表示求行平均值
```

(2) 获取行索引

通过该对象的 index 属性,获取 index 行,结果的返回形式有 Series 对象、数组、列表。通过"index[行下标]"获取某一行的 index 元素。语法格式如下:

```
df.index           # 返回 Series 对象
df.index.values    # 返回数组,元素之间用空格分隔
df.index.values.tolist()    # 返回列表,元素之间用逗号分隔
```

```
df.index[行下标]    # 返回元素，一般是标量
```

（3）获取列索引

通过该对象的 columns 属性，获取 columns 列，结果的返回形式有 Series 对象、数组、列表。通过"columns[列下标]"获取某一列的 columns 元素。语法格式如下：

```
df.columns                    # 返回 Series 对象
df.columns.values             # 返回数组，元素之间用空格分隔
df.columns.values.tolist()    # 返回列表，元素之间用逗号分隔
df.columns[列下标]            # 返回元素，一般是标量
```

（4）获取元素总数

通过该对象的 size 属性获取该对象的元素总数。语法格式如下：

```
df.size
```

（5）获取维度信息

获取维度信息使用该对象的 shape 属性，语法格式如下：

```
df.shape
```

（6）获取行数

获取行数的语法格式如下：

```
df.shape[0]  或  len(df.index)
```

（7）获取列数

获取列数的语法格式如下：

```
df.shape[1] 或 len(df.columns) 或 df.columns.size
```

其中，df.index 和 df.columns 是 df 的行索引和列索引，类型是 object 型，可以使用 len() 方法。

【例 11-28】 获取 DataFrame 对象中的常用属性。

```
import pandas as pd
df = pd.DataFrame([["101","张三","girl",18],["102","李四","boy",20],["103","王五","girl",19]], index=[1,2,3], columns = ['序号','姓名','性别','年龄'])
print("df.values=")
print(df.values)  # 所有值，返回二维数组
print("df.values[1]=",df.values[1])  # 返回下标是 1 的元素，返回一维数组
print("df.values[1,2]=",df.values[1,2])  # 返回下标是 1,2 的元素，是标量
print("-"*50)
print("df.index=",df.index)  # 行索引，返回 Series 对象
print("df.index.values=",df.index.values)  # 返回数组，元素之间用空格分隔
print("df.index.values.tolist()=",df.index.values.tolist())  # 返回列表，元素之间用逗号分隔
print("df.index[1]=",df.index[1])  # 行索引，返回行下标是 1（第 2 行）的元素
print("-"*50)
print("df.columns=",df.columns)  # 列索引，返回 Series 对象
colname=df.columns.values  # 返回数组，元素之间用空格分隔
print("df.columns.values=",colname)
colname=df.columns.values.tolist()  # 返回列表，元素之间用逗号分隔
```

```
        print("df.columns.values.tolist()=",colname)
        print("df.columns[2]=",df.columns[2])  # 列索引，返回列下标是 2（第 3 列）的元素
        print("df.size=",df.size)  # 元素总个数
        print("df.shape=",df.shape)  # 形状信息
        print("df.shape[0]=",df.shape[0],len(df.index))  # 行数
        print("df.shape[1]=",df.shape[1],len(df.columns))  # 列数
```

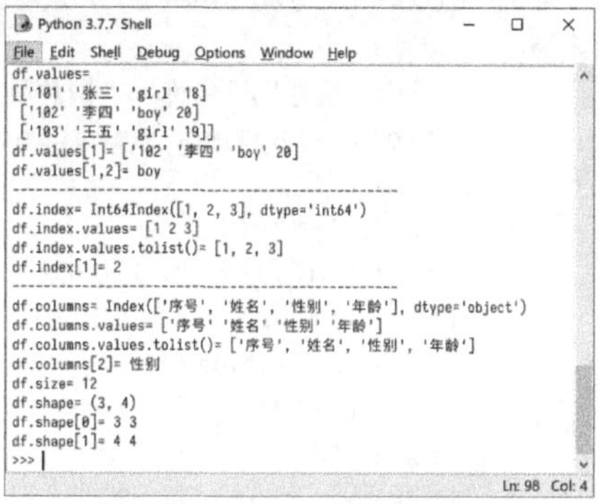

运行结果如图 11-15 所示。

3．DataFrame 的 head()、tail()和 describe()方法

DataFrame 对象的 head()方法返回开头前 n 行，tail()方法返回最后 n 行。如果没有设定 n，则默认值为 5 行。其语法格式如下：

图 11-15　例 11-28 运行结果

```
df.head(n)
df.tail(n)
```

DataFrame 对象的 describe()方法显示每栏的统计数据。该方法只对数值型栏作统计，统计量包括个数、均值、标准差、最小值、25-50-75 百分数值、最大值。一般用于在数据分析前先查看数据是否有缺失，数据是否有异常等。其语法格式为：

```
df.describe()
```

查看各个字段的信息，其语法格式为：

```
df.info()
```

【例 11-29】 DataFrame 对象中的常用方法示例。

```
import pandas as pd
df = pd.DataFrame([["101","张三","girl",18],["102","李四","boy",20],["103","王五","girl",19]], index=[1,2,3], columns = ['序号','姓名','性别','年龄'])
print("df.head(2)=")
print(df.head(2))  # 开头前 2 行
print("df.tail()=")
print(df.tail())  # 最后 5 行
print(df.describe())  # 统计
```

运行结果如图 11-16 所示。

4．获取指定的行、列

（1）获取指定的行

获取 DataFrame 对象的某行，不能直接索引。需要使用 loc[]或 iloc[]存取器，通过行索引获取指定的行，结果的返回为 Series 对象，并且包含列名。其语法格式如下：

```
df.loc["行索引名"]
df.iloc[行下标]
```

loc[]与 iloc[]的功能相同，iloc[]只能使用整数下标。

【例 11-30】 针对摆地摊一天的销售情况，按要求获取指定的行。

```
import pandas as pd
```

```
        data=[["11","老冰棍",2],["12","绿舌头",4],["13","棒棒冰",1],["15","冰工厂",3],["17","脸雪糕",2]]
        idx =["2020-06-01","2020-06-02","2020-06-03","2020-06-04","2020-06-05"]
# 行名
        col=["编号","名称","销售数量"]   # 列名
        df=pd.DataFrame(data,index=idx,columns=col)   # 创建 DataFrame
        print(df)
        print("-"*50)
        print('df.loc["2020-06-02"]=')
        indexname=df.loc["2020-06-02"]   # 返回 Series 对象
        print(indexname)
        print("-"*50)
        print('df.iloc[2]=')
        indexname=df.iloc[2]   # 返回 Series 对象
        print(indexname)
        print(type(indexname))   # 显示返回的数据类型
```

运行结果如图 11-17 所示。例题中的 df.loc["2020-06-02"]获取行索引是"2020-06-02"行的一行数据，返回的是一个 Series 对象。df.iloc[2]获取下标为 2 的一行 Series 对象数据。

（2）获取指定的列

获取 DataFrame 对象的某列，可以通过列名直接索引，得到的是 Series 对象，并且包含行索引。语法格式为：

```
df["列索引名"]
```

图 11-16　例 11-29 运行结果　　　　图 11-17　例 11-30 运行结果

例如，例 11-30 中的 df["名称"]，得到的是"名称"列的一列数据，返回的是一个 Series 对象，包括行索引。

DataFrame 中可以使用布尔型数组选取行，例如选取"销售数量"列中值大于 2 的行，代码为：

```
print(df[df["销售数量"]>2])
```

DataFrame 不支持通过列的下标来索引，但是可以借助列索引属性实现用下标的间接索引。例如，获得第 1 列：

```
# col0 = df[0]     #这样直接使用下标将报错
# 先通过列下标获得列索引名 df.columns[列下标]，再用列索引名实现索引
col0 = df[df.columns[0]]
```

【例 11-31】　获取指定的列。

在例 11-30 的基础上增加下面的代码：

```
print("销售数量>2 的行:")
print(df[df["销售数量"]>2])
print('df["名称"]=')
colname=df["名称"]    # 返回 Series 对象
print(colname)
print("-"*50)
print('df["%s"]='%df.columns[2])
print(df[df.columns[2]])
```

运行结果如图 11-18 所示。

5. DataFrame 的切片

（1）行切片

对行进行切片操作，可以通过 iloc[:]存取器用行的下标，或者用下标组成一个列表传入 iloc[]，得到的是多行的 DataFrame 对象。不能用行名进行切片操作。

例如，例 11-31 中，通过 iloc[0:3]切片，左闭右开，即切取第 1 行、第 2 行和第 3 行。

图 11-18　例 11-31 运行结果

```
df_row = df.iloc[0:3]
```

例如，例 11-31 中，用下标组成列表[0,2,3]传入 iloc[]中，即切取第 1 行、第 3 行和第 4 行。

```
df_row = df.iloc[[0,2,3]]
```

例如，例 11-31 中，通过行的下标 df[1:3]切片，左闭右开，即切取第 2 行和第 3 行。

```
df_row = df[1:3]
```

（2）列切片

对列作切片时，可以用需要切取的列的列名组成一个一维的列表或数组传入 df[]，得到的是 DataFrame 对象。

例如：

```
df_col = df[df.columns[0:3]]    # 切取第 1 列、第 2 列和第 3 列
df_col = df[["编号","销售数量"]]     # 切取列表中列出的列，即编号、销售数量这两列
```

（3）局部切片

先进行行切片，再进行列切片。用需要切取的行索引组成一个一维列表，用需要切取的列名组成一个一维列表，再将这两个一维列表组成二维列表，传入 loc[]，得到的是 DataFrame 对象。例如：

```
df_item = df.loc[["2020-06-01","2020-06-03","2020-06-04"],["名称","销售数量"]]
```

也可以用 df[][]的形式，得到的是 DataFrame 对象。例如下面的代码，切取第 1 行和第 2 行，"编号""销售数量"列。

```
df_item= df[0:2][["编号", "销售数量"]]
```

【例 11-32】 切片的完整示例。

```
import pandas as pd
data=[["11","老冰棍",2],["12","绿舌头",4],["13","棒棒冰",1],["15","冰工厂",3],["17","脸雪糕",2]]
idx =["2020-06-01","2020-06-02","2020-06-03","2020-06-04","2020-06-05"]  # 行名
col=["编号","名称","销售数量"]   # 列名
df=pd.DataFrame(data,index=idx,columns=col)   # 创建 Dataframe
print("df.iloc[0:3]=")
df_row = df.iloc[0:3]
print(df_row)
print("-"*50)
print("df.iloc[[0,2,3]]=")
df_row = df.iloc[[0,2,3]]
print(df_row)
print("df[1:3]=")
df_row = df[1:3]
print(df_row)
print("+"*50)
df_col = df[df.columns[0:3]]
print(df_col)
print("-"*50)
df_col = df[["编号","销售数量"]]
print(df_col)
print("+"*50)
df_item = df.loc[["2020-06-01","2020-06-03","2020-06-04"],["名称","销售数量"]]
print(df_item)
print("-"*50)
df_item = df[0:2][["编号", "销售数量"]]
print(df_item)
print(type(df_item))   # 显示获得切片的数据类型
```

运行结果如图 11-19 所示。

6. 获取某位置上的元素

（1）通过行索引、列索引定位

通过行索引名和列索引名定位，返回值一个 Series 对象。

例如，获取例 11-32 中的"棒棒冰"元素，因该元素的行索引是"2020-06-03"，列索引是"名称"，代码为：

```
item=df.loc["2020-06-03"][["名称"]]
```

（2）通过 at[]存取器方法

用行索引名和列索引名定位，返回该位置的具体元素。

例如，还是获取例 11-32 中的"棒棒冰"元素，代码为：

```
item=df.at["2020-06-03","名称"]
```

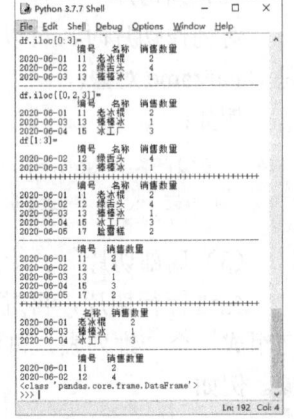

图 11-19 例 11-32 运行结果

运行结果是单个元素。而通过 loc[]或 iloc[]获取元素的结果为 Series 对象。

（3）通过 iat[]存取器

用行、列的下标定位，返回该位置的具体元素。

例如，仍然获取例 11-32 中的"棒棒冰"元素，该元素的下标是[2,1]，代码为：

```
item=df.iat[2,1]
```

用 iat[]存取器可以修改该元素的值,例如:

```
df.iat[2,1]="小布丁"
```

7. 修改列名和行名

修改列名,其形式如下:

```
df.columns = ["col1","col2","col3"]
```

修改行名,其形式如下:

```
df.index = ["row1","row2","row3","row4",'row5']
```

8. 增加行、列

DataFrame 的每一行都可看作是一个对象,每一列都是该对象的不同属性。每行都具有多维度的属性,因此每行都可以看作是一个小的 DataFrame 对象;而每列的数据类型都相同,因此每列都可以看作是一个 Series 对象。

(1)增加行

创建新的 DataFrame 对象,追加到原有 DataFrame 对象中行的尾部,即可实现行的增加。通过 df.append()方法实现行的追加,其语法格式如下:

df.append(被添加的 DataFrame 对象)

【例 11-33】 在例 11-32 的 df 对象中添加两行新行。

添加下面的代码:

```
data_new=[["20","冰淇淋",5],["14","酸奶块",4]]   # 两行的列表
idx_new=["2020-06-05","2020-06-11"]   # 行索引
df_new=pd.DataFrame(data_new,index=idx_new,columns=col)   # 创建一个新的二维
DataFrame 对象,列索引 col 用已有的
df=df.append(df_new)   # 追加到原有 Dataframe 对象的尾部
print(df)   # 显示 df
```

运行结果如图 11-20 所示。行索引名和列索引名可以不唯一。

(2)增加列

创建新的 Series 对象并添加到原有 Dataframe 对象中列的尾部,即可实现列的增加。

【例 11-34】 在例 11-33 的 df 对象中添加 1 列新列。

添加下面的代码:

```
data=[2.5,3.5]
idx=["2020-06-02","2020-06-05"]
df["单价"]=pd.Series(data,index=idx)   # 创建新 Series 对象,作为新追加的列
print(df)
```

运行结果如图 11-21 所示。添加列时,要求 data 与 idx 中元素的个数相等,与 index 中相匹配的 data 会填入该列的单元格中,不匹配的单元格的值缺失,填入"NaN"。

9. 删除行、列

(1)删除行

通过向 df.drop()中传入行索引值实现对行的删除,其语法格式为:

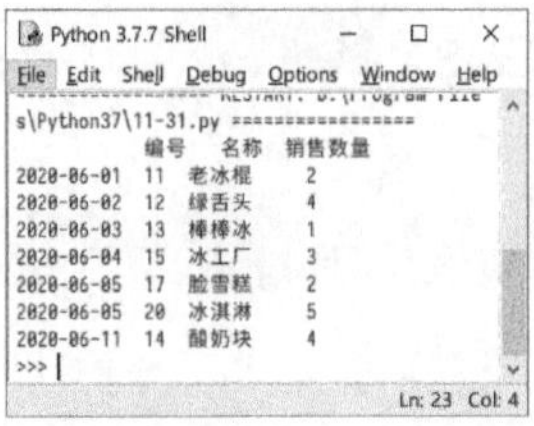

图 11-20　例 11-33 运行结果 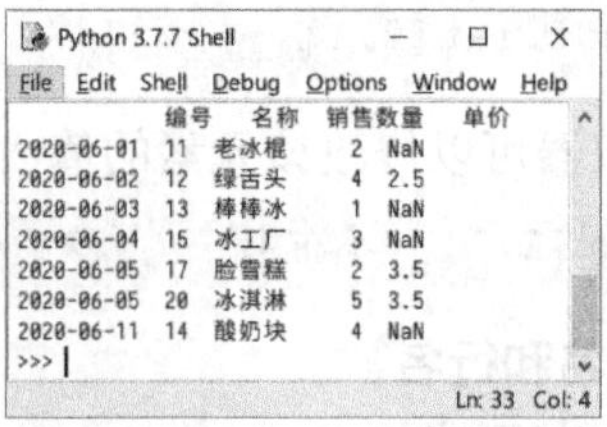　　　　　图 11-21　例 11-34 运行结果

df.drop(行索引)

【例 11-35】 删除例 11-34 中行索引值是 "2020-06-05" 的行。
添加下面的代码：

```
df=df.drop("2020-06-05")
print(df)
```

运行结果如图 11-22 所示。从运行结果看，索引值是 "2020-06-05" 的两行都被删掉了。

（2）删除列

通过 del df[]存取器或 df.pop()方法，删除列索引值对应的列。对 df 执行删除操作后，其返回值是被删除的列，而不是新的 df。其语法格式如下：

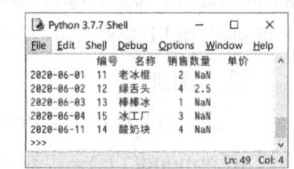

图 11-22　例 11-35 运行结果

del df["列索引值"]
df.pop("列索引值")

【例 11-36】 例 11-35 中的 "单价" 列。

```
del df["单价"]    # df.pop("单价")
print(df)
```

10. 数据补全

对于 DataFrame、Series 中的 NaN，一般的处理方式为删除对应的列或行或者填充一个默认值。可通过 df.fillna()方法对 df 的空数据进行补全。其语法格式为：

df= df.fillna(补全的数据)
df.fillna(补全的数据, inplace=True)

上面两行代码的功能相同，例如对未知性别补全为 "男"，代码如下：

```
df.fillna("男", inplace=True)
```

【例 11-37】 本例从字典创建 DataFrame 对象，因为有些数据项没有提供而造成空项，显示 NaN。将这些 NaN 项补 0.0。

```
import pandas as pd
data=[{"编号":"11","名称":"老冰棍","单价":2,"销售数量":2},
      {"编号":"12","名称":"绿舌头","单价":3,"销售数量":4},
      {"编号":"13","名称":"棒棒冰","单价":4,"销售数量":1},
      {"编号":"15","名称":"冰工厂","单价":5},
      {"编号":"17","名称":"脸雪糕","单价":6,"销售数量":2}]   # 字典
```

```
idx =["2020-06-01","2020-06-02","2020-06-03","2020-06-04","2020-06-05"]  # 行索引名
col=["编号","名称","单价","销售数量"]    # 列索引名
df=pd.DataFrame(data,index=idx,columns=col)  # 创建 DataFrame
print(df)   # 显示 DataFrame 对象
df = df.fillna(0)   # df.fillna(0, inplace=True)   # 就地补 0，代码等价
print(df)   # 显示补 0 后的 DataFrame 对象
```

运行结果如图 11-23 的示。

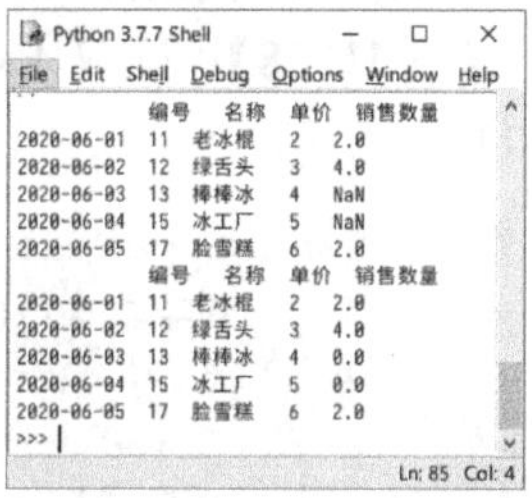

11．DataFrame 的算术运算

两个 DataFrame 对象可以进行相加、相减、相乘、相除运算，会对两个矩阵行索引（包括行索引名称和行索引值）和列索引相同的两个对应元素做运算。请参考 Series 的算术运算。

11.2.4 Pandas 的文件操作

图 11-23 例 11-37 运行结果

当数据量比较大时，经常将数据保存在文件或数据库中。Pandas 提供了多种类型文件的输入输出函数，可把数据文件转换成 DataFrame 类型的数据结构。

1．读取文件

Pandas 中常用的读取数据文件的方法见表 11-6。

表 11-6　Pandas 中常用的读取数据文件的方法

读取数据文件的方法	描述
pd 对象.read_csv(filename)	从 CSV 文件导入数据，默认分隔符为","
pd 对象.read_excel(filename)	从 Excel 中导入数据
pd 对象.read_sql(query,connection_object)	从 SQL 表中导入数据
pd 对象.read_html(url)	从 HTML 文件中导入数据

下面介绍读取 Excel 文件的过程。Pandas 处理 Excel 文件需要 xlrd、openpyxl 模块，所以需要提前安装这 3 个模块，安装命令是：

```
pip install pandas
pip install xlrd
pip install openpyxl
```

用 read_excel()方法读取 xls 和 xlsx 文件，读取 Excel 文件的语法格式如下：

```
pd 对象.read_excel(io, sheet_name=0, header=0, index_col=None, names=None)
```

📢 **说明：**

1）io：表示 Excel 文件的路径，接收 string 类型的数据，无默认值。

2）sheet_name：表示 Excel 表内工作表的名称，接收 string、int 类型的数据，默认为 0，代表第 1 个工作表。

3）header：指定列名表头，接收 int 或 list 类型的数据，默认为 0，即取第 1 行，数据为列名行以下的数据；若数据不含列名，则设定 header = None。

4）index_col：指定用于索引的列，接收 int、list 类型的数据或者 False，默认为 None。

5）names：自定义列名，用于代替 Excel 表中的列名，其个数必须与 Excel 列的个数一致。接收 list 类型的数据，默认为 None。

读取文件的过程大致分成两步：第一步是读取 Excel 文件，使用 pd.read_excel()方法读取到的数据是一个 DataFrame 表格型数据，每一列都是一个 Series 对象；第二步是把读取到的数据进行切片分组等操作，获得需要处理的数据。

【例 11-38】 读取 Excel 文件 d:/data/score.xlsx，并显示读到的数据。score.xlsx 中的数据如图 11-24 所示。

```
import pandas as pd
df = pd.read_excel("d:/data/score.xlsx", sheet_name = "Sheet1")
data = df.head(10)   # 获取前面 10 行,如果不为空的数据不到 10 行,自动获取所有全部非空数据
print(data)
print("df.head(10):")
print(data)   # 显示读到的数据
print('df["姓名"][3]:',df["姓名"][4])   # 按[列索引][行下标]取值
print('df.iat[4,1]:',df.iat[4,1])   # 按下标定位 iat[行下标,列下标]
df.iat[4,3]=100   # 更改元素的值
df["学号"] = df["学号"].astype("str")   # 学号列的数据类型改为 str
df["总分"] = df["总分"].astype("int")   # 总分列的数据类型改为 int
df.to_excel("d:/data/dfscore.xlsx", sheet_name = "Sheet1")   # 把 df 写入到 D:\data\dfscore.xlsx
data.to_excel("d:/data/datascore.xlsx", sheet_name = "Sheet1")   # 把 df 写入到 D:\data\datascore.xlsx
```

运行结果如图 11-25 所示。

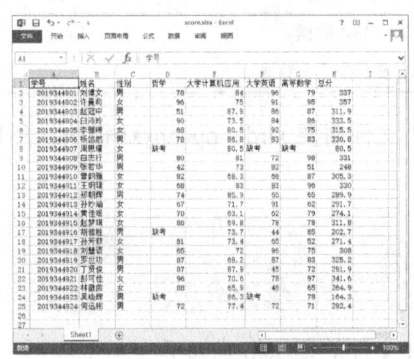
图 11-24　要读取的 Excel 表

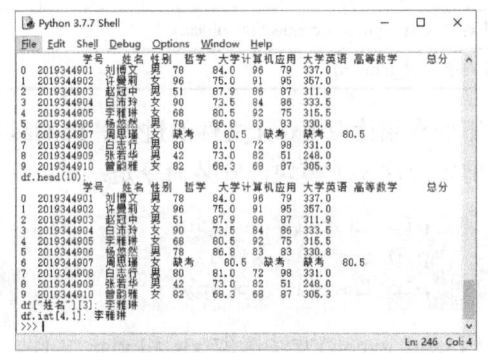
图 11-25　例 11-38 运行结果

2. 写入文件

处理完成的 DataFrame 对象可以写入文件，Pandas 提供了数据写入文件和数据库的方法。Pandas 中常用的写入文件的方法见表 11-7。

表 11-7　Pandas 中常用的写入文件的方法

写入文件的方法	描述
pd 对象.to_csv(filename)	导出 CSV 数据至 CSV 文件
pd 对象.to_excel(filename)	导出数据至 Excel 文件

(续)

写入文件的方法	描 述
pd 对象.to_sql(table_name,connection_object)	导出数据至 SQL 表
pd 对象.to_html(filename)	导出数据至 HTML 文件

下面介绍写入 Excel 文件的过程。to_excel()方法的语法格式如下:

df 对象.to_excel(excel_writer, sheet_name="None", na_rep="",header=0,index=True)

 说明：

1) excel_writer：表示写入 Excel 文件的路径，接收 string 类型的数据，无默认值。

2) sheet_name：表示 Excel 表内工作表的名称，接收 string、int 类型的数据，默认为 0，即 Sheet1。

3) na_rep：缺失值填充，可以设置为字符串。

4) header：指定作为列名的行，默认为 0，即取第 1 行，数据为列名行以下的数据；若数据不含列名，则设定 header = None。

5) index：是否写行索引，布尔类型，默认为 True，表示显示行索引，当 index=False 时不显示行索引（名字）。

【例 11-39】 把例 11-38 中的 DataFrame 数据写入 Excel 文件。

在本实例中，要把 df 对象写入到 Excel 文件，将下面的语句添加到代码最后：

```
df.to_excel("d:/data/dfscore.xlsx", sheet_name = "Sheet1")  # 把 df 写入到
d:/data/dfscore.xlsx
```

如果要把创建的 data 对象写入到 d:/data/datascore.xlsx，则写入语句为：

```
data.to_excel("d:/data/datascore.xlsx", sheet_name = "Sheet1",index=False)
# 把 data 写入到文件
```

运行程序后，用 Excel 打开 d:/data/dfscore.xlsx 和 datascore.xlsx 查看，如图 11-26 所示。对比图 11-24 和图 11-25，写入的 Excel 中多了一列行索引 0～23，"学号""总分"列改变了数据类型。如果要再次运行写入程序，要先关闭这两个 Excel 文件。

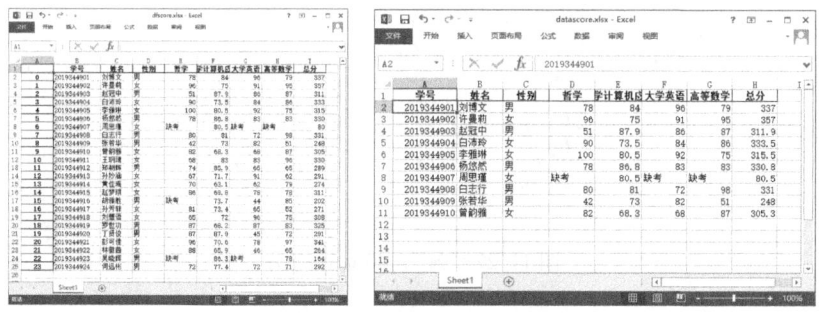

图 11-26 打开写入的 Excel 文件

11.2.5 计算统计

Pandas 提供了对 Series 和 DataFrame 进行统计的方法，见表 11-8。

表 11-8 Pandas 中提供的统计方法

方 法 名 称	描 述	方 法 名 称	描 述
count()	求非空值数目	max()	求最大值
sum()	求求和	mode()	求众数
mean()	求平均值	abs()	求绝对值
mad()	求平均绝对偏差	prod()	求乘积
median()	求中位数	std()	求样本标准差
min()	求最小值	var()	求方差
sem()	求标准误差	cumsum()	求累加
skew()	求样本偏离	cumprod()	求累乘
kurt()	求样本峰值	cummax()	求累积最大值
quantile()	求样本分位数	cumin()	求累积最小值

【例 11-40】 Pandas 对象的数值计算。

```
import pandas as pd
df = pd.read_excel("d:/data/score.xlsx", sheet_name = "Sheet1")
# 遍历二维数组,把"缺考"的元素值改为 0
for i in range(len(df.index)):
    for j in range(len(df.columns)):
        if (df.iat[i, j]=="缺考"):
            df.iat[i, j] = 0   # 把"缺考"的元素值改为 0
print("每列的最大值:")
print(df.max())   # 计算每列的最大值
print("计算均值:")
print(df.mean())  # 计算每列的均值
```

运行结果如图 11-27 所示。

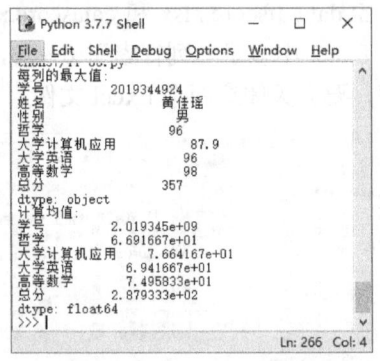

图 11-27 例 11-40 运行结果

11.3 习题

1. 使用 np.random.random 创建一个 10*10 的 ndarray 对象,并输出最大、最小元素。
2. 创建一个 10*10 的 ndarray 对象,且矩阵边界全为 1,里面全为 0。

3．创建一个每一行都是从 0 到 4 的 5*5 矩阵。

4．创建一个长度为 10 的随机数组并排序。

5．使用 dates = pd.date_range('2020-06-01',periods = 8)生成一个有 8 个日期的序列，用 df = pd.DataFrame(np.random.randn(8,4), index=dates, columns=list('ABCD'))创建 8 行 4 列的随机数二维数组，然后查看 df 对象，查看各列的类型，显示头部数据、尾部数据，查看索引、列名、值等信息。

6．大学英语成绩保存在 Excel 中，如图 11-28 所示，读取该文件并做相应的统计。

图 11-28 大学英语成绩

第 12 章 数据可视化

数据可视化是指借助图形图像的表达形式，将枯燥的、专业的、不直观的大量数据，通过图形化手段呈现出来，达到直观地、清晰地表达数据的目的。本章介绍数据可视化常用的 Matplotlib、Pandas 模块，介绍其常用的使用方法。

12.1 Matplotlib 绘图

Matplotlitb 是 Python 数据可视化中应用最广泛的绘图模块之一，可以用来绘制包括折线图、直方图、散点图、柱状图、饼图等图形。

12.1.1 安装和导入 Matplotlib 模块

Matplotlib 是 Python 语言的扩展模块，因此需要额外安装，使用 Python 的 pip 工具可以在线安装 Matplotlib 模块。

1. 安装 Matplotlib 模块

打开"命令提示符"窗口，输入下面的安装命令后等待安装完成即可：

```
pip install matplotlib
```

2. 导入 Matplotlib 模块

Matplotlib 中的绘图函数位于 matplotlib.pyplot 模块中，导入该模块的语句如下：

```
import matplotlib.pyplot as plt    # plt 是约定俗成的别名
```

12.1.2 Matplotlib 基础

12.1.2 Matplotlib 基础

1. 绘图的步骤

用 Matplotlib 编写绘图语句有 4 个步骤。

（1）导入模块

导入程序用到的模块，导入模块的代码如下：

```
import matplotlib.pyplot as plt    # 导入 Matplotlib 模块
import numpy as np    # 如果程序中用到 Numpy 模块，则要导入 Numpy 模块
```

（2）准备数据

准备绘图用到的数据，数据的形式要符合绘图方法的要求，可以是序列，也可以通过方法、表达式生成。例如：

```
x = np.linspace(-1,1,50)    # 用 Numpy 取-1～1 之间的 50 个数字
y1=x**2    # 生成 y1 序列
y2=2*x+1    # 生成 y2 序列
```

（3）绘制图形

编写绘图用到的代码，包括定义画布、绘制图形的方法、修改参数、更改坐标轴等。例如：

```
plt.figure()    # 创建第 1 个画布窗口
plt.plot(x,y1)    # 绘制第 1 个图形
plt.figure(figsize=(3,3))    # 创建第 2 个画布窗口
plt.plot(x,y2,color="red",linewidth = 1.0,linestyle = "--")    # 绘制第 2 个图形
```

（4）显示图形

绘制的图形要用显示方法 show()显示，才能呈现在画布上。例如：

```
plt.show()    # 显示图形
```

运行上面的代码，显示如图 12-1 所示。

2．创建画布

在 Matplotlib 中绘制图形都要在画布（figure）上操作，创建 figure 对象有两种方式。

（1）隐式创建 figure 对象

如果不创建 figure 对象，将默认创建一个 figure 对象，在该画布上只能有一个坐标系，即只能在一个坐标系上绘制图形。

（2）显式创建 figure 对象

使用 figure()方法创建 figure 对象，可以定义画布的大小、背景颜色、边框等属性。可以创建多个 figure 对象，让不同的图形位于不同的画布中。plt.figure()方法返回的是一个 figure 窗体对象。figure()方法的语法格式如下：

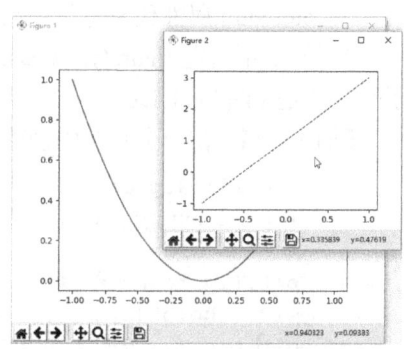

图 12-1 Matplotlib 绘图

```
plt.figure(num=None, figsize=None, facecolor=None)
```

🔊 说明：

1）num：画布的编号或名称，数字为编号，字符串为名称。第 1 个画布的值是 1，从如图 12-1 所示窗口左上角的标题栏中可以看到，如果省略 num，则 num 是自增的。语法格式中的 None 表示该属性可以省略。

2）figsize：创建指定宽和高的 figure 对象，为 1 个整数元组 figsize=(width, height)，单位为英寸，默认为（6.4, 4.8）。例如 figsize=(4,3)。

3）facecolor：指定画布背景的颜色，可以使用颜色名、十六进制颜色。

【例 12-1】 创建两个 figure 对象。

```
import matplotlib.pyplot as plt
fig1=plt.figure(num="第1个画布",figsize=(4,3),facecolor='yellow')  # 创建第 1 个画布
# 创建第 2 个画布
fig2=plt.figure(num='第2个画布',figsize=(6,3),facecolor='# FFFFFF')
plt.show()
```

3．在 figure 对象上创建坐标系

一个作图的窗口就是一个 figure 对象，在一个 figure 对象上可以有多个 axes（坐标系），每一个 axes 为一个单独的绘图区，可以在上面绘图，所有的绘画只能在 axes 上绘制，其中每一个

axes 都有 X 轴（axis）和 Y 轴，在上面可以标出刻度、刻度的位置，以及 X 轴、Y 轴的标签（label）。一般来说，先创建一个 figure 对象，然后再创建一个或多个 axes 对象。创建 axes 对象一般使用 plt.subplot()。plt.subplot()方法（简称子图方法）用于直接指定划分方式和位置，其语法格式如下：

```
plt.subplot(numRows, numCols, plotNum)
```

📢 说明：

1）画布的整个绘图区域被分成 numRows 行和 numCols 列，然后按照从左到右、从上到下的顺序对每个子区域进行编号，左上的子区域的编号为 1。

2）plotNum 属性代表每行中绘图区域的序号。

3）如果不指定 figure()，则默认建立 figure(1)。同样，如果不指定 subplot()，则默认创建的子图方法是 subplot(1,1,1)。

【例 12-2】 在一个画布中创建 2×2 个子图，然后在每个子图中作图。

```python
import matplotlib.pyplot as plt
import numpy as np
x = np.arange(1, 100)   # 准备作图数据
plt.figure(num="画布")   # 定义画布对象
plt.subplot(2,2,1)   # 表示将整个图像窗口分为 2 行 2 列，当前绘图区域为 1
plt.plot(x, x)   # 作图 1
plt.subplot(2,2,2)   # 表示将整个图像窗口分为 2 行 2 列，当前绘图区域为 2，第一行的右图
plt.plot(x, -x)   # 作图 2
plt.subplot(2,2,3)   # 表示将整个图像窗口分为 2 行 2 列，当前绘图区域为 3
plt.plot(x, x ** 2)   # 作图 3
plt.grid(color='r', linestyle='--', linewidth=1,alpha=0.3)
plt.subplot(2,2,4)   # 表示将整个图像窗口分为 2 行 2 列，当前绘图区域为 4
plt.plot(x, np.log(x))   # 作图 4
plt.show()
```

运行结果如图 12-2 所示。

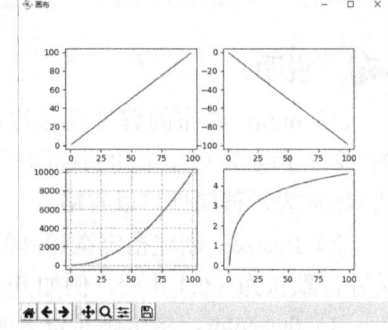

图 12-2 例 12-2 运行结果

4．设置图的标题、坐标轴名称和范围

在画坐标图时，可以添加图的标题，对坐标轴设置横坐标轴和纵坐标轴的范围、坐标轴名称等。

（1）图的标题

为图添加标题使用 plt.title()方法，其语法格式如下：

```
plt.title("图的标题名称", fontsize=None, fontweight=None, color=None, ... )
```

📢 说明：

1）fontsize：设置字体大小，默认为 12，可选参数 xx-small、x-small、small、medium、large、x-large、xx-large。

2）fontweight：设置字体粗细，可选参数 light、normal、medium、semibold、bold、heavy、black。

3) color:设置标题字体的颜色,可以使用颜色名、十六进制颜色等。

(2) 设置坐标轴名称

设置显示 X 轴、Y 轴的名称的语法格式如下:

```
plt.xlabel("x轴的名称", fontsize=None, fontweight=None, color=None, ...)
plt.ylabel("y轴的名称", fontsize=None, fontweight=None, color=None, ...)
```

这两个方法的属性与 plt.title()方法的属性相同。

(3) 设置坐标轴的显示范围

设置 X 轴、Y 轴的数值显示范围的语法格式如下:

```
plt.xlim(xmin, xmax)
plt.ylim(ymin, ymax)
```

说明:

1) 属性 xmin、ymin 分别是 X 轴、Y 轴上的最小值。
2) xmax、ymax 分别是 X 轴、Y 轴上的最大值。

注意,X 轴、Y 轴的数值显示范围要与绘制图形的数据相匹配。

5. 显示中文

Matplotlib 默认不支持显示中文字符,绘图的中文会显示为方块。可以使用 rc 配置 (rcParams) 自定义图形的各种默认属性,具体做法是在程序代码的开始位置写上如下代码:

```
plt.rcParams['font.sans-serif']=['SimHei']  # 用于正常显示中文标签
plt.rcParams['axes.unicode_minus']=False    # 用于正常显示负号
```

对 Matplotlib 绘图有所了解之后,接下来学习常见的 Matplotlib 绘图方法。

12.1.3 绘制线型图的 plt.plot()方法

线型图可以展示变量的变化趋势,绘制线型图使用 plt.plot()方法。其语法格式如下:

12.1.3 绘制线型图的 plt.plot()方法

```
plt.plot(x, y, format_string, **kwargs)
```

说明:

1) x:X 轴数据,是列表或数组,可选。当绘制多条曲线时,各条曲线的 x 不能省略。
2) y:Y 轴数据,是列表或数组。例如,plt.plot([1,2,3,4],[1,4,9,16])。
3) format_string:可选,是一个控制曲线的格式字符串,由颜色(color)字符、标记 (marker)字符、线条样式(linestyle)字符组成。格式字符串的形式为"[color][marker][linestyle]", 使用每个属性的单个字母缩写。例如:

```
plot(x, y, 'ro-')  # 红色、圆点、实线
```

颜色字符、标记字符和线条样式字符,见表 12-1、表 12-2 和表 12-3。

表 12-1 颜色（color）字符

颜色（color）字符	描述	颜色（color）字符	描述
b	表示蓝色 blue	c	表示青色 cyan
g	表示绿色 green	k	表示黑色 black
r	表示红色 red	m	表示品红色 magenta
y	表示黄色 yellow	w	表示白色 white

表 12-2 标记（marker）字符

标记（marker）字符	描述	标记（marker）字符	描述
.	point 点标记	D	diamond 菱形标记
,	pixel 像素标记（极小点）	d	thin_diamond 瘦菱形标记
o	circle 实心圈标记	|	vline 垂直线标记
v	triangle_down 倒三角标记	_	hline 横线标记
^	triangle_up 上三角标记	1	tri_down 下花三角标记
>	triangle_left 右三角标记	2	tri_up 上花三角标记
<	triangle_right 左三角标记	3	tri_left 左花三角标记
h	hexagon1 竖六边形标记	4	tri_right 右花三角标记
H	hexagon2 横六边形标记	s	square 实心方形标记
+	plus 十字标记	p	pentagon 实心五角标记
x	x 标记	*	star 星形标记

表 12-3 线条样式（linestyles）字符

线条样式（linestyle）字符	描述
"-"	减号，实线（solid line style）
"--"	两个减号，虚线（dashed line style）
"-."	减号和小数点，点画线（dash-dot line style）
":"	冒号，点线（dotted line style）
"None" 或 "" 或 " "	表示无线条

若属性用的是全名，则不能用 format_string 参数来组合赋值，应该用关键字参数对单个属性赋值。关键字如下。

- color：控制颜色。例如，color='green'。
- marker：标记样式。例如，marker='o'。
- linestyle：线条样式。例如，linestyle="-"，linestyle='dashed'。
- linewidth：线条宽度。例如，linewidth=1.0。
- markerfacecolor：标记颜色。例如，markerfacecolor='blue'。
- markersize：标记尺寸，例如 markersize=20。

例如，下面是绘制线型图的语句：

```
    plt.plot(x, y, color='green', marker='o', linestyle='dashed', linewidth=5.0, markersize=10.0)
    plt.plot(x, y, color='# 900302', marker='+', linestyle='-', markersize=20.0)
```

在使用关键字参数时，如果颜色字符不够用，还可以使用下面 3 种方式定义颜色值。

- 使用 HTML 十六进制字符串。例如，color='#123456'。
- 使用合法的 HTML 颜色名字。例如，color="red", color="chartreuse"等。
- 传入一个[0,1]的 RGB 元组。例如，color=(0.3,0.3,0.4)。

4）**kwargs：表示第二组或更多(x, y, format_string)。用于实现叠加图，即用一条指令画多条不同格式的线。

【例 12-3】 分别绘制线，包括绿色、实线、实心标记（go-）；红色、无线条、x 标记（rx）；默认颜色、无线条、*标记（*）；蓝色、点画线、点标记（b-.）。

```
import matplotlib.pyplot as plt
import numpy as np
a = np.arange(10)
plt.plot(a, a*1.5, 'go-', a, a*2.5, 'rx', a, a*3.5, '*', a, a*4.5, 'b-.')
plt.show()
```

运行结果如图 12-3 所示。

12.1.4 绘制散点图的 plt.scatter()方法

散点图可以直观醒目地反映数据的分布形态以及变量间的统计关系。散点图用两组数据构成多个坐标点，考察坐标点的分布，判断两变量之间是否存在某种关联或总结坐标点的分布模式。绘制散点图使用 plt.scatter()方法。其语法格式如下：

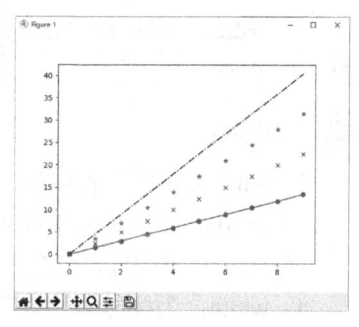

图 12-3 线型图

```
plt.scatter(x, y, s=None, c=None, marker=None, alpha=None, linewidths=None, edgecolors=None)
```

🔊 说明：

1）x, y：表示 X、Y 轴的坐标，将在指定的位置绘制一个点。例如，plt.scatter(2,4)。

2）s：数值或一维的数组，表示散点图中点的大小，若是一维数组，则表示散点图中每个点的大小。

3）c：颜色或一维的数组，表示散点图中点的颜色，若是一维数组，则表示散点图中每个点的颜色。

4）marker：是字符串，表示散点的样式，默认为 o（实心圆）。

5）alpha：0~1 之间的小数，表示散点的透明度。

6）linewidths：指定散点边框线的宽度。

7）edgecolors：指定散点边框的颜色。

【例 12-4】 随机生成 100 个坐标数据，绘制散点图。

```
import numpy as np
import matplotlib.pyplot as plt
plt.figure(4)    # 添加一个窗口
plt.subplot(1,1,1)    # 在窗口上添加一个子图
x=np.random.random(100)    # 产生随机数
y=np.random.random(100)    # 产生随机数
# x 为横坐标，y 为纵坐标，s 为图像大小，c 为颜色，marker 为图片，lw 为图像边框宽度
```

291

```
        plt.scatter(x,y,s=x*1000,c='y',marker=(5,1),alpha=0.5,lw=2,facecolors='none')
        plt.show()
```

运行结果如图 12-4 所示。

12.1.5 绘制柱状图的 plt.bar()方法

柱状图（Bar Chart）是一种以长方形的长度为变量的表达图形的统计报告图，由一系列高度不等的纵向条纹表示数据分布的情况，用来比较两个或两个以上的数据（不同时间或者不同条件），只有一个变量，通常用于较小的数据集分析。柱状图亦可横向排列，或用多维方式表达。绘制柱状图使用 plt.bar()方法，其语法格式如下：

```
        plt.bar(left, height, alpha=1, width=0.8, color= None, edgecolor= None, label= None,…)
```

📢 说明：

1) left：X 轴的位置序列，一般采用 range 函数产生一个序列。
2) height：Y 轴的数值序列，也就是柱形图的高度，一般是需要展示的数据。
3) alpha：透明度，值越小，越透明。
4) width：为柱形图的宽度，一般为 0.8。
5) color 或 facecolor：柱形图填充的颜色。
6) edgecolor：图形边缘颜色。
7) label：图例，解释每个图像代表的含义。执行 plt.legend()方法才能显示图例。

【例 12-5】 按给定数据绘制柱状图。

```
import matplotlib.pyplot as plt
num_list = [3.5,2.6,7.8,6]   # 数据
x=range(len(num_list))   # 按数据个数产生序列
plt.bar(x, num_list,color='rgb')
plt.show()
```

运行结果如图 12-5 所示。

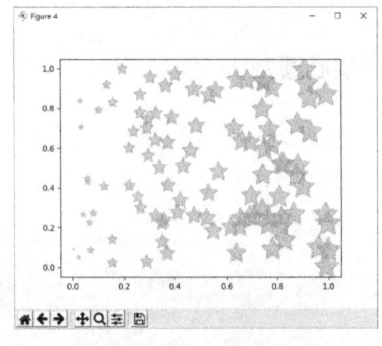

图 12-4　散点图

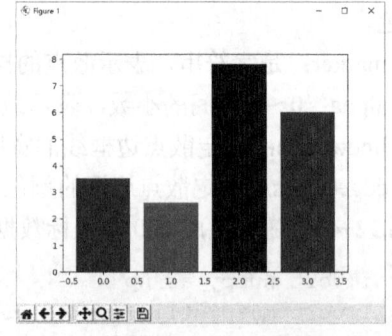

图 12-5　柱状图

12.1.6 绘制饼图的 plt.pie()方法

饼图（Sector Graph 或 Pie Graph）常用于统计学模块，二维饼图为圆形。饼图显示一个数

据系列中各项的大小与各项总和的比例。绘制饼图使用 plt.pie()方法，其语法格式如下：

```
plt.pie(x, labels=None, explode=None, autopct=None, shadow=False,… )
```

说明：

1）x：指定绘图的数据，即每一块的比例。如果 sum(x)≤1，x 中的值直接指定饼图扇区的面积；如果 sum(x)<1，仅绘制部分饼图；如果 sum(x)>1，则通过 x/sum(x)对值进行归一化，以确定饼图的每个扇区的面积。

2）labels：每一块饼图外侧显示的说明文字。

3）explode：偏移扇区，每一块突出的部分离开中心的距离，使用 0/1 标示需要偏移的扇区，要求长度和 x 一致，即 x 所有元素都要进行标示，且顺序要对应。

4）autopct：数据标签，添加百分比显示，可以采用格式化的方法显示，可取值有%d%%（整数百分比）、%0.1f（一位小数）、%0.1f%%（一位小数百分比）或%0.2f%%（两位小数百分比）等。

5）shadow：是否显示阴影，bool 型数据。

【例 12-6】 根据给定数据绘制饼图。

```
import matplotlib.pyplot as plt    # 导入模块
labels = ["A", "B", "C", "D"]
fracs = [15, 30, 45, 10]
exp = [0, 0.1, 0, 0]
plt.pie(x=fracs, labels=labels, explode=exp, shadow=True, autopct="%0.2f%%")   # 画图
plt.legend()   # 显示图例
plt.show()
```

运行结果如图 12-6 所示。

12.1.7　绘制直方图的 plt.hist()方法

直方图（Histogram，又称质量分布图）由一系列高度不等的纵向条纹或线段表示数据分布的情况。一般用横轴表示数据类型，纵轴表示分布情况。为了构建直方图，第一步是将值的范围分段，即将整个值的范围分成一系列间隔，然后计算每个间隔中有多少值。这些值通常被指定为连续的、不重叠的变量间隔。间隔必须相邻，并且通常（但不是必须）是相等的大小。直方图也可以被归一化以

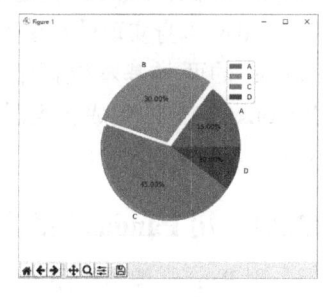

图 12-6　饼图

显示"相对"频率。然后，它显示了属于几个类别中的每个案例的比例，其高度等于 1。绘制直方图使用 plt.hist()方法，该方法的属性非常多，只有第一个是必需的，其他都是可选的。其语法格式如下：

```
plt.hist(x, bins=10, histtype='bar', color=None, edgecolor=None,alpha=1, label=None, stacked=False,…)
```

说明：

1）x：指定要绘制直方图的一维数组。

2）bins：指定直方图条形的个数，默认为 10。
3）histtype：指定直方图的类型，默认为 bar，还有 barstacked、step 和 stepfilled。
4）color：设置直方图的填充色。
5）edgecolor：设置直方图边框色。
6）alpha：0～1 之间的小数，表示图的透明度，默认为 0.5。
7）label：设置直方图的标签，可通过 legend 展示其图例。
8）stacked：当有多个数据时，是否需要将直方图呈堆叠摆放，默认水平摆放。

【例 12-7】 根据给定数据绘制直方图。

```
import numpy as np
import matplotlib.pyplot as plt
data = [18,19,16,18,20,23,20,18,21,20,19,20,21,17,17,19,16,18,22,23,20,18,22,20,19,22,21,17]
plt.hist(x = data, bins = 20, color = 'steelblue', edgecolor = 'black' )
plt.xlabel('Age')   # 添加 X 轴标签
plt.ylabel('Frequent')   # 添加 Y 轴标签
plt.title('Age Distribute')   # 添加标题
plt.show()
```

运行结果如图 12-7 所示。

12.2 Pandas 绘图

Matplotlib 虽然功能强大，但是相对而言较为底层，画图时步骤较为烦琐。目前有很多的开源框架所实现的绘图功能是基于 Matplotlib 的，Pandas 便是其中之一。对于 Pandas 数据，直接使用 Pandas 本身实现的绘图方法比使用 Matplotlib 更加方便简单。Pandas 的两类基本数据结构 Series 和 DataFrame 都可以使用 df.plot.xxx()方法生成各类图表，包括折线图、柱状图、直方图、饼图、散点图等。

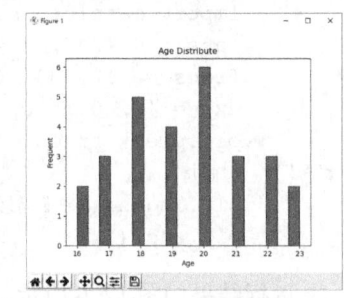

图 12-7　直方图

12.2.1 用 Pandas 绘图的步骤

用 Pandas 编写绘图语句可以分为 4 步。

1. 导入模块

因为 Pandas 绘图是基于 Matplotlib 的，所以要同时导入 Matplotlib 模块和 Pandas 模块。导入模块的代码如下：

```
import matplotlib.pyplot as plt   # 导入 Matplotlib 模块
import pandas as pd   # 导入 Pandas 模块
import numpy as np   # 如果程序中用到 Numpy 模块，则要导入 Numpy 模块
plt.rcParams['font.sans-serif'] = ['Microsoft YaHei']   # 如果要在图中显示中文字符，则写上本行
```

2. 准备数据

根据 Pandas 的数据类型（Series、DataFrame）准备数据。例如：

```
        test_dict = {'销售量':[1000,2000,5000,2000,4000,3000],'收藏':[1500,2300,3500,
2400,1900,3000]}
        df = pd.DataFrame(test_dict,index=['一月','二月','三月','四月','五月','六月'])
```

3. 绘制图形

Pandas 有自己的画布和坐标系，一般情况下不用创建画布和坐标系，Pandas 会绘制到它自己默认的画布和坐标系中。

Series、DataFrame 都有一个用于生成各类图表的 plot()方法，所以要把准备好的数据传到绘图方法 plot()中。例如：

```
        df.plot.line()
```

可以修改或添加坐标轴的标题、轴标签等，修改坐标轴的语句要放在上面绘图语句的后面，表示修改的坐标轴是当前 Pandas 的画布和坐标系。例如：

```
        plt.xlabel('月份')      # 添加 X 轴标签
        plt.ylabel('销售量')    # 添加 Y 轴标签
        plt.title('每月销售量趋势图')  # 添加标题
```

4. 显示图形

绘制的图形仍然要用 Matplotlib 的 plt.show()方法来显示，代码如下：

```
        plt.show()    # 显示图形
```

运行上面的代码，显示如图 12-8 所示。

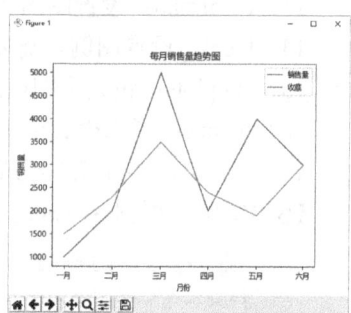

图 12-8　Pandas 绘图

12.2.2　绘制折线图

折线图（Line Chart）以折线的上升或下降来表示统计数量的增减变化，因此非常适用于显示在相等时间间隔下数据的变化趋势。

1. 根据 Series 对象生成单折线图

如果绘图方法中用到的数据是以 Series 对象的方式提供的，创建 Series 对象的格式如下：

```
Series 对象=pd.Series(data, index=索引, dtype="数据类型")
```

由于 Series 对象只提供一组数据，因此利用这一组数据只能绘制一幅图形。X 轴坐标由 index 提供，Y 轴坐标由 data 提供，所以 Series 对象用于绘制单折线图。

根据 Series 对象中的数据，生成折线图的语法格式如下：

```
    Series 对象.plot.line(figsize=None, use_index=True, title=None, grid=None,
legend=False, style=None, xticks=None,
        yticks=None, xlim=None, ylim=None, rot=None, fontsize=None, colormap=None,
        label=None, subplots=False, figsize=None,**kwds)
```

说明：

1）figsize：设置图像尺寸。

2）use_index：默认为 True，表示用 Series 或 DataFrame 的 index 绘制 X 轴。

3) title：设置图的标题。

4) grid：设置网格。

5) legend：默认为 False，表示不显示图例。当 legend=True 时，显示 label="图例文字"中设置的图例。

6) style：设置绘图的风格，如"ko--"。

7) xticks：设置用作 X 轴刻度的值。

8) yticks：设置用作 Y 轴刻度的值。

9) xlim：X 轴的界限，例如[0,10]。

10) ylim：Y 轴的界限。

11) rot：旋转刻度标签 0～360°。

12) fontsize：设置字体尺寸。

13) colormap：设置图的颜色。

14) label：设置图例。需要配合 legend=True 或 plt.legend()方法才能显示到图中。

15) subplots：设置子图模式，默认为 False（不是子图模式）。

16) figsize：子图模式下子图的划分，共用 X 轴。例如 figsize=(6, 6)。

17) **kwds：表示第二组或更多参数。用于实现叠加图，即用一条指令画多条不同格式的线。

【例 12-8】 根据 Series 对象中的数据绘制折线图。

```
import matplotlib.pyplot as plt   # 导入 Matplotlib 模块
import pandas as pd   # 导入 Pandas 模块
s1= pd.Series([2, 5, 3, 8, 1], index=[0, 1, 2, 3, 4])   # 准备数据
s2= pd.Series([7, 3, 6, 4, 5])   # 若省略索引，则自动创建索引 0~4
s1.plot.line(label='s1')   # 绘制折线图
s2.plot.line(label='s2',legend=True)   # 绘制折线图
plt.legend()   # 显示图例
plt.show()   # 显示图形
```

用 Series 对象绘制折线图时，图形的 X 轴坐标与 Series 的索引值相对应，X 轴坐标为 0、1、2、3、4；Y 轴坐标为 2、5、3、8、1；坐标原点为(0, 0)，即连线的坐标是(0,2)、(1,5)、(2,3)、(3,8)和(4,1)。运行结果如图 12-9 所示。

如果 Series 对象中的 index 是字符串序列，则 X 轴按该字符串序列显示，Y 轴是它对应的数据。代码如下：

```
import matplotlib.pyplot as plt   # 导入 Matplotlib 模块
import pandas as pd   # 导入 Pandas 模块
s3=pd.Series([10, 2, 8, 5, 6],index=["Grade1","Grade2","Grade3","Grade4","Grade5"])   # 索引是字符串
s3.plot.line()   # 绘制折线图
plt.show()   # 显示图形
```

运行结果如图 12-10 所示。

2. 根据 DataFrame 对象生成多折线图

如果绘图方法中用到的数据是以 DataFrame 对象的方式提供的，创建 DataFrame 对象的格式如下：

```
DataFrame 对象=pd.DataFrame(data, index=行索引, columns=列索引)
```

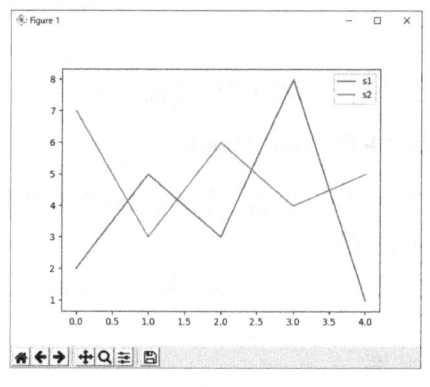

图 12-9 数字刻度坐标轴折线图

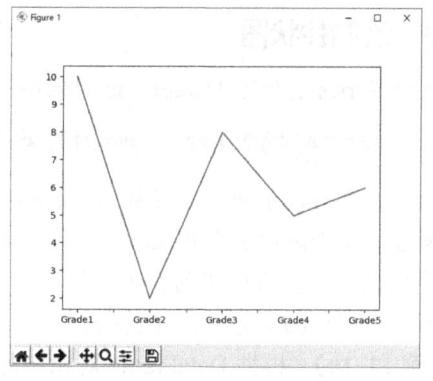

图 12-10 字符串刻度坐标轴折线图

由于 DataFrame 对象提供多列数据，每一列相当于 Series 对象的一组数据，因此会将 DataFrame 对象的每一列数据各绘制一幅图形，并根据列名称自动创建图例，不同的列所绘制图的颜色不同，将这些多列数据生成的图形显示在一个画布中。X 轴坐标由 index 提供，Y 轴坐标由 columns 中的某一列的 data 提供，columns 提供每一组绘图的图例标签，每一列 columns 数据代表一幅图形（每一列都是一个 Series 对象），所以可以在一个画布中绘制多幅折线图。

根据 DataFrame 对象中的数据，生成折线图的语法格式如下：

```
DataFrame对象.plot.line( sharex=True, sharey=False, **kwds)
```

该方法中有很多参数，多数与 Series 对象的 plot.line()方法相同。其中，sharex、sharey 是 DataFrame 特有的参数，设置是否共用 X 轴（默认 True）、Y 轴（默认 False）。

【例 12-9】 根据 DataFrame 对象中的数据绘制 3 幅折线图。

```
import matplotlib.pyplot as plt   # 导入 Matplotlib 模块
import pandas as pd   # 导入 Pandas 模块
plt.rcParams['font.sans-serif'] = ['Microsoft YaHei']   # 在图中显示中文字符
data=[[18,20,19], [20,18,18], [18,20,20],[18,19,20],[20,18,19]]   # 创建二维列表，5 行 3 列
df=pd.DataFrame(data,index=[0,1,2,3,4],columns=list('ABC'))   # 创建df 对象
df['B'].plot.line(title="B列数据折线图")   # 绘制 B 列数据的折线图
df.plot.line()   # 绘制所有列数据的折线图
plt.show()   # 显示图形
```

X 轴坐标数据由 index=[0,1,2,3,4]提供，从 0 到 4；Y 轴坐标数据由各列的 data 提供，columns=list('ABC')提供 3 组折线图的图例。运行结果如图 12-11 所示。

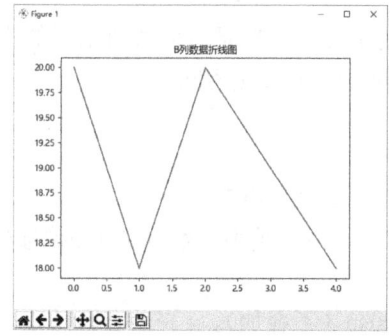
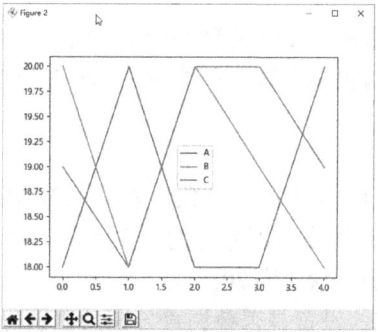

图 12-11 多折线图

12.2.3 绘制柱状图

根据 Series 对象或 DataFrame 对象中的数据，绘制垂直柱状图的语法格式如下：

```
Series对象或DataFrame对象.plot.bar(stacked=False, **kwds)
```

该方法中有很多属性，多数与 Series 对象的 plot.line()方法相同。其中 stacked 是柱状图特有的参数，用于设置是否叠加柱状图，默认为 False（不叠加）。

柱状图分为垂直柱状图和水平柱状图两种，绘制垂直柱状图使用 plot.bar()方法，绘制水平柱状图使用 plot.barh()方法，两者的参数相同。

【例 12-10】 根据 DataFrame 对象中的数据绘制柱状图。

```
import matplotlib.pyplot as plt   # 导入 Matplotlib 模块
import pandas as pd   # 导入 Pandas 模块
plt.rcParams['font.sans-serif'] = ['Microsoft YaHei']   # 在图中显示中文字符
data=[[18,20,19], [20,18,18], [18,20,20],[18,19,20],[20,18,19]]   # 创建二维列表
df=pd.DataFrame(data,index=[0,1,2,3,4],columns=['a','b','c'])   # 创建 df 对象
df.plot.bar(title="垂直柱状图")   # 绘制垂直柱状图
df.plot.bar(title="叠加的垂直柱状图",stacked=True)   # 绘制叠加的垂直柱状图
df.plot.barh(title="水平柱状图")   # 绘制水平柱状图
df.plot.barh(title="叠加的水平柱状图",stacked=True)   # 绘制叠加的水平柱状图
plt.show()   # 显示图形
```

运行结果如图 12-12 所示。

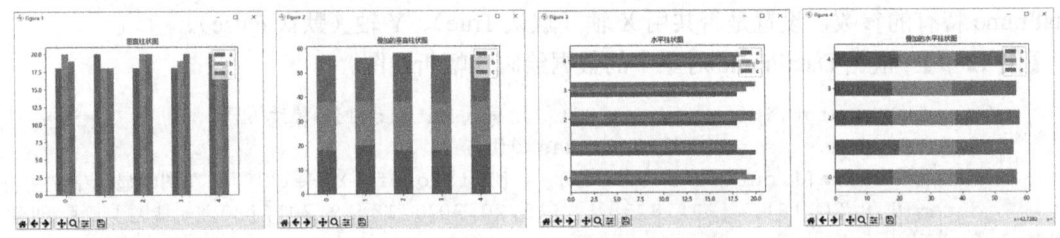

图 12-12 柱状图

12.2.4 绘制直方图

根据 Series 对象或 DataFrame 对象中的数据，绘制直方图的语法格式如下：

```
Series 对象或 DataFrame 对象.plot.hist(alpha=0.5, bins=20, stacked=False,
orientation='horizontal', cumulative=True, density=False, color=None, **kwds)
```

得到的直方图，X 轴是 DataFrame 当中的数值分布，Y 轴是对应数值出现的次数。

该方法中有很多参数，多数与 Series 对象的 plot.line()方法相同。

说明：

1）alpha：0~1 之间的小数，表示图的透明度，默认为 0.5。

2）bins：设置直方图方柱的个数上限，值越大，柱宽越小，数据分组越细致。可为每列绘制不同的直方图，默认为 20。

3）stacked：设置是否叠加直方图，默认为 False（不叠加）。

4）orientation：直方图的方向，默认为垂直方向；值为'horizontal'，则为水平方向。

5）cumulative=布尔值，默认为 True，表示频数。

6）density：布尔值，默认为 False，表示频数；如果为 True，则为频率。

7）color：设置绘图的颜色，可以使用表示颜色的单个字母，例如'k'、'b'、'r'等。

【例 12-11】 根据提供的 3 行 4 列数据，绘制多种样式的直方图。

```
import pandas as pd
import matplotlib.pyplot as plt
plt.rcParams['font.sans-serif'] = ['Microsoft YaHei']  # 在图中显示中文字符
data={'a':[90,100,90], 'b':[70,60,80], 'c':[80,60,70],'d':[70,90,80]}
# 按字典方式提供每列数据
df=pd.DataFrame(data,index=[0,1,2],columns=['a','b','c','d'])  # 创建 df 对象
df['b'].plot.hist(title="b 列直方图")
df.plot.hist(title="所有列的直方图")
df.plot.hist(alpha=0.5,bins=20,title="交叉直方图")
df.plot.hist(stacked=True,bins=20,title="叠加直方图")
df.plot.hist(orientation='horizontal',cumulative=True,title="水平累计直方图")
df.plot.hist(color='k',alpha=0.5,bins=50,title="多子图直方图")
plt.show()
```

运行结果如图 12-13 所示。

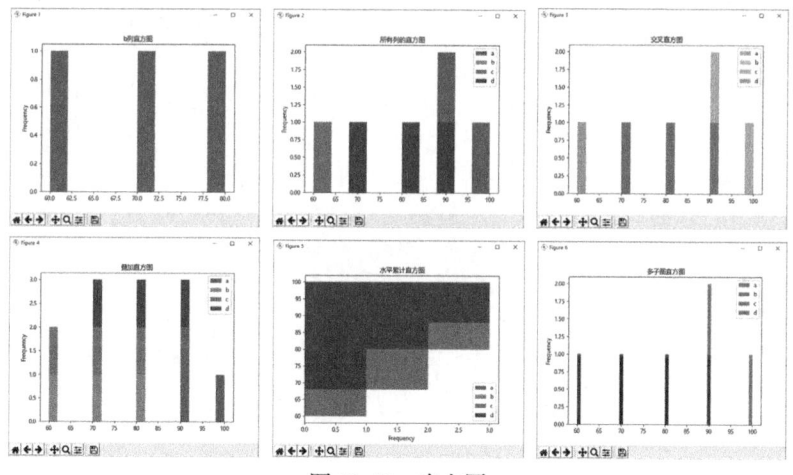

图 12-13　直方图

12.3　习题

1．绘制一个从 0°到 360°完整的 sin 函数图象。

2．用 plot()方法画出 x=(0,10)区间的 sin 函数图象，用点加线的方式画出 x=(0,10)区间的 sin 函数图象。

3．绘制一个柱状图，给定数据如下：

$$x = [1,2,3,4,5,6,7,8]$$
$$y = [3,1,4,5,8,9,7,2]$$
$$label = ['A','B','C','D','E','F','G','H']$$

4．绘制随机产生的 1000 个点的散点图。

参 考 文 献

[1] 郑凯梅. Python 程序设计任务驱动式教程[M]. 北京：清华大学出版社，2018.

[2] 赵增敏，黄山珊. Python 程序设计[M]. 北京：机械工业出版社，2018.

[3] Magnus Lie Hetland. Python 基础教程[M]. 袁国忠，译. 3 版. 北京：人民邮电出版社，2018.

[4] 肖冠宇，杨捷. Python 快速入门与实战[M]. 北京：机械工业出版社，2019.

[5] 嵩天. 全国计算机等级考试二级教程. Python 语言程序设计[M]. 北京：高等教育出版社，2018.

[6] 唐永华，刘德山，李玲. Python 3 程序设计[M]. 北京：人民邮电出版社，2019.

[7] 杨年华. Python 程序设计教程[M]. 北京：清华大学出版社，2019.

[8] 刘必龙，杨永. Python 语言程序设计基础[M]. 武汉：华中科技大学出版社，2019.

[9] RUNOOB.COM. Python 3 教程[EB/OL]. https://www.runoob.com/python3/python 3-tutorial.html.